21 世纪面向工程应用型计算机人才培养规划教材

计算机组成原理

罗福强　　冯裕忠　　茹　鹏　编著

清华大学出版社

北　京

内 容 简 介

本书以当前主流微机技术为背景,全面介绍了计算机各功能子系统的逻辑组成和工作机制。本书分为 8 章。第 1 章概述了计算机的基本概念和计算机系统的硬、软件组织;第 2 章以定点加、减、乘、除、移位运算逻辑以及溢出判断逻辑为重点,深入讨论了运算器的设计与组织方法;第 3 章介绍了指令系统及其设计方法;第 4 章以控制器为核心,揭示了指令的执行流程,并以此为基础深入介绍了 CPU 的设计方法;第 5 章介绍了主存储器子系统,着重讨论了主存储器的设计方法;第 6 章介绍了系统总线及其设计方法;第 7 章主要介绍了 I/O 接口的两种工作方式——中断方式和 DMA 方式,讨论了 I/O 接口的逻辑组成与实现方法;第 8 章以显示器和磁盘存储器为重点,介绍了常用输入输出设备的逻辑组成及其工作机制。

本书不仅描述计算机的组成原理,强调系统级的整机概念,还突出硬件产品的观念,强化硬件设计和应用。本书语言文字叙述简洁流畅,没有晦涩的术语,力求将艰深的理论问题描述得更加通俗易懂。与大多数同类教材不同的是,本书力争把新技术融入其中,让每一个阅读本书的人都会有所收获。

本书可作为大专院校计算机类、自动化控制类、电子技术类相关专业学生的教材,也可作为从事计算机专业的工程技术人员的参考书。

图书在版编目(CIP)数据

计算机组成原理/罗福强,冯裕忠,茹鹏编著.—北京:清华大学出版社,2011.2
(21 世纪面向工程应用型计算机人才培养规划教材)
ISBN 978-7-302-23589-7

Ⅰ.①计…　Ⅱ.①罗…　②冯…　③茹…　Ⅲ.①计算机体系结构　Ⅳ.①TP303

中国版本图书馆 CIP 数据核字(2010)第 159027 号

责任编辑:魏江江　李玮琪
责任校对:时翠兰
责任印制:杨　艳

出版发行:清华大学出版社　　　　　　　　地　　　址:北京清华大学学研大厦 A 座
　　　　　http://www.tup.com.cn　　　　邮　　　编:100084
　　　　　社　总　机:010-62770175　　　邮　　　购:010-62786544
　　　　　投稿与读者服务:010-62795954,jsjjc@tup.tsinghua.edu.cn
　　　　　质 量 反 馈:010-62772015,zhiliang@tup.tsinghua.edu.cn
印　刷　者:北京密云胶印厂
装　订　者:北京市密云县京文制本装订厂
经　　销:全国新华书店
开　　本:185×260　印　张:17.5　字　数:425 千字
版　　次:2011 年 2 月第 1 版　　　印　　次:2011 年 2 月第 1 次印刷
印　　数:1~3000
定　　价:29.00 元

产品编号:035983-01

　　《计算机组成原理》是计算机类、自动化控制类、电子技术类相关专业的必修课。目前，相关教材有很多，通常是为传统的本科生编写的，同时兼顾考研的需要，因此理论普遍比较艰深、难度比较大、内容比较多且比较陈旧，不太适合应用类高等院校的使用。为此，本书作者将全力打造一本全新的《计算机组成原理》。

　　本书以当前主流微机技术为背景，全面介绍了计算机各功能子系统的逻辑组成和工作机制。全书分为8章。第1章概述了计算机的基本概念和计算机系统的硬、软件组织；第2章以定点加、减、乘、除、移位运算逻辑以及溢出判断逻辑为重点，深入讨论运算器的设计与组织方法；第3章介绍了指令系统及其设计方法；第4章以控制器为核心，揭示了指令的执行流程，并以此为基础深入介绍CPU的设计方法；第5章介绍了主存储器子系统，着重讨论了主存储器的设计方法；第6章介绍了系统总线及其设计方法；第7章主要介绍了I/O接口的两种工作方式——中断方式和DMA方式，讨论了I/O接口的逻辑组成与实现方法；第8章以显示器和磁盘存储器为重点，介绍了常用输入输出设备的逻辑组成及其工作机制。

　　本书不仅描述了计算机的组成原理，强调系统级的整机概念，还突出硬件产品的观念，强化硬件设计和应用。本书语言文字叙述简洁流畅，没有晦涩的术语，力求将艰深的理论问题描述得更加通俗易懂。与大多数同类教材所不同的是，本书力争把新技术融入其中，让每一个阅读本书的人都会有所收获。

　　本书在编写时秉持以下基本编写思想：①符合认识规律，由浅入深，循序渐进；②符合应用类高等院校学生实际，立足于把基本原理和思想讲清楚、讲透彻，避免面面俱到；③符合教学实际，计划学时为64课时，兼顾实验需要，以模型机为范例阐述各功能子系统设计方法；④立足于当今计算机发展的现实，淘汰传统教材中已过时的技术和原理，举例时体现新技术和新产品；⑤教学内容注意承前启后，合理规划《计算机导论》、《计算机组成原理》、《微机原理与接口编程》、《计算机组装与维护》等课程的内容，避免大量重复，浪费教学资源。

　　因此，与同类教材相比，本书具有以下鲜明的特色：①知识结构完整，全面介绍了计算机各硬件部件的逻辑组成及工作原理；②根据循序渐进的认识规律进行内容设计；③强调系统级的整机概念，突出新技术、新产品的发展与变革；④强调技术向应用的转化，突出计算机各功能部件设计与实现方法；⑤语言文字叙述简洁流畅，没有晦涩的术语，力求将艰深的理论问题描述得更加通俗易懂。

　　总之，本书力争把新技术融入其中，让每一个阅读本书的人都会有所收获。本书可作为大专院校计算机类、自动化控制类、电子技术类相关专业学生的教材，也可作为从事计算机专业的工程技术人员的参考书。

　　本书由电子科技大学成都学院的罗福强、冯裕忠和茹鹏老师编著。其中，罗福强老师编写了第1、7、8章内容，并负责主编工作；冯裕忠老师编写了第5、6章；茹鹏老师编写了第 2、3、4 章。本书融入了作者的教学经验。本书在编写过程中得到电子科技大学成都学院领导的大力支持和指导,白忠建主任对本书提出了宝贵建议,在此特别表示感谢。

由于时间仓促,作者视角受限,文中难免有不妥之处,作者殷切地期望读者朋友能提出中肯的意见,以修改其中的不足,把更好的图书呈现给大家!

联系方式:LFQ501@SOHU.COM。

编 者

2010 年 11 月 1 日

目 录

contents

第1章

概　　论

【总体要求】

- 了解计算机的发展和应用情况。
- 理解计算机的基本工作机制,掌握计算机系统的软硬件组成,建立整机概念。
- 了解计算机系统组成的层次结构及其意义。
- 了解计算机系统的工作特点和分类,掌握其主要性能指标,包括基本字长、运算速度、数据通路宽度、数据传输率和存储容量等的含义及其意义。

【相关知识点】

- 具备电子学的基本知识。
- 熟悉计算机的基本操作和知识。

【学习重点】

- 冯·诺依曼计算机的基本原理以及计算机的硬件组成。
- 熟悉计算机的基本概念和术语。

　　"计算机组成原理"这门课主要阐述计算机系统的硬件组成,为读者建立计算机系统的整机概念,深入揭示计算机系统的逻辑组成与工作机制。本教材以模型机为对象,从CPU级和硬件系统级这两个层次逐步构造整机概念。为此,本章将首先介绍几个重要概念:存储程序工作方式、计算机系统的层次结构、计算机硬件和软件等,本书将以这些概念作为了解计算机逻辑组成与工作机制的基本出发点。

1.1　计算机的发展与应用

1.1.1　计算机的发展

　　自从 1946 年世界上第一台电子计算机问世以来,计算机科学与技术已成为 21 世纪发展最快的一门学科,尤其是微型计算机的出现和计算机网络的发展,使计算机的应用渗透到社会的各个领域,有力地推动了信息社会的发展。多年来,人们以计算机逻辑元件的变革作为标志,把计算机的发展划分为四代。

　　第一代(1946 年—1958 年)是电子管计算机。计算机使用的主要逻辑元件是电子管,也称电子管时代。主存储器先采用延迟线,后采用磁鼓磁芯,外存储器使用磁带。在软件方面,用机器语言和汇编语言编写程序。这个时期计算机的特点是体积庞大、运算速度低(

般每秒几千次到几万次)、成本高、可靠性差、内存容量小。

第二代(1959 年—1964 年)是晶体管计算机。这个时期计算机使用的主要逻辑元件是晶体管,也称晶体管时代。主存储器采用磁芯,外存储器使用磁带和磁盘。软件方面开始使用管理程序,后期使用操作系统来管理计算机,并出现了 FORTRAN,COBOL,ALGOL 等一系列高级程序设计语言。

第三代(1965 年—1970 年)是集成电路计算机。这个时期的计算机用中小规模集成电路代替了分立元件,用半导体存储器代替了磁芯存储器,外存储器使用磁盘。软件方面,操作系统进一步完善,高级语言数量增多,出现了并行处理、多处理机、虚拟存储系统以及面向用户的应用软件。

第四代(1971 年以后)是大规模和超大规模集成电路计算机。这个时期的计算机主要逻辑元件是大规模和超大规模集成电路,一般称大规模集成电路时代。存储器采用半导体存储器,外存储器采用大容量的软、硬磁盘,并开始引入光盘。软件方面,操作系统不断发展和完善,同时发展了数据库管理系统、通信软件等。计算机的发展进入了以计算机网络为特征的时代。

1.1.2　计算机的应用

计算机是 20 世纪科学技术发展的最卓越的成就之一。它问世以来,已经广泛应用于工业、农业、国防、科研、文教、交通运输、商业、通信以及日常生活等各个领域。计算机的应用可以归纳为以下几个主要方面:

1. 科学计算

早期的计算机主要用于科学计算。目前,科学计算仍然是计算机应用的一个重要领域。随着计算机技术的发展,计算机的计算能力越来越强,计算速度越来越快,计算的精度也越来越高。利用计算机进行数值计算,可以节省大量的时间、人力和物力。

2. 信息管理

信息管理是目前计算机应用最广泛的一个领域,它是指利用计算机对数据进行及时的记录、整理、计算、加工成人们所需要的形式,如企业管理、物资管理、报表统计、账目计算、信息情报检索等。

3. 过程检测与控制

利用计算机进行控制,可以节省劳动力,减轻劳动强度,提高劳动生产效率,并且还可以节省生产原料,减少能源消耗,降低生产成本。

利用计算机对工业生产过程中的某些信号自动进行检测,并把检测到的数据存入计算机,再根据需要对这些数据进行处理,这样的系统称为计算机检测系统。在实际应用中,检测和控制往往同时并存。

4. 计算机辅助工具

计算机作为辅助工具,目前被广泛应用于各个领域。主要有:计算机辅助设计(CAD)、计算机辅助制造(CAM)、计算机辅助测试(CAT)、计算机辅助教学(CAI)。

5. 人工智能方面的研究和应用

人工智能(AI)是指计算机模拟人类某些智力行为的理论、技术和应用。

人工智能是计算机应用的一个新的领域,这方面的研究和应用正处于发展阶段。机器人是计算机人工智能模拟的典型例子。

6. 多媒体技术应用

随着电子技术特别是通信和计算机技术的发展，人们已经有能力把文本、音频、视频、动画、图形和图像等各种媒体综合起来，构成一种全新的概念——"多媒体"（Multimedia）。在医疗、教育、商业、银行、保险、行政管理、军事、工业、广播和出版等领域中，多媒体的应用最为普遍。

7. 计算机网络

所谓计算机网络，就是利用通信设备和线路将地理位置不同、功能独立的多台计算机互联起来，以实现信息交换、资源共享和分布式处理。计算机网络是当前计算机应用的一个重要领域。

1.2 计算机系统的组成

1.2.1 计算机的工作原理

一个完整的计算机系统由硬件和软件两大部分组成。硬件是指看得见、摸得着的物理设备，包括运算器、控制器、存储器、输入设备和输出设备等，如图 1-1 所示。其中，运算器用来完成数据的算术和逻辑运算；控制器从程序中取出指令，执行指令，发出控制信号，控制相关部件协同工作完成指令的功能；存储器用来保存程序和数据以及将来的结果；输入设备用来输入程序和数据，并保存到存储器中；输出设备用来输出运算的结果。

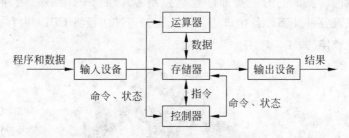

图 1-1　计算机系统的硬件组成

计算机系统各硬件设备是如何协同工作的呢？无论是进行复杂数据计算，还是进行大范围数据查询，或者实现一个自动控制过程，整个系统都必须按步骤来处理。首先，必须使用编程语言事先编写源程序。源程序是不能被计算机直接执行的，计算机只执行机器指令。每一条指令规定了计算机从哪里获取数据，进行何种操作，以及操作结果送到什么地方去等步骤。因此，在运行程序之前，必须把源程序转换为指令序列，并将这些指令序列按一定顺序存放在存储器的各个地址单元中。在运行程序时，控制器先从存储器中取出第 1 条指令，并根据这条指令的含义发出相应的操作命令，以执行该指令。如果需要从存储器中取出操作数（例如执行一条加法指令），则先从存储单元中读取操作数，送入运算器，再由运算器进行指定的算术运算和逻辑操作等加工，最后把运算结果送回到存储器中。接下来，读取后续指令，在控制器的指挥下完成规定操作，依次进行下去，直到遇到停止指令。在程序的执行过程中，如果需要输入数据或输出运行结果，则在控制器的控制下通过输入设备将数据输入并保存到存储器中,或者通过输出设备将程序的运行结果输出。

因此,计算机系统以相同方式存储程序与数据,并按照指令序列的顺序,一步一步地执行程序,自动地完成程序指令规定的操作,这是计算机最基本的工作原理。这一原理最初是由美籍匈牙利数学家冯·诺依曼于 1945 年提出来的,故称为冯·诺依曼原理。60 多年过去了,如今的计算机系统虽然从性能指标、运算速度、工作方式、应用领域和价格等方面与当时的计算机有很大差别,但基本结构没有改变,都属于冯·诺依曼计算机。

1.2.2　计算机的硬件组成

冯·诺依曼计算机根据功能把硬件划分为运算器、控制器、存储器、输入设备和输出设备共五大部件。但随着计算机技术的发展,计算机硬件系统的组成已发生许多重大变化,例如,将运算器和控制组合为一个整体,称为 CPU(Central Processing Unit,中央处理器)。下面以微机为例来说明一个计算机系统应该包含哪些硬件设备。

微机通常分为主机和外设两部分。主机包括 CPU、内存等设备,是微机最主要的组成部件。外设包括输入设备(如键盘、鼠标)、输出设备(如显示器、打印机)和外存(如硬盘、光驱等)。打开主机机箱盖板后,即可以看到主板、CPU、内存、电源、硬盘、光驱、显卡、网卡等一系列硬件设备。

1. 主板

在机箱中最大的一块电路板称为主板,其外观如图 1-2 所示。主板是整个微机系统内部结构的基础,虽然市场上的主板品种繁多,结构布局也各不相同,但其主要功能和组成部件却是基本一致的。主板上的主要部件包括控制芯片组、CPU 插座、内存插槽、总线扩展槽、BIOS 芯片以及各种外部设备接口等。微机正是通过主板将 CPU、内存、显卡、硬盘等各部件连接成一个整体的。

图 1-2　典型微型计算机主板

2. CPU

微机的 CPU,又称微处理器,它是整个微型计算机系统的核心。CPU 通常由运算部件、寄存器组、控制器等部件组成。这些部件通过 CPU 内部的总线相互交换信息。CPU 的主要功能包括两个方面:一是完成算术运算(包括定点数运算、浮点数运算)和逻辑运算,二是读取并执行指令。CPU 的运算部件负责算术和逻辑运算。控制器负责指令的读取和执行，并在执行指令的过程中向系统中的各个部件发出各种控制信息，或者收集各部件的状态信息。寄存器组用来保存从存储单元中读取的指令或数据，也保存来自其他各部件的状态信息。

CPU 品质的高低直接决定了一个计算机系统的档次。反映 CPU 品质的最重要的指标是主频与字长。主频是指 CPU 的时钟频率，单位通常是 MHz(兆赫兹)，主频越高，CPU 的运算速度就越快。人们通常说 Intel 奔腾 Ⅳ 2330MHz，就是指该 CPU 的时钟频率为 2330 兆赫兹。CPU 的发展非常迅速，目前 Intel 的酷睿 2 CPU 最高频率已经达到 3200MHz，如图 1-3 所示。

图 1-3　CPU

3. 存储器

存储器用来存储信息，包括程序、数据和文档等。存储器的存储容量越大、存取速度越快，那么计算机系统的处理能力就越强、工作速度就越快。不过，一个存储器很难同时满足大容量和高速度的要求，因此常将存储器分为主存、高速缓存和辅存三级存储器。

（1）主存

主存是直接与 CPU 相连的存储部件，主要用来存放即将执行的程序以及相关数据。主存的每个存储单元都有一个唯一的编号（称为内存单元地址），CPU 可按地址直接访问它们。主存通常用半导体存储器构造，具有较快的速度，但容量有限。因为主存一般在主机之内，所以又称内存。微机的主存通常包括只读存储器 ROM、随机存储器 RAM 和 CMOS 存储器。

只读存储器 ROM 因只能读出而不能写入数据而得名，用来存放那些固定不变的程序和数据，最典型的应用是用来存放 BIOS(基本输入输出系统)程序。ROM 根据工作原理不同又可分为：可编程 ROM(PROM)、可擦除可编程 ROM(EPROM)、电擦除可编程 ROM(E^2PROM)等几种，目前，常用 E^2PROM 来保存 BIOS 系统，以方便用户进行系统升级。

随机存储器 RAM 因可随机读出又可随机写入数据而得名，一般用来存放系统程序、用户程序以及相关数据。RAM 根据工作方式的不同可以分为动态 RAM(DRAM)和静态 RAM(SRAM)两大类。动态 RAM 是用半导体器件中分布电容上电荷的有、无来表示所存储的信息"0"和"1"。由于保存在分布电容上的电荷会随着电容漏电而逐渐消失，因此需要周期性地充电(简称刷新)。这种存储器的集成度较高、价格较低，但由于需要周期性刷新，因此存取的速度较慢。静态 RAM 则是利用半导体触发器的两个稳态来表示所存储的"0"和"1"数据。由于静态 RAM 不需要像动态 RAM 那样周期性刷新，因此，静态 RAM 比动态 RAM 速度更快，运行也更稳定，价格自然也要贵得多。目前，在微机中所使用的内存大多是动态 RAM,最大容量已达 12GB。

CMOS 存储器是一小块特殊的内存,它保存着计算机的当前配置信息,例如:日期、时间、硬盘容量、内存容量等。这些信息大多数是系统启动时所必需的或者是可能经常变化的。如果把这些信息存放在 RAM 中,则系统断电后数据无法保存;如果存放在 ROM 中,又无法修改。而 CMOS 的存储方式则介于 RAM 和 ROM 之间。CMOS 靠电池供电而且消耗电量极低,因此计算机关机后仍能长时间保存信息。

(2) 高速缓冲存储器(Cache)

所谓的高速缓冲存储器(Cache),就是一种位于 CPU 与内存之间的存储器。它的存取速度比普通内存快得多,但容量有限。Cache 主要用于存放当前内存中使用最多的程序块和数据块,并以接近 CPU 工作速度的方式向 CPU 提供数据,由于在大多数情况下,一段时间内程序的执行总是集中于程序代码的某一较小范围,因此,如果将这段代码一次性装入高速缓存,则可以在一段时间内满足 CPU 的需要,从而把 CPU 对内存的访问变为对高速缓存的访问,以提高 CPU 的访问速度和整个系统的性能。

(3) 辅存

辅存又称外存,与主存的区别在于,存放在辅存中的数据必须调入主存后才能被 CPU 所使用。辅存在结构上大多由存储介质和驱动器两部分组成,其中,存储介质是一种可以表示两种不同状态并以此来存储数据的材料,而驱动器则主要负责向存储介质中写入或读出数据。在微机中,辅存包括硬盘、光盘和 U 盘等。

磁盘是计算机系统中最常用的辅存。在计算机中磁盘信息的读写是通过磁盘驱动器来完成的。当磁盘工作时,磁盘驱动器带动磁盘片高速转动,磁头掠过盘片的轨迹形成一个个同心圆。这些同心圆称为磁道。为了便于管理和使用,每个磁道又分为若干个扇区,信息就存放在这些扇区中,计算机按磁道和扇区号读写信息。磁盘包括软盘和硬盘两大类。

光盘是一种大容量、可移动存储介质。光盘的外形呈圆形,与磁盘利用表面磁化来表示信息不同,光盘利用介质表面有无凹痕来存储信息。光盘根据工作方式不同可分为:只读型光盘、一次性写入光盘和可擦写型光盘三大类。

U 盘的全称为 USB 闪存存储器,因使用 USB 接口与主机通信而得名。U 盘是一种新型存储产品,具有轻巧便携、即插即用、支持系统引导、可重复擦写等优点,而且存储容量较大,目前最大容器已达 32GB。

4. 总线

总线是一组能为多个部件分时共享的信息传送线。微机通常的总线结构,使用一组总线把 CPU、存储器和输入输出设备连接起来,各部件间通过总线交换信息。总线好像人的神经系统,它在微机各部件之间传递信息。

根据所传送的信息类型,可将系统总线分为数据总线、地址总线和控制总线。其中,数据总线用于 CPU、存储器和输入输出接口之间数据传递;地址总线专门用于传递数据的地址信息;控制总线用于传递控制器所发出的控制其他部件工作的控制信号,例如时钟信号、CPU 发向主存或外设的数据读/写命令、外设送往 CPU 的请求信号等。

5. 输入输出接口

由于计算机系统整体上采用标准的系统总线连接各部件,每一种总线都规定了其地址线和数据线的位数、控制信号线的种类和数量等。而外设通常是机电结合的装置,通常遵循不同的标准进行设计和制造,因此在总线与外设之间通常存在着速度、时序和信息格式等方面的差异。为了将标准的总线与各具特色的外设连接起来,需要在系统总线与外设之间设置一些部件,使它们具有缓冲、转换、连接等功能。这些部件称为输入输出接口。

1.2.3　计算机的软件组成

所谓软件是指能指挥计算机工作的程序与程序运行时所需要的数据,以及与这些程序和数据有关的文字说明和图表资料的总称。软件是计算机系统中不可缺少的重要组成部分,它与硬件息息相关,缺少了任何一个,计算机系统都不能发挥其作用。使用不同的软件,计算机就能实现不同功能,硬件、软件和用户程序的关系如图 1-4 所示。计算机软件分为系统软件和应用软件。

1. 系统软件

系统软件是控制和维护计算机系统资源的程序集合,这些资源包括硬件资源与软件资源。例如,对 CPU、内存、打印机的分配与管理;对磁盘的维护与管理;对系统程序文件与应用程序文件的组织和管理等。常用的系统软件有:操作系统、语言处理程序、数据库管理系统和一些服务性程序等,其核心是操作系统。

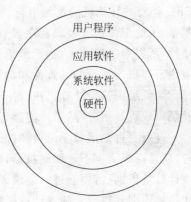

图 1-4　硬件、软件与用户程序
　　　　之间的关系

系统软件是计算机正常运行不可缺少的,一般由计算机生产厂家研制或软件开发人员研制。其中一些系统软件程序在计算机出厂时直接写入 ROM 芯片,例如,系统引导程序、基本输入输出系统(BIOS)、诊断程序等;有些直接安装在计算机的硬盘中,如操作系统;也有一些保存在活动介质上供用户购买,如语言处理程序。

(1) 操作系统

操作系统用于管理和控制计算机硬件和软件资源,是由一系列程序组成的。操作系统是直接运行在裸机上的最基本的系统软件,是系统软件的核心,任何其他软件必须在操作系统的支持下才能运行。

一个典型的操作系统由处理机调度、存储管理、设备管理、文件系统、作业调度等几大模块组成。其中,处理机调度模块能够对处理机的分配和运行进行有效的管理;存储管理模块能够对内存进行有效的分配与回收管理,提供内存保护机制,避免用户程序间相互干扰;设备管理模块用来管理输入输出设备,提供良好的人机界面,完成相关的输入输出操作;文件系统模块能够对大量的、以文件形式组织和保存的信息提供管理;作业调度模块对以作业形式存储在外存中的用户程序进行调度管理,将它们从外存调入内存,交给 CPU 运行。

对用户而言,操作系统提供人机交互界面,为用户操作和使用计算机提供方便。例如,Windows 操作系统提供窗口操作界面,允许用户使用鼠标或键盘通过选择菜单命令来完成计算机的各种操作,包括文件管理、设备管理、打开或关闭计算机等。

(2) 语言处理程序

因为有了程序,计算机系统才能自动连续地运行。而程序是使用程序设计语言编写的。程序设计语言是人与计算机之间进行对话的一种媒介。人通过程序设计语言,使计算机能够"懂得"人的需求,从而达到为人服务的目的。程序设计语言分为机器语言、汇编语言和高级语言三大类。

机器语言是一种用二进制代码"0"或"1"的形式来表示的、能够被计算机识别和执行的语言,不同的计算机具有各自不同的机器语言。构成机器语言的字是指令,所谓指令是规定CPU执行某种特定操作的命令,通常一条指令对应着一种基本操作,又称为机器指令。每台计算机的指令系统就是该计算机的机器语言。机器指令不直观、难记,编写过程中容易出错,且难以检查错误。因此用机器语言编写程序的难度是非常大的。

汇编语言使用助记符来表示机器指令,即将机器语言符号化。与机器语言相比,汇编语言的可读性和可维护性有了显著的提高,而且汇编语言的运算速度也非常快。但由于汇编语言与机器指令具有一一对应的关系,实际上是机器语言的一种符号化表示,因此不同的CPU类型的计算机的汇编语言也是互不通用的。而且由于汇编语言与CPU内部结构关系紧密,因此汇编语言要求程序设计人员掌握CPU的内部结构以及寄存器和内存储器组织结构,所以对一般人来说,汇编语言仍然难学难记。在计算机程序设计语言体系中,由于汇编语言与机器指令的一致性和与计算机硬件系统的接近性,通常将机器语言和汇编语言合并称为低级语言。计算机执行用汇编语言编制的程序时,必须先用汇编语言的编译程序将其翻译成机器语言,然后才能运行。

高级语言是用数学语言和接近于自然语言的语句来书写程序,更易于为人们掌握和书写,而且高级语言不是面向机器,因此具有良好的可移植性和通用性。但高级语言不能直接被计算机识别,需要通过一些编译程序或解释程序将其转换为用机器指令表示的目标程序才能被识别并执行。随着计算机的发展,高级语言的种类越来越多,目前已达数百种,常用的高级语言有十几种,主要的有 BASIC 语言、FORTRAN 语言、PASCAL 语言、C 语言、C++、Java 语言和 C♯ 语言等。

（3）数据库管理系统

随着计算机技术在信息管理领域的广泛应用,用于数据管理的数据库管理系统就应运而生。所谓数据库是指在计算机存储器中合理存放的、相互关联的数据集合,能提供给不同的用户共享使用。数据库管理系统的作用就是管理数据库,实现数据库的建立、编辑、维护、访问等操作,实现数据内容的增加、修改、删除、检索、统计等操作,提供数据独立、完整、安全的保障功能。按数据模型的不同,数据库管理系统可分为层次型、网状型和关系型等三种类型。如 Access、FoxPro、SQL Server、Oracle 等都是常见的关系型数据库管理系统。

（4）服务性程序

服务性程序是为了帮助用户使用和维护计算机,向用户提供服务性手段而编写的一类程序,通常包括编辑程序、调试程序、诊断程序、硬件维护和网络管理等程序。

其中,编辑程序、调试程序、诊断程序用来辅助编写用户程序。为了更有效、更方便地编写程序,通常将编辑程序、调试程序、诊断程序以及编译或解释程序集成为一个综合的软件系统,为用户提供完善的集成开发环境,通常称为软件开发平台（Integrated Develop Environment,IDE）。如 Visual Studio . NET、JBuilder、Delphi 等都是常用的 IDE 软件。

网络管理程序的主要功能是支持终端与计算机、计算机与计算机以及计算机与网络之间的通信,提供各种网络管理服务,实现资源共享和分布式处理,并保障计算机网络的畅通无阻和安全使用。

2．应用软件

除了系统软件以外的所有软件都称为应用软件。应用软件是由计算机生产厂家或软件公司为支持某一应用领域、解决某个实际问题而专门研制的应用程序，包括科学计算类软件、工程设计类软件、数据处理类软件、信息管理类软件、自动控制类软件、情报检索类软件等。例如，常见的 Office 软件、Photoshop 软件、用友财务软件、图书管理软件等都是典型的应用软件。

尽管将计算机软件划分为系统软件和应用软件，但要注意这种划分并不是一成不变的。一些具有通用价值的应用软件有时也归入系统软件的范畴，作为一种软件资源提供给用户使用。例如，多媒体播放软件、文件解压缩软件、反病毒软件等就可以归入系统软件之列。

1.2.4 系统组成的层次结构

计算机系统以硬件为基础，通过各种软件来扩充系统功能，形成一个有机组合的整体。为了对计算机系统的有机组成建立整机概念，便于对系统进行分析、设计和开发，可以从硬、软件组成的角度将系统划分为若干层次。这样，在分析计算机的工作原理时，可以根据特定需要，从某一层去观察、分析计算机的组成、性能和工作机制。除此之外，按分层结构化设计策略实现的计算机系统，不仅易于制造和维护，也易于扩充。

计算机系统的层次结构模型分为 8 层，如图 1-5 所示。其中，微程序级和逻辑部件级属于硬件部分，传统机器级可以看作硬、软件之间的界面，其他都属于软件部分。从下层向上层发展，反映了计算机系统逐级生成的过程，而从上层往下观察，则有助于了解应用计算机求解问题的过程。

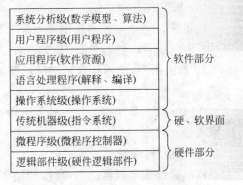

图 1-5 计算机系统的层次结构模型

1．自下而上，计算机系统逐级生成过程

（1）拟定指令系统

首先规定指令系统所包含的各种基本功能，这些功能都要由硬件来实现。而各种软件最终也将转换为指令序列，才能被硬件识别和执行。所以，传统机器级的指令系统是连接硬件和软件的界面。指令系统一般使用汇编语言来描述，便于人们分析和设计，但硬件最终执行仍然是用机器语言表示的二进制代码序列。

（2）创建硬件系统

硬件的核心是 CPU 和主存，各种硬件通过系统总线和接口连接起来，构成整机系统。根据指令系统来设计和实现硬件系统，可以得到不同的计算机系统。事实上，不同的指令系统最终形成了不同的计算机系统，例如微机、小型机、大型机等计算机系统。

目前，计算机系统通常采用微程序控制方式，通过微程序控制器来解释和执行指令。因此在具体实现时硬件可分为两级，最下面一级是用连线连接的各种逻辑部件，包括寄存器和门电路等，而上面一级是微程序控制器，负责执行微程序、发出各种命令控制逻辑部件的工作。

（3）配置操作系统

系统软件的核心和基础是操作系统。在创建硬件系统之后，首先需要配置操作系统，再根据硬件系统的特点进行改进，扩展操作系统，不断地优化操作系统。例如，在微机上最初配置的是单用户操作系统 DOS，后来微软公司在 DOS 基础之上不断优化和扩展，推出了多任务操作系统 Windows，Windows 系统本身也在不断地升级换代。

优化操作系统，除了能够提升其性能、增强其功能外，还可以使之具有通用性。例如 UNIX 操作系统就具有很强的通用性，能安装到诸如小型机、微机之类的多种计算机中。当然，同一种计算机也可能配置多种操作系统，例如在微机上就可以配置 Windows、Linux 等操作系统。

（4）配置语言处理程序及各种软件资源

根据系统需要，配置相应的语言处理程序，包括编译程序、解释程序或汇编程序等，并且配置所需的各种软件资源。将这些软件置于操作系统的调度管理之下，形成通用的应用软件运行平台，供应用程序随时调用。例如，在 Windows 操作系统之中安装 Net Framework，为应用程序提供诸如有关文件、数据、网络、安全、输入输出等底层服务，进而大大扩展了操作系统的功能。

（5）安装用户程序

在组成了一个完备的软硬件系统之后，还需要根据用户的需要，安装并配置用户应用程序，由计算机系统运行，处理用户工作、学习或生活中的具体问题。

2. 自上而下，应用计算机求解问题的过程

（1）系统分析级

系统分析人员根据对任务的需求分析，进行概要设计和详细设计，以构造系统模型和完成算法设计等。

（2）用户程序级

程序设计人员根据详细设计，使用程序设计语言编写用户应用程序。

（3）操作系统级

调用语言处理程序，如编译、解释或汇编程序，将用户源程序转换为用机器语言描述的目标程序。有关源程序的输入、编辑、编译和调试操作必须在操作系统的支持下进行，在目标程序的生成过程中，通常需要调用操作系统和软件开发平台 IDE 提供的各种底层服务或软件资源。目标程序通常只能在特定的操作系统上运行。

（4）传统机器级

目标程序是一种由二进制代码构成的可执行文件，是用特定机器语言描述的指令序列，只能被特定计算机硬件识别和执行。从这一级看到的程序与计算机的工作属于传统机器级，或者机器语言级。

（5）硬件系统级

机器语言程序是由计算机硬件（主要是控制器）以逐条指令方式执行的。一般用户所能理解的计算机工作到传统机器一级就可以了。但对于硬件设计和维护人员来说，需要了解硬件的工作情况，因此必须深入到微程序级或逻辑部件级。对集成电路制造商来说，还需要进一步细化到电路级，甚至电子元器件级，以最终生产和制造出计算机硬件设备。

1.3　计算机的特点和性能指标

1.3.1　计算机的工作特点

计算机之所以能在现代社会各领域获得广泛应用,是与其自身特点分不开的。计算机的特点可概括为如下几点。

(1) 自动连续运行

计算机可以不需要人工干预而自动、协调地完成各种运算或操作。这是因为人们将需要计算机完成的工作预先编成程序,并存储在计算机中,使计算机能够自动连续运行。

(2) 运算速度快

计算机运算部件采用的是半导体电子元件,具有数学运算和逻辑运算能力,具有很高的运算速度,现在有的机型已达到每秒上百万亿次浮点运算速度。随着科学技术的不断发展和人们对计算机要求的不断提高,其运算速度还将更快。

(3) 计算精度高

计算机采用二进制代码表示数据,代码的位数越多,数据的精度就越高。提高计算精度最直接的方法是改进硬件设计(尤其是总线结构),增加计算机一次性传送的二进制代码的位数,例如,微机从 8 位开始,逐渐提高为 16 位、32 位和 64 位。当然,由于硬件成本的制约因素,实际上是不能无限地增加计算机传送数据的基本位数,不过可以通过软件根据人们的需要实现更高精度的数据计算。

(4) 存储能力强

计算机中拥有容量很大的存储装置,可以存储所需要的原始数据信息、处理的中间结果与最后结果,还可以存储指挥计算机工作的程序。计算机不仅能保存大量的文字、图像、声音等信息资料,还能对这些信息加以处理、分析和重新组合,以满足各种应用中对这些信息的需求。

(5) 通用性好

目前,人类社会的各种信息都可以表示为二进制的数字信息,都能被计算机处理,所以计算机得以广泛地应用。由于运算器的数据逻辑部件既能进行算术运算,又能进行逻辑运算,因而既能进行数值计算,又能对各种非数值信息进行处理,如信息检索、图像处理、语音处理、逻辑推理等。正因为计算机具有极强的通用性,使它能应用到各行各业,渗透到人们的工作、学习和生活等各个方面。随着计算机的不断发展,人工智能型的计算机将具有思维和学习能力。

1.3.2　计算机主要性能指标

要全面衡量一台计算机的性能,必须从系统的观点来综合考虑。主要从以下指标来考虑:

1. 基本字长

基本字长是指 CPU 一次性能传送或处理的二进制代码的位数。在一次运算中,操作数和运算结果通过数据总线,在寄存器和运算部件之间传送。基本字长反映了寄存器、运算部件和数据总线的位数。基本字长越大,要求寄存器的位数就越大,那么操作数的位数就越多,因此,基本字长决定了定点算术运算的计算精度。

基本字长还决定计算机的运算速度。例如,对一个基本字长为 8 位的计算机来说,原则上操作数只能为 8 位。如果操作数超过 8 位,则必须分次计算,因此理论上 8 位机的运算速度自然没有更高位机(如 16 位、32 位或 64 位)的运算速度快。

基本字长还决定硬件成本。基本字长越大,相应的部件和总线的位数也会增多,相应的硬件设计和制造成本就会呈几何级数增加。因此,必须较好地协调计算精度与硬件成本的制约关系,针对不同的需求开发不同的计算机。

基本字长甚至决定指令系统的功能。一条机器指令既包含了由硬件必须完成的操作任务,也包含操作数的值或存储位置以及操作结果的存储位置。机器指令需要在各部件间进行传递。因此,基本字长直接决定了硬件能够直接识别的指令的总数,进而决定了指令系统的功能。

2. 运算速度

运算速度表示计算机进行数值运算的快慢程度。决定计算机运算速度的主要因素是 CPU 的主频。主频是 CPU 内部的石英振荡器输出的脉冲序列的频率。它是计算机中一切操作所依据的时间基准信号。主频脉冲经分频后所形成的时钟脉冲序列的频率称为 CPU 的时间频率。两个相邻时钟频率之间的间隔时间为一个时间周期时间,它是 CPU 完成一步操作所需的时间。因此时钟频率也反映 CPU 的运算速度,而如何提高时钟频率成为 CPU 研发时所要解决的主要问题。例如,Intel 8088 的时钟频率为 4.77MHz,80386 的时钟频率提高到 33MHz,80486 的时钟频率进一步提高到 100MHz,如今的 Pentium Ⅳ 的时钟频率已经达到 3200MHz。在已知时钟频率的情况下,若想了解某种运算所需的具体时间,则根据该运算所用的时钟周期数,即可算出所需时间。

运算速度通常有两种表示方法,一种是把计算机在 1 秒钟内完成定点加法的次数记为该机的运算速度,称为"定点加法速度",单位为"次/秒";另一种是把计算机在 1 秒内平均执行的指令条数记为该机的运算速度,称为"每秒平均执行的指令条数",单位为 IPS 或 MIPS,其中 MIPS 为百万条指令/秒。在 RISC 微处理器中,几乎所有的机器指令都是简单指令,因此更适合使用 IPS 来衡量其运算速度。例如,Intel 80486 的运算速度达到 20MIPS 以上,而目前最快的微处理器 Intel Core i7 Extreme 965EE 的运算速度达到 76 383MIPS。

3. 数据通路宽度与数据传输率

数据通路宽度和数据传输率主要用来衡量计算机总线的数据传送能力。

(1) 数据通路宽度

数据通路宽度是指数据总线一次能并行传送的数据位数,它影响计算机的有效处理速度。数据通路宽度分为 CPU 内部和 CPU 外部两种情况。CPU 内部的数据通路宽度一般与 CPU 基本字长相同,等于内部数据总线的位数。而外部的数据通路宽度是指系统数据总线的位数。有的计算机 CPU 内外部数据通路宽度是相同的,而有的计算机则不同。例如,Intel 80386 CPU 的内、外总线都是 32 位,而 8088 的内部总线和外部总线分别为 16 位和 8 位。

(2) 数据传输率

数据传输率是指数据总线每秒钟传送的数据量,也称数据总线的带宽。它与总线数据

通路宽度和总线时钟频率有关,即

$$数据传输率＝总线数据通路宽度×总线时钟频率/8(B/s)$$

例如,PCI 总线宽度为 32 位,总线频率为 33MHz,则总线带宽为 132MB/s。

4. 存储容量

存储容量用来衡量计算机的存储能力。由于计算机的存储器分为内存储器和外存储器,因此存储容量相应地分为内存容量和外存容量。

(1) 内存容量

内存容量就是内存所能存储的信息量,通常表示为内存单元×每个单元的位数。

因为微机的内存按字节编址,每个编址单元为 8 位,因此在微机中通常使用字节数来表示内存容量。例如,某台奔腾 IV 计算机的内存容量为 2 吉字节,记为 2GB(B 为 Byte 的缩写,1G=1K×1M,1M=1K×1K,1K=1024)或者 2G×8 位。

由于有些计算机的内存是按字编址的,每个编址单元存放一个字,字长等于 CPU 的基本字长,因此内存容量也可以使用字数×位数来表示。例如,某台计算机的内存有 64×1024 个字单元,每个单元 16 位,则该机内存容量可表示为 64K×16 位。

内存容量的大小是由系统地址总线的位数决定的,假设地址总线有 32 位,内存就有 2^{32} 个存储单元,理论上内存容量可达 4GB。注意,基于成本或价格的考虑,计算机实际内存容量可能要比理论上的内存容量小。

(2) 外存容量

外存容量主要是指硬盘的容量。通常情况下,计算机软件和数据需要以文件的形式先安装或存放到硬盘上,需要运行时再调入内存运行。因此,外存容量决定了计算机存储信息的能力。

5. 软硬件配置

一个计算机系统配置多少外设? 配置哪些外设? 这些问题都要影响整个系统的性能和功能。在配置硬件时,必须考虑用户的实际需要和支持能力,寻求更高的性价比。

根据计算机的通用性,一个计算机可以配置任何软件,如操作系统、高级语言及应用软件等。在配置软件时,必须考虑各软件之间的兼容性以及具体硬件设备情况,以保证系统能更稳定、更高效地运行。

6. 可靠性

计算机的可靠性是指计算机连续无故障运行的最长时间,以“小时”计。可靠性越高,则表示计算机无故障运行的时间越长。

上述几个方面是全面衡量一台计算机系统性能的基本技术指标,但对于不同用途的计算机,在性能指标上的侧重应有所不同。

1.3.3 计算机分类

随着计算机的快速发展和应用领域的不断扩大,为了适应不同领域,其规模和功能也渐渐朝着五个方面发展,到目前为止可以将计算机分为以下五大类。

1. 微型计算机

微型计算机简称微机,又叫个人计算机(简称 PC),体形较小,是使用最为广泛的机型,通常所说的 486、586、奔腾 II、奔腾 III、奔腾 IV 等机型都属于微型计算机。微型计算机虽然体积较小,但它的功能却是非常强大,它的运算速度可达每秒百万次以上,如图 1-6 所示。

2．工作站

工作站的体积与微型计算机的体积差不多,但它的运算速度更快,并配有大屏幕显示器和大容量存储器,而且有较强的网络通信功能。

3．小型机

运算速度可达到每秒几百万次,通常应用于科研机构、设计院和普通高校。

4．大、中型机

大、中型机的运算速度在每秒几千万次左右,通常在国家级的科研机构以及重点理、工科院校,如图 1-7 所示。

图 1-6　微机外观

图 1-7　大型计算机

5．巨型机

巨型机是运算速度超过每秒亿次的高性能计算机。它主要应用在航空航天、地震预测、军事、宇宙探索等尖端领域。

习题

1．计算机从产生以来经过哪几代的发展? 每一代计算机的电子元器件有何区别?

2．计算机主要有哪些方面的应用?

3．简述冯·诺依曼计算机的基本原理。

4．简述计算机系统的层次结构及其意义。

5．指出以下与计算机有关的英文术语的含义:
CAI、CAD、CPU、RAM、ROM、CMOS、Cache、BIOS、MHz、MIPS

6．请列举计算机的工作特点。

7．基本字长是计算机的主要性能,请指出基本字长的含义和意义。

8．举例说明计算机运算速度的表示方法。

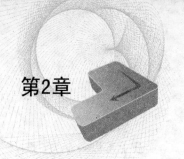

运算方法与运算器

【总体要求】

- 掌握数值数据的表示方法。
- 理解非数值数据的表示方法。
- 掌握补码加法、减法。
- 掌握溢出的概念及溢出判断的方法。
- 掌握移位及舍入处理的方法。
- 掌握原码、补码一位乘法。
- 理解原码两位乘法和原码除法。
- 理解运算器的设计方法与组织结构。
- 掌握浮点加法、减法运算。
- 了解浮点运算器。

【相关知识点】

- 具备电路分析与设计的基本知识。

【学习重点】

- 数据信息的表示方法及运算。
- 溢出判断、移位及舍入处理的方法。
- 算逻运算单元的设计实现。

计算机的基本功能就是对各种数据信息进行加工处理。数据信息有很多种表示方法，计算机内部对数据信息的加工归结为两种基本运算：算术运算和逻辑运算。本章将重点介绍数据信息的表示方法、定点数和浮点数的四则运算、溢出判断方法、移位操作以及运算器设计的有关知识。

2.1 数据信息的表示方法

2.1.1 进位制与数制转换

进位制是指用一组固定的符号和统一的规则来表示数值大小的一种计数方法，如 24 小时为一天，采用二十四进制；7 天为一个星期，采用七进制；12 个月为一年，则采用的是十二进制等。在数字电路中最常用的是二进制数。本节首先从我们最熟悉的十进制数开始分析,再引出其他不同的进位计数制。

1. 进位计数制

(1) 十进制

十进制计数制是我们最为熟悉的计数体制,如十进制数 555.5,实质上可以表示为:

$$555.5 = 5 \times 10^2 + 5 \times 10^1 + 5 \times 10^0 + 5 \times 10^{-1} \tag{2-1}$$

该数整数部分百位上的 5 代表 500,十位上的 5 代表 50,个位上的 5 代表 5;小数部分十分位上的 5 代表 0.5。可以看出,位于不同位置的数字符号具有不同的含义,所以该进位制包含一组数码和两个特征。

- 一组数码——用来表示某种进制的符号,如 0,1,2,3…。
- 基数——数制所用的数码个数,如十进制的基数是 10,加法时"逢十进一",减法时"退一当十"。若用 R 表示,称为 R 进制,规律为做加法时"逢 R 进一"、做减法时"退一当 R"。
- 位权——表示不同位置上的权值。某个数位的数值是由该位数码的值乘以该位置的固定常数构成的,这个固定的常数被称为"位权",简称为"权"。如十进制数,整数部分(从小数点往左)的位权依次是:$10^0, 10^1, 10^2, 10^3, \cdots$,小数部分(从小数点往右)的位权依次是:$10^{-1}, 10^{-2}, 10^{-3}, \cdots$。

我们将式(2-1)中左侧的形式称为十进制的位置计数法,也称为并列表示法;右侧的形式称为十进制数的多项式表示法,也称为按权展开式。

一般说来任何一个十进制数 N 都可以表示为:

$$
\begin{aligned}
(N)_{10} &= (K_{n-1}K_{n-2}\cdots K_1 K_0 . K_{-1} K_{-2} \cdots K_{-m})_{10} \\
&= K_{n-1}(10)^{n-1} + K_{n-2}(10)^{n-2} + \cdots + K_1(10)^1 + K_0(10)^0 \\
&\quad + K_{-1}(10)^{-1} + K_{-2}(10)^{-2} + \cdots + K_{-m}(10)^{-m} \\
&= \sum_{i=-m}^{n-1} K_i \cdot 10^i
\end{aligned}
$$

其中,括号外下标为十进制的基数 10,n 代表整数位数,m 代表小数位数,K_i 代表 0,1,2,…,9 十个数字符号中的任何一个,记作 $0 \leqslant K_i \leqslant 9$。

由以上分析可知,十进制计数法具有以下特点。

- 必须有 10 个有序数字符号:0,1,2,3,4,5,6,7,8,9 和一个小数点符号"."。
- 遵循做加法时"逢十进一",做减法时"退一当十"的计数规则。
- 任何一个十进制数都可以表示为以 10 为底的幂的多项式。

数字设备中所使用的计数制不止是十进制一种,将十进制进行推广,可得到基数为 R 的进位计数制的特点。

- 必须有 R 个有序数字符号:0,1,2,…,$R-1$ 和一个小数点符号"."。
- 遵循做加法时"逢 R 进一",做减法时"退一当 R"的计数规则。
- 任何一个 R 进制数 N 都可以表示为:

$$
\begin{aligned}
(N)_R &= (K_{n-1}K_{n-2}\cdots K_1 K_0 . K_{-1} K_{-2} \cdots K_{-m})_R \\
&= K_{n-1}(R)^{n-1} + K_{n-2}(R)^{n-2} + \cdots + K_1(R)^1 + K_0(R)^0 \\
&\quad + K_{-1}(R)^{-1} + K_{-2}(R)^{-2} + \cdots + K_{-m}(R)^{-m}
\end{aligned}
$$

$$= \sum_{i=-m}^{n-1} K_i \cdot R^i$$

其中,括号外下标为 R 进制的基数 R,n 代表整数位数,m 代表小数位数,K_i 代表 R 个数字符号中的任何一个,记作 $0 \leqslant K_i \leqslant R-1$。

（2）二进制

与十进制类似,二进制的数码符号有两个：0 和 1,基数为 2,运算规则为"逢二进一",权为 2^n。任意一个二进制数 N 可以表示为：

$$(N)_2 = (K_{n-1}K_{n-2} \cdots K_1 K_0 . K_{-1}K_{-2} \cdots K_{-m})_2 = \sum_{i=-m}^{n-1} K_i \cdot 2^i$$

其中,n 代表整数位数,m 代表小数位数,K_i 为 0 或 1。

例如,二进制数 1101.01 所代表的数为：

$$(1101.01)_2 = 1 \times 2^3 + 1 \times 2^2 + 0 \times 2^1 + 1 \times 2^0 + 0 \times 2^{-1} + 1 \times 2^{-2} = 13.25$$

在数字系统和计算机中,普遍采用的是二进制数。与十进制数相比,二进制数具有以下优点。

① 因为二进制数只有 0 和 1 两个数字符号,所以容易用电路元件的两个不同状态来表示,如电平的高低、灯泡的亮灭、二极管的通断等。表示时,将其中一个状态定为 0,另一个则为 1。这种表示简单可靠,所用元器件少,且存储传输二进制数也很方便。

② 运算规则简单,电路容易实现和控制。表 2-1 给出了二进制数相应的算术运算规则。

表 2-1 二进制数算术运算规则

加法运算	$0+0=0$	$0+1=1$	$1+0=1$	$1+1=10$
乘法运算	$0 \times 0=0$	$0 \times 1=0$	$1 \times 0=0$	$1 \times 1=1$

但是我们对二进制数不熟悉,使用不习惯,而且二进制表示同一个数所用的位数比十进制数多,所以计算机在运算时,通常先将我们熟悉的十进制数据变成计算机能接受的二进制数据,运算后再变成我们容易接受的十进制数输出结果。此外为便于记忆、书写或打印,还经常会采用八进制和十六进制。

（3）八进制

具有 8 个不同的数字符号 $0,1,2,3,4,5,6,7$,基数为 8,运算规则为"逢八进一",权为 8^n。任意一个八进制数 N 可以表示为：

$$(N)_8 = (K_{n-1}K_{n-2} \cdots K_1 K_0 . K_{-1}K_{-2} \cdots K_{-m})_8 = \sum_{i=-m}^{n-1} K_i \cdot 8^i$$

其中,n 代表整数位数,m 代表小数位数,K_i 代表 8 个数字符号中的任何一个,记作 $0 \leqslant K_i \leqslant 7$。

例如,八进制数 72.1 所代表的数为：

$$(72.1)_8 = 7 \times 8^1 + 2 \times 8^0 + 1 \times 8^{-1} = 58.125$$

（4）十六进制

具有 16 个不同的数字符号 $0,1,2,3,4,5,6,7,8,9,A,B,C,D,E,F$,基数为 16,运算规则为"逢十六进一",权为 16^n。任意一个十六进制数 N 可以表示为：

$$(N)_{16} = (K_{n-1}K_{n-2}\cdots K_1 K_0. K_{-1}K_{-2}\cdots K_{-m})_{16} = \sum_{i=-m}^{n-1} K_i \cdot 16^i$$

其中，n 代表整数位数，m 代表小数位数，K_i 代表 16 个数字符号中的任何一个，记作 $0 \leqslant K_i \leqslant F$。

例如，十六进制数 2A.1 所代表的数为：

$$(2A.1)_{16} = 2 \times 16^1 + A \times 16^0 + 1 \times 16^{-1} = 42.0625$$

一般地，用 $()_R$ 表示不同进制的数，如二进制用 $()_2$ 表示，十进制用 $()_{10}$ 表示等。此外，也可以用特定的字母表示对应的进制：B—二进制，D—十进制，O—八进制，H—十六进制，其中 D 可省略不写。例如 1101.01B、72.1O、2A.1H。

2. 数制转换

（1）R 进制数转换为十进制数

按权展开法：将任意一个 R 进制数转换成十进制数时，求出每一位数字与其位权的乘积之和，即可得到相应的十进制数。

$$(K_{n-1}K_{n-2}\cdots K_1 K_0. K_{-1}K_{-2}\cdots K_{-m})_R$$
$$= K_{n-1}(R)^{n-1} + K_{n-2}(R)^{n-2} + \cdots + K_1(R)^1 + K_0(R)^0$$
$$+ K_{-1}(R)^{-1} + K_{-2}(R)^{-2} + \cdots + K_{-m}(R)^{-m}$$

【例 2-1】 写出 $(11101.1)_2$，$(152.7)_8$，$(A12.1)_{16}$ 对应的十进制数。

解： $(11101.1)_2 = 1 \times 2^4 + 1 \times 2^3 + 1 \times 2^2 + 0 \times 2^1 + 1 \times 2^0 + 1 \times 2^{-1} = 29.5$

$(152.7)_8 = 1 \times 8^2 + 5 \times 8^1 + 2 \times 8^0 + 7 \times 8^{-1} = 106.875$

$(A12.1)_{16} = A \times 16^2 + 1 \times 16^1 + 2 \times 16^0 + 1 \times 16^{-1} = 2578.0625$

（2）十进制转换为 R 进制

① 整数部分：除基取余——用十进制整数除以基数 R 取余数，直到商为 0，得到的余数从右向左排列即可得到 R 进制整数部分各位的数码。

② 小数部分：乘基取整——用十进制小数乘以基数 R 取整数，直到小数部分为 0 或满足精度要求为止，得到的整数从左向右排列即可得到 R 进制小数部分各位的数码。

对于既有整数又有小数的十进制数，可以先将整数和小数分别进行转换，然后再合并得到所要结果。下面以十进制向二进制转换为例说明转换过程。

【例 2-2】 将 $(29.25)_{10}$ 转换成二进制数。

解： 整数部分转换方法：除 2 取余，将 29 反复除以 2，直到商为 0 为止，然后从后往前写出所得余数即为整数 29 所对应的二进制。演算过程如图 2-1(a)所示。

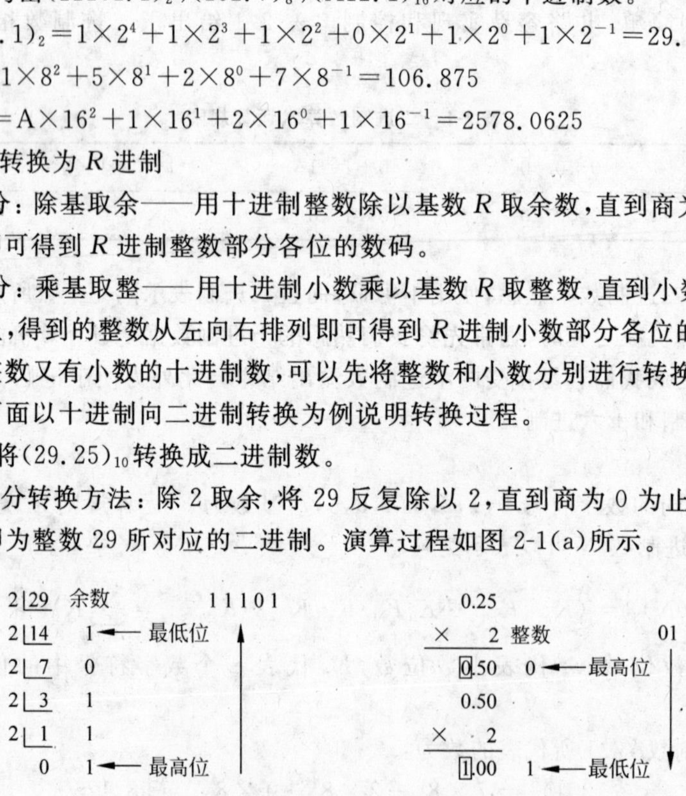

图 2-1　十进制转换为二进制演算过程

小数部分转换方法：乘 2 取整，将 0.75 连续乘以 2，选取进位整数，直到乘积为 0 或满足精度为止，然后从前往后写出所选取的整数即为 0.75 所对应的二进制。演算过程如图 2-1(b)所示。

所以，$(29.25)_{10}=(11101.01)_2$。

注意：若十进制小数不能用有限位二进制小数精确表示，则应根据精度要求进行舍入处理。如要求二进制数为 m 位小数时，可求出 $m+1$ 位，然后对最后一位小数作 0 舍 1 入处理。

同理，可采用"除 8 取余，乘 8 取整"的方法将十进制数转换为八进制数；用"除 16 取余，乘 16 取整"的方法将十进制数转换为十六进制数。

（3）二-八进制转换

由于二进制和八进制间存在 $8^1=2^3$ 的特殊关系，所以 1 位八进制数和 3 位二进制数对应。

① 二进制数转换为八进制数。从小数点开始，将二进制数整数部分从右向左 3 位一组，小数部分从左向右 3 位一组进行划分，最后一组若不足 3 位则用 0 补足，然后写出每组对应的八进制字符，即可得到对应的八进制数。

【例 2-3】 将 $(1110100110.1011)_2$ 转换为八进制数。

解：$(1110100110.1011)_2 = (\overset{\displaystyle \textbf{001}}{\underset{\displaystyle 1}{\downarrow}} \quad \overset{\displaystyle 110}{\underset{\displaystyle 6}{\downarrow}} \quad \overset{\displaystyle 100}{\underset{\displaystyle 4}{\downarrow}} \quad \overset{\displaystyle 110}{\underset{\displaystyle 6}{\downarrow}} . \quad \overset{\displaystyle 101}{\underset{\displaystyle 5}{\downarrow}} \quad \overset{\displaystyle \textbf{100}}{\underset{\displaystyle 4}{\downarrow}})_2 = (1646.54)_8$

所以，$(1110100110.1011)_2=(1646.54)_8$。

② 八进制转换为二进制。以小数点为界，将每位八进制数用相应的 3 位二进制数代替，然后将其连在一起即可得到对应的二进制数。

【例 2-4】 将 $(5321.46)_8$ 转换为二进制数。

解：$(\underset{\downarrow}{5} \quad \underset{\downarrow}{3} \quad \underset{\downarrow}{2} \quad \underset{\downarrow}{1} . \quad \underset{\downarrow}{4} \quad \underset{\downarrow}{6})_8$
$(101 \quad 011 \quad 010 \quad 001 . \quad 100 \quad 110)_2$

所以，$(5321.46)_8=(101\,011\,010\,001.100\,110)_2$。

（4）二-十六进制转换

由于二进制和十六进制之间存在 $16^1=2^4$ 的特殊关系，所以 1 位十六进制数和 4 位二进制对应。

① 二进制数转换为十六进制数。从小数点开始，将二进制数整数部分从右向左 4 位一组，小数部分从左向右 4 位一组进行划分，最后一组若不足 4 位则用 0 补足，然后写出每组对应的十六进制字符，即可得到对应的十六进制数。

【例 2-5】 将 $(1110100110.10101)_2$ 转换为十六进制数。

解：$(1110100110.10101)_2 = (\overset{\displaystyle \textbf{0011}}{\underset{\displaystyle 3}{\downarrow}} \quad \overset{\displaystyle 1010}{\underset{\displaystyle A}{\downarrow}} \quad \overset{\displaystyle 0110}{\underset{\displaystyle 6}{\downarrow}} . \quad \overset{\displaystyle 1010}{\underset{\displaystyle A}{\downarrow}} \quad \overset{\displaystyle \textbf{1000}}{\underset{\displaystyle 8}{\downarrow}})_2 = (3A6.A8)_{16}$

所以，$(1110100110.10101)_2=(3A6.A8)_{16}$。

② 十六进制转换为二进制。以小数点为界，将每位十六进制数用相应的 4 位二进制数代替，然后将其连在一起即可得到对应的十六进制数。

【例 2-6】 将 $(5B21.4F)_{16}$ 转换为二进制数。

解：$(5 \quad\quad B \quad\quad 2 \quad\quad 1 \quad . \quad 4 \quad\quad F)_{16}$

$\quad\quad \downarrow \quad\quad\quad \downarrow \quad\quad\quad \downarrow \quad\quad\quad \downarrow \quad\quad\quad\quad \downarrow \quad\quad\quad \downarrow$

$\quad (0101 \quad 1011 \quad 0010 \quad 0001. \quad 0100 \quad 1111)_2$

所以，$(5B21.4F)_{16} = (0101\ 1011\ 0010\ 0001.0100\ 1111)_2$。

(5) 八-十六进制转换

以二进制为桥梁，八进制转换为十六进制时，先将八进制数转换为二进制数，再将得到的二进制数转换为十六进制数；反之，十六进制向八进制转换时，先将十六进制数转换为二进制数，再将得到的二进制数转换为八进制数。

2.1.2　带符号数的表示

在日常的书写中，我们常用正号"＋"或负号"－"加绝对值来表示数值，如 $(+56)_{10}$、$(-23)_{10}$、$(+11011)_2$、$(-10110)_2$ 等，这种形式的数值被称为真值。在计算机中，数的正、负号也用二进制代码进行表示，最高位为符号位，用"0"表示正数，"1"表示负数，其余位仍然表示数值。在机器内使用的，连同正、负号一起数字化的数称为机器数。根据数值位的表示方法不同，机器数有以下三种表示方法：原码、反码和补码。

1. 原码

原码表示法中，数值位用绝对值表示；符号位用"0"表示正号，用"1"表示负号。换句话说，即数字化的符号位加上数的绝对值。设 X 表示真值，$|X|$ 表示 X 的绝对值，$[X]_原$ 表示 X 的原码（n 位，其中 1 位符号位，$n-1$ 位数值位），则定点小数（纯小数）与定点整数（纯整数）的原码定义式如下：

(1) 定点小数

$$[X]_原 = \begin{cases} X & 0 \leqslant X < 1 \\ 1 - X = 1 + |X| & -1 < X \leqslant 0 \end{cases}$$

【例 2-7】 若 $X_1 = +0.1101$，$X_2 = -0.1101$，则 $[X_1]_原 = 0.1101$，$[X_2]_原 = 1.1101$。

(2) 定点整数

$$[X]_原 = \begin{cases} X & 0 \leqslant X < 2^{n-1} \\ 2^{n-1} - X = 2^{n-1} + |X| & -2^{n-1} < X \leqslant 0 \end{cases}$$

【例 2-8】 若 $X_1 = +1101$，$X_2 = -1101$，则：

$\quad\quad\quad$ 五位字长的 $[X_1]_原 = 01101$，$\quad [X_2]_原 = 11101$；

$\quad\quad\quad$ 八位字长的 $[X_1]_原 = 00001101$，$\quad [X_2]_原 = 10001101$。

从定义可看出，原码有以下特点。

① 最高位为符号位，正数为 0，负数为 1，数值位与真值一样，保持不变。

② "0"的原码表示有两种不同的表示形式，以整数（8 位）为例：

$$[+0]_原 = 00000000, \quad [-0]_原 = 10000000。$$

③ 容易理解，与代数中正负数的表示接近，原码乘除运算比较方便，但是加减运算规则复杂。

2. 反码

反码表示法中，符号位用"0"表示正号，用"1"表示负号；正数的反码数值位与真值的数值位相同,负数的反码数值位是将真值各位按位取反("0"变成"1","1"变成"0")得到。设 X 表示真值,$[X]_反$ 表示 X 的反码(n 位,其中 1 位符号位,$n-1$ 位数值位),则定点小数(纯小数)与定点整数(纯整数)的反码定义式如下:

(1) 定点小数

$$[X]_反 = \begin{cases} X & 0 \leqslant X < 1 \\ (2 - 2^{-n+1}) + X & -1 < X \leqslant 0 \end{cases}$$

【例 2-9】 若 $X_1 = +0.1101, X_2 = -0.1101$,则 $[X_1]_反 = 0.1101, [X_2]_反 = 1.0010$。

(2) 定点整数

$$[X]_反 = \begin{cases} X & 0 \leqslant X < 2^{n-1} \\ (2^n - 1) + X & -2^{n-1} < X \leqslant 0 \end{cases}$$

【例 2-10】 若 $X_1 = +1101, X_2 = -1101$,则:

五位字长的 $[X_1]_反 = 01101$, $[X_2]_反 = 10010$;

八位字长的 $[X_1]_反 = 00001101$, $[X_2]_反 = 11110010$。

注意:0 的反码表示也有两种不同的表示形式,以整数(8 位)为例:

$$[+0]_反 = 00000000, \quad [-0]_反 = 11111111。$$

3. 补码

补码表示法中,符号位用"0"表示正号,用"1"表示负号;正数补码的数值位与真值的数值位相同,负数补码的数值位是将真值各位按位取反("0"变成"1","1"变成"0")后,最低位加 1 得到。设 X 表示真值,$[X]_补$ 表示 X 的补码(n 位,其中 1 位符号位,$n-1$ 位数值位),则定点小数(纯小数)与定点整数(纯整数)的补码定义式如下:

(1) 定点小数

$$[X]_补 = \begin{cases} X & 0 \leqslant X < 1 \\ 2 + X & -1 \leqslant X < 0 \end{cases}$$

【例 2-11】 若 $X_1 = +0.1101, X_2 = -0.1101$,则 $[X_1]_补 = 0.1101, [X_2]_补 = 1.0011$。

(2) 定点整数

$$[X]_补 = \begin{cases} X & 0 \leqslant X < 2^{n-1} \\ 2^n + X & -2^{n-1} \leqslant X < 0 \end{cases}$$

【例 2-12】 若 $X_1 = +1101, X_2 = -1101$,则:

五位字长的 $[X_1]_补 = 01101$, $[X_2]_补 = 10011$;

八位字长的 $[X_1]_补 = 00001101$, $[X_2]_补 = 11110011$。

注意:0 的补码表示与原码和反码不同,是唯一的 $[0]_补 = 0$。

2.1.3 数的定点表示与浮点表示

计算机中的数据有两种表示格式:定点格式和浮点格式。若数的小数点位置固定不变则称为定点数;反之,若数的小数点位置不固定则称为浮点数。

1. 定点表示法

定点数的特点是数据的小数点位置固定不变。一般地,小数点的位置只有两种约定:

一种约定小数点位置在符号位之后、有效数值部分最高位之前,即定点小数;另一种约定小数点位置在有效数值部分最低位之后,即定点整数。

(1) 定点小数

若数据 x 的形式为 $x = x_0 x_1 x_2 \cdots x_n$(其中 x_0 为符号位,$x_1 \sim x_n$ 为数值位,也称为尾数,x_1 为数值最高有效位),则定点小数在计算机中的表示形式如图 2-2 所示。

一般说来,若定点小数数值位的最后一位 $x_n = 1$,其他各位都为 0,则数的绝对值最小,即 $|x|_{min} = 2^{-n}$。若数值位均为 1,则此时数的绝对值最大,即 $|x|_{max} = 1 - 2^{-n}$。由此可知,定点小数的表示范围为 $2^{-n} \leqslant |x| \leqslant 1 - 2^{-n}$。

(2) 定点整数

若数据 x 的形式为 $x = x_0 x_1 x_2 \cdots x_n$(其中 x_0 为符号位,$x_1 \sim x_n$ 为数值位,即尾数,x_n 为数值位最低有效位),则定点整数在计算机中的表示形式如图 2-3 所示。

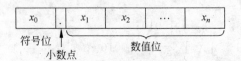

图 2-2　计算机中定点小数的表示　　　图 2-3　计算机中定点整数的表示

与定点小数类同,当数值位最后一位 $x_n = 1$,其他各位都为 0,有 $|x|_{min} = 1$;当数值位均为 1,则有 $|x|_{max} = 2^n - 1$,所以,定点整数的表示范围是:

$$1 \leqslant |x| \leqslant 2^n - 1$$

在定点数的表示中,不管是定点小数还是定点整数,计算机所处理的数必须在该定点数所能表示的范围之内,否则会发生溢出。若数据小于定点数所能表示的最小值时,计算机将其作“0”处理,称为下溢;若数据大于定点数能表示的最大值时,计算机将无法表示,称为上溢,将上溢和下溢统称为溢出。当有溢出发生时,CPU 中的状态寄存器 PSW 中的溢出标志位将置位,并进行溢出处理。

用定点数进行运算处理的计算机被称为定点机。当采用定点数表示时,若数据既有整数又有小数,则需要设定一个比例因子,将数据缩小为定点小数或扩大为定点整数再参加运算,最后根据比例因子,将运算结果还原为实际数值。应注意,若比例因子选择不当,往往会使运算结果产生溢出或降低数据的有效精度。

注意:定点数的小数点实际上在机器中并不存在,没有专门的硬件设备进行表示,只是一种人为的约定,所以对于计算机而言,处理定点小数和处理定点整数在硬件构造上并无差别。

2. 浮点表示法

定点数的表示较为单一,数值的表示范围小,且运算的时候易发生溢出,所以在计算机中,采用类似于科学计数法的方式来表示实数,即浮点数表示。如数值 1110.011 可表示为 $M = 1110.011 = 0.1110011 \times 2^{+4} = 0.1110011 \times 2^{+100B}$。

根据以上形式可写出二进制所表示的浮点数的一般形式:$M = S \times 2^P$,其中纯小数 S 是数 M 的尾数,表示数的精度;整数 P 是数 M 的阶码,确定了小数点的位置,表示数的范围;2^P 为比例因子。因为小数点的位置可以随比例因子的不同而在一定范围内自由浮动,所以这种表示方法被称为浮点表示法。与定点数相比,用浮点数表示数的范围要大得多,精度也高。计算机中浮点数的格式如图 2-4 所示。

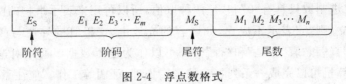

图 2-4 浮点数格式

E_S 为阶码的符号位,表示阶的正负;M_S 为尾数的符号位,表示阶的正负。

为了充分利用尾数的二进制位数来表示更多的有效数字,我们通常采用规格化形式表示浮点数,即将尾数的绝对值限定在某个范围以内,在阶码底数为等于 2 的情况下,规格化数的尾数应该满足:

$$\frac{1}{2} \leqslant |M| < 1$$

在规格化数中,若尾数用补码表示,当 $M \geqslant 0$ 时,尾数格式为:$M = 0.1 \times \times \cdots \times$;当 $M < 0$ 时,尾数格式应为:$M = 1.0 \times \times \cdots \times$。由上可看出,若尾数的符号位与数值最高位不一致,即为规格化数,所以在进行浮点数运算时,计算机只需使用异或逻辑即可判断数据是否为规格化数。

当一个浮点数的尾数为 0 时,不论其阶码为何值,将其称为机器零,或者当该浮点数的阶码的值小于机器所能表示的最小值时,不管其尾数为何值,计算机也将其作为机器零。尽管浮点表示能扩大数据的表示范围,但浮点机在运算的过程中,也出现溢出现象。与定点数一样,当一个数的大小超出了浮点数的表示范围时,称为溢出。浮点数的溢出只是对规格化数的阶码进行判断,若阶码小于机器能表示的最小阶码时,称为下溢,此时将数据作为机器零处理,计算机仍可运行。若阶码大于机器所能表示的最大阶码时,称为上溢,此时计算机必须转入出错中断处理。

Pentium 处理器中浮点数格式完全符合 IEEE 标准,表 2-2 给出了 Pentium 处理器可表示的三种不同类型的浮点数。

表 2-2 Pentium 处理器三种类型浮点数格式

参　　数	单精度浮点数	双精度浮点数	扩充精度浮点数
浮点数长度(字长)	32	64	80
尾数长度 P	23	52	64
符号位 S 位数	1	1	1
指数 E 长度	8	11	15
最大指数	+127	+1023	+16 383
最小指数	-126	-1022	-16 382

2.1.4 非数值型数据的表示

计算机不仅可以对数值型数据进行计算,而且可以对非数值型数据进行处理,如文字处理、图形图像处理、信息检索、日常的办公管理等。可以看出,后者的应用领域已远远超过了前者的应用领域,所以对非数值型数据的编码表示就显得愈加重要。本节将简要介绍几种非数值型信息的表示。

1．逻辑数据

由于一位二进制数只具有"0"和"1"两种取值，所以可用来表示事物的两个对立面，若用"1"表示事物成立，则"0"表示不成立，如电容的充放电、二极管的导通与截止、开关的开闭等。"0"和"1"、"真"和"假"、"是"和"否"等都可以作为逻辑数据。通过对逻辑数据的比较、判断和运算，计算机可以完成一系列复杂的逻辑推理、证明等工作。应注意，逻辑数据"0"和"1"是逻辑概念，表达的是事物的逻辑关系，没有数值的大小之分。

2．字符编码

美国信息交换标准代码 ASCII 码是最常用的字符代码，有 7 位和 8 位两种版本。国际上通用的 ASCII 码是 7 位版本，即用 7 位二进制码表示，共有 $128(2^7 = 128)$ 个字符，其中有32 个控制字符，10 个阿拉伯数字，52 个大小写英文字母，32 个各种标点符号和运算符号。在计算机中，实际用 1 个字节（8 位）来表示一个字符，最高位为"0"，而汉字编码中机内码的每个字节最高位为"1"，可防止与西文 ASCII 码的冲突。表 2-3 给出了 7 位 ASCII 码字符表，例如，求大写字母 C 的 ASCII 码，在表中对应于字符 C 的位置，找出其对应的列 $a_6 a_5 a_4$ 和行 $a_3 a_2 a_1 a_0$ 的值，并按 $a_6 a_5 a_4 a_3 a_2 a_1 a_0$ 排列，即可得 C 的 ASCII 码为 01000011，对应的十进制数表示为 67，十六进制数为 43。

表 2-3　7 位 ASCII 码字符表

低 4 位 $a_3 a_2 a_1 a_0$	高 3 位 $a_6 a_5 a_4$							
	000	001	010	011	100	101	110	111
0000	NUL	DLE	SP	0	@	P	、	p
0001	SOH	DC1	！	1	A	Q	a	q
0010	STX	DC2	"	2	B	R	b	r
0011	ETX	DC3	#	3	C	S	c	s
0100	EOT	DC4	$	4	D	T	d	t
0101	ENQ	NAK	%	5	E	U	e	u
0110	ACK	SYN	&	6	F	V	f	v
0111	BEL	ETB	'	7	G	W	g	w
1000	BS	CAN	(	8	H	X	h	x
1001	HT	EM	)	9	I	Y	i	y
1010	LF	SUB	*	:	J	Z	j	z
1011	VT	ESC	+	;	K	[	k	{
1100	FF	FS	,	<	L	\	l	|
1101	CR	GS	-	=	M	]	m	}
1110	SO	RS	.	>	N	^	n	~
1111	SI	US	/	?	O	_	o	DEL

3．汉字编码

计算机能处理汉字信息的前提条件是对每个汉字进行编码，这些编码统称为汉字编码。汉字信息在系统内传送的过程就是汉字编码转换的过程。由于汉字信息处理系统各组成部分对汉字信息处理的要求不同,所以在进行处理的各阶段有不同的编码,根据用途可以将这些编码分为:汉字机内码、汉字输入码及汉字字模码。

(1) 汉字机内码

ASCII 码是针对英文字母、数字和其他特殊字符的编码,不能用于对汉字的编码。若用计算机处理汉字,必须先对汉字进行适当的编码。我国于 1981 年 5 月颁布实施了《信息交换用汉字编码字符集》GB 2312-80,该标准规定了汉字交换所用的基本汉字字符和一些图形字符,包括汉字 6763 个。其中,一级汉字(常用字)3755 个(按汉字拼音字母顺序排列),二级汉字 3008 个(按部首笔画次序排列),各种符号 682 个,共计 7445 个。该标准给定的每个字符的二进制编码,即国标码。

将 GB2312-80 的全部字符集组成一个 94×94 的方阵,每一行称为一个"区",编号为 01~94;每一列称为一个"位",编号也为 01~94,将一个汉字所在的区号和位号简单地组合在一起即可得到该汉字的区位码。因为要用一个字节表示"区"编码,另一个字节表示"位"编码,所以汉字编码需要两个字节。

汉字机内码是汉字存储在计算机内的编码。为了避免 ASCII 码和国标码同时使用时产生二义性问题,大部分汉字系统都采用将国标码每个字节高位置 1 作为汉字机内码,这样既解决了汉字机内码与西文编码之间的二义性,又使汉字机内码与国标码具有极简单的对应关系。

汉字机内码、国标码和区位码 3 者之间的关系为:区位码(十进制数)的两个字节分别转换为十六进制数后加 20H 得到对应的国标码;国标码的两个字节的最高位置 1,即汉字交换码(国标码)的两个字节分别加 80H 即可得到对应的机内码;区位码(十进制数)的两个字节分别转换为十六进制数后加 A0H 得到对应的机内码。

如汉字"啊"的区位码是 1601D,转换为十六进制为 1001H,国标码为 3021H,机内码为 B0A1H。

(2) 汉字输入码(外码)

汉字输入码指直接从输入设备输入的各种汉字输入方法的编码。目前,汉字输入法有键盘输入、文字识别和语音识别等,其中键盘输入法为主要方法。汉字输入法大体可以分为以下几种。

流水码:如区位码、电报码、通信密码,优点是重码少,缺点是难于记忆。

音码:以汉语拼音为基准输入汉字,优点是容易掌握,但重码率高。

形码:根据汉字的字型进行编码,优点是重码少,但不容易掌握。

音形码:将音码和形码结合起来,能减少重码率,并提高汉字输入速度。

(3) 汉字字形码

在计算机内部汉字编码采用机内码,为了让人们看得懂,显示和打印时需要将其转换为字形码。所谓汉字字形码是以点阵方式表示汉字,将汉字分解为若干个"点"组成的点阵字形。通用汉字字模点阵规格有:16×16 点阵、24×24 点阵、32×32 点阵、48×48 点阵、64×64 点阵。每个点在存储器中用一位二进制数存储,则对于 $n×n$ 点阵,一个汉字所需要的存储空间为 $n×n/8$ 个字节。如一个 16×16 点阵汉字需要 32 个字节的存储空间,一个 24×24 点阵汉字需要 72 个字节的存储空间。

2.2　定点数加、减法运算

在带符号数的表示方法中,原码是最易于理解的编码,但是采用原码进行加减运算时,数值位和符号位需分开处理,操作比较麻烦,所以计算机中广泛采用补码进行加减运算,可以使运算过程简单化。

2.2.1　补码加减运算的基本关系式

采用补码进行加减运算时,操作数和结果均用补码表示,符号位连同数值位一起处理,运算后同时得到结果的符号和数值。运算时所依据的基本关系如下:

$$[X+Y]_{补} = [X]_{补} + [Y]_{补}$$
$$[X-Y]_{补} = [X]_{补} + [-Y]_{补}$$

加法运算时,直接将两个补码表示的操作数相加即可得到补码所表示的和。由于补码采用了模和补数的概念,负数可以用相应的补数表示,所以可将减法运算转换为加法运算,即减法运算时,减去一个数等于加上这个数的补数。注意,补码运算时,符号位产生的进位要丢弃。

若已知$[Y]_{补}$,求$[-Y]_{补}$:将$[Y]_{补}$的各位(包括符号位)逐位取反再在最低位加 1 即可求得$[-Y]_{补}$,如$[Y]_{补}=101101$,则$[-Y]_{补}=010011$。

【例 2-13】 已知 $X=+1001$,$Y=+0100$,求$[X+Y]_{补}$和$[X-Y]_{补}$的值。

解:因为$[X]_{补}=0\ 1001$,$[Y]_{补}=0\ 0100$,$[-Y]_{补}=1\ 1100$,所以有

$[X+Y]_{补}=[X]_{补}+[Y]_{补}=0\ 1001+0\ 0100=0\ 1101$ (即 9+4=13),

$[X-Y]_{补}=[X]_{补}+[-Y]_{补}=0\ 1001+1\ 1100=0\ 0101$(符号位产生的进位丢掉,即9-4=5)。

2.2.2　补码加减运算规则

补码表示的加减运算规则可归纳为以下 5 点。

① 参加运算的操作数及最后的运算结果均用补码表示。

② 操作数的符号位与数值位同时进行运算,即符号位作为数的一部分参加运算。

③ 进行加法运算时,将补码表示的操作数直接相加,运算结果即为和的补码。

④ 进行减法运算时,先将减数求补,然后与被减数相加,运算结果即为差的补码。

⑤ 加减运算后,若符号位有进位,需要将其丢掉。

补码加减运算算法流程如图 2-5 所示。

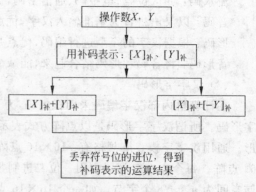

图 2-5　补码加减运算算法流程

2.3 溢出判断与移位

在计算机中,运算时还会涉及溢出判断、移位操作及舍入处理等相关操作,下面给出有关的判断和处理方法。

2.3.1 溢出判断方法

若运算结果超出机器数所能表示的范围,则会发生溢出。在加减运算中,只有当两个同号的数相加或是两个异号的数相减时,运算结果的绝对值增大,才可能会发生溢出。因为有溢出发生时,溢出的部分丢失,结果将会发生错误,所以计算机中应该设置有关溢出判断的逻辑,当产生溢出时能停机并显示"溢出"标志,或者通过溢出处理程序的处理后重新进行运算。

当正数与正数相加或正数与负数相减时,若绝对值超出机器允许表示的范围,则称之为正溢;当负数与负数相加或负数与正数相减时,若绝对值超出机器允许表示的范围,则称之为负溢。下面通过实例分析发生溢出的情况,给出几种溢出判断的方法。

设参加运算的操作数为 A、B(字长 5 位,数值位 4 位),结果为 F,S_A、S_B 和 S_F 分别表示操作数和结果的符号,C 表示数值最高位产生的进位,C_F 表示符号位产生的进位。

(1) 正数+正数:如 $A=12$,$B=9$,二者和为 $12+9=21$,超出最大值 $+15$,所以发生正溢。并且由以下计算竖式可看出:S_F 与 S_A、S_B 异号,$C=1$,$C_F=0$。

$$
\begin{array}{r}
0\ \ 1100 \\
+\,0_{\,1}\,1001 \\
\hline
1\ \ 0101\,(C=1,C_F=0)
\end{array}
$$

(2) 正数-负数:如 $A=12$,$B=-9$,二者差为 $12-(-9)=21$,超出最大值 $+15$,所以发生正溢。因为 $A=0\ 1100$,$B=1\ 1001$,所以 $[A]_{补}=0\ 1100$,$[B]_{补}=1\ 0111$,$[-B]_{补}=0\ 1001$,列出计算竖式可看出:S_F 与 S_A、S_B 异号,$C=1$,$C_F=0$。注意,减去一个负数实质上是加上一个正数,所以可看作是正数相加。

$$
\begin{array}{r}
0\ \ 1100 \\
+\,0_{\,1}\,1001 \\
\hline
1\ \ 0101\,(C=1,C_F=0)
\end{array}
$$

(3) 负数+负数:如 $A=-12$,$B=-9$,二者和为 $(-12)+(-9)=-21$,超出补码所能表示的最小值 -16,所以发生负溢。因为 $A=1\ 1100$,$B=1\ 1001$,所以 $[A]_{补}=1\ 0100$,$[B]_{补}=1\ 0111$,列出计算竖式可看出:S_F 与 S_A、S_B 异号,$C=0$,$C_F=1$。

$$
\begin{array}{r}
1\ 0100 \\
+\,_1\,1\ 0111 \\
\hline
\boxed{1}\ 0\ 1011\ (C=0,C_F=1)
\end{array}
$$

丢掉

(4) 负数-正数:如 $A=-12$,$B=9$,二者差为 $(-12)-9=-21$,超出补码所能表示的最小值 -16,所以发生负溢。因为 $A=1\ 1100$,$B=0\ 1001$,$[A]_{补}=1\ 0100$,$[B]_{补}=0\ 1001$,$[-B]_{补}=1\ 0111$,计算竖式与上式相同,所以有 S_F 与 S_A、S_B 异号,$C=1$,$C_F=0$。注意,减去一个正数实质是加上一个负数,所以可将其作为负数相加。

由以上分析可以得出以下判断方法。

① "溢出"$=\overline{S_A}\,\overline{S_B}S_F+S_AS_B\overline{S_F}$

该方法是从操作数与运算结果的符号位进行考虑,表明两个同号的数相加,运算结果的符号与操作数的符号相反时有溢出发生。当两个正数相加,即 $S_A=0,S_B=0$ 时,$S_F=1$,则说明产生正溢;当两个负数相加,即 $S_A=1,S_B=1$ 时,$S_F=0$,则说明产生负溢。为了与最后运算结果的符号进行比较,该方法要求保留运算前操作数的符号,而在某些指令格式中(一地址或二地址指令),运算后的操作数会被结果替代,所以不易于操作。

② "溢出"$=C\oplus C_F$

该方法是从进位信号的关系进行考虑的,表明当数值最高位产生的进位,与符号位产生的进位相反时,有溢出发生。该判断逻辑较多的应用在单符号位的补码运算中。

③ 采用变形补码判断

在计算机中常用变形补码进行判断有无溢出发生。所谓变形补码是指采用了多个符号位的补码。因为当两个 n 位数相加减时,运算结果最多只有 $n+1$ 位,若将操作数的符号变为双符号,运算后结果的进位最多只占据了原来的符号位,绝不会占据新添加的符号位,所以可以用新添加的符号位(S_{F1})表示运算结果的符号,原来的符号位(S_{F2})暂时保存结果的最高位数值。

将前面实例中的(1)和(2)用变形补码进行计算,有:

$$
\begin{array}{r}
00\ \ 1100 \\
+\ 00\ \ 1001 \\
\hline
01\ \ 0101
\end{array}\ (S_{F1}=0,\ S_{F2}=1)
\qquad
\begin{array}{r}
11\ \ 0100 \\
+\ 11\ \ 0111 \\
\hline
\boxed{1}\ 10\ \ 1011
\end{array}\ (S_{F1}=1,\ S_{F2}=0)
$$

丢掉

由上例可以看出,若运算结果的两个符号位相反,则表明有溢出发生。当 $S_{F1}S_{F2}=01$ 时,正溢;当 $S_{F1}S_{F2}=10$ 时,负溢;当 $S_{F1}S_{F2}=00$ 或 $S_{F1}S_{F2}=11$ 时,无溢出发生。所以可以用异或逻辑进行溢出判断:

$$
\text{"溢出"}=S_{F1}\oplus S_{F2}
$$

2.3.2　移位操作

1. 移位的意义

移位运算在日常生活中很常见,如数的放大缩小。例如,将 1 扩大到 100 倍,可得到 100,即小数点不动,将数字左移两位;将 1 缩小到 1/100,即小数点不动,将数字右移两位。可见,当某个十进制数相对于小数点左移 n 位时,相当于该数乘以 10^n;右移 n 位时,相当于该数除以 10^n。同理,计算机中小数点的位置是事先约定的,因此,二进制表示的机器数在相对于小数点左移 n 位或右移 n 位时,其实质是将该数乘以或除以 2^n。

移位运算又称为移位操作,是计算机中进行算术运算和逻辑运算的基本操作,可以采用移位运算和加法运算相结合,来实现乘法或除法运算。根据移位的性质,可分为逻辑移位、算术移位和循环移位。根据移位的方向,可分为左移和右移两大类。

2. 逻辑移位

逻辑移位将移位对象看做没有数值含义的一组二进制代码。在逻辑左移时,在最低位的空位添"0";在逻辑右移时,在最高位的空位添"0"。移位时一般将移出的数保存在进位状态寄存器 C 中。例如,寄存器内容为 01010011,逻辑左移后为 1010010,逻辑右移后为 00101001。

逻辑移位可以用来实现串并转换、位判别或位修改等操作。如串行输入数据,利用移位操作将其拼装成并行数据输出,完成串并转换;通过移位操作将需要的某个数位移至最高位或最低位,然后对其进行判断或修改等操作。

3．算术移位

算术移位与逻辑移位不同,数字代码具有数值意义,且带有符号位,所以操作过程中必须保证符号位不变,这也是算术移位的重要特点。

对于正数来说,由于 $[x]_原=[x]_补=[x]_反=$ 真值,所以在移位后的空位上添"0"。而对于负数,由于原码、补码和反码的表示形式不同,在移位时,对其空位的添补规则也不同,表 2-4 中列出了移位时原码、补码和反码三种不同码制所对应的空位添补规则。

表 2-4 带符号数的移位规则

正数	码制	添补规则(符号位不变)	负数	码制	添补规则(符号位不变)
	原码	空位均添"0"		原码	空位添"0"
	补码	空位均添"0"		补码	左移添"0",右移添"1"
	反码	空位均添"0"		反码	空位添"1"

由表 2-4 可得出如下结论。

- 当原码、补码、反码为正时,不论左移或右移,空位上均添"0"。
- 负数原码的数值部分与真值相同,故移位时符号位不变,空位添"0"。
- 除符号位外,负数反码的数值位与其对应原码的数值位正好相反,故移位规则与原码相反,即符号位不变,空位添"1"。
- 对于负数补码,从低位向高位找到第一个"1",该位右边的各位(包括该位在内)均与其对应的原码相同,而该位左边的各位均与其对应的反码相同,所以负数补码左移时,低位出现空位,添补规则与原码相同,添"0";右移时,高位出现空位,添补规则与反码相同,添"1"。

注意:在算术左移中若数据采用单符号位,且移位前数据绝对值≥1/2,则左移后会发生溢出,这是不允许的。若数据采用双符号位,有溢出发生时,可用第二符号位暂时保存溢出的有效数值位,第一符号位指明数据的真正符号。

4．循环移位

按照进位位是否参与循环,可将循环移位分为小循环(自身循环)和大循环(连同进位位一起循环),示意图如图 2-6 所示。

循环移位的规则有如下 4 条。

① 小循环左移——各位依次左移,最低位空出,将移出的最高位移入最低位,同时将数保存至进位状态寄存器中。

② 小循环右移——各位依次右移,最高位空出,将移出的最低位移入最高位,同时将数保存至进位状态寄存器中。

③ 大循环左移——连同进位位依次左移,最低位空出,将移出的最高位移入进位状态寄存器 C 中,进位状态寄存器 C 中的数移入最低位。

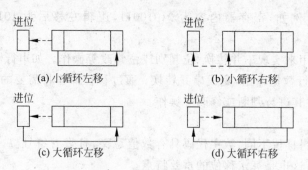

图 2-6　循环移位示意图

④ 大循环右移——连同进位位依次右移,进位状态寄存器 C 空出,将移出的最低位移入进位状态寄存器 C 中,进位状态寄存器 C 中的内容移入最高位。

【例 2-14】 已知 $[x]_补=0.1101$,$[y]_补=1.0101$,求这两个数算术左移、算术右移、逻辑左移、逻辑右移的结果。

解: 二者移位后的结果如表 2-5 所示。

表 2-5　例 2-14 移位后的结果

数　据	算 术 左 移	算 术 右 移	逻 辑 左 移	逻 辑 右 移
$[x]_补=0.1101$	1.1010(溢出)	0.0110	1.1010	0.0110
$[y]_补=1.0101$	1.1010	1.1010	0.1010	0.1010

2.3.3　舍入处理

在浮点数对阶或向右规格化时,尾数要进行右移,相应尾数的低位部分会被丢掉,从而造成一定误差,所以要进行舍入处理。舍入处理时,应该遵循误差最小的原则,即本次舍入处理所造成的误差和累计处理后造成的误差都应该最小。下面介绍两种常用的舍入方法。设数据有 $n+1$ 位尾数,现要求保留 n 位尾数。

1. "0 舍 1 入"法

"0 舍 1 入"法与十进制中的"四舍五入"类似:若第 $n+1$ 位是"0",则直接舍去;若第 $n+1$ 位是"1",则舍去第 $n+1$ 位,并在第 n 位做加"1"修正。舍入后会有误差产生,但误差值小于最末位的权值。例如,$[x]_原=0.1010$,"0 舍 1 入"后保留 3 位尾数有 $[x]_原=0.101$;$[y]_补=1.0101$,保留 3 位尾数有 $[y]_补=1.011$。

2. 末位恒置"1"法

末位恒置"1"即舍去第 $n+1$ 位,并将第 n 位恒置"1"。例如,$[x]_原=0.1101$,采用此方法后保留 3 位尾数有 $[x]_原=0.111$;$[y]_补=1.0111$,保留 3 位尾数有 $[y]_补=1.011$。由上可看出,这种方法不会涉及进位运算,比较简单,逻辑上易于实现。

2.4　定点数乘、除法运算

在计算机中,除了加减法,乘法和除法运算也是很重要的运算,有的机器中设置了硬件逻辑,可以直接通过乘除法器完成乘除法运算,而有的机器内没有相关的逻辑,可以通过转换为累加、移位操作,用软件编程实现。因此,学习运算方法不仅有助于乘除法器的设计,也有助于乘除法编程。下面介绍定点数乘除法运算中的原码一位乘法、补码一位乘法、原码两位乘法及原码除法。

2.4.1 原码一位乘法

下面首先从笔算乘法入手,通过对这个过程进行分析,找出用机器能够完成的方法。设 $A=+0.1101$,$B=+0.1011$,求 $A\times B$。

$$
\begin{array}{r}
0.1101 \\
\times\ 0.1011 \\
\hline
1101 \\
1101 \\
0000 \\
1101 \\
\hline
0.10001111
\end{array}
$$

$\cdots\cdots\cdots A\times 2^0 \quad A$ 不移位
$\cdots\cdots\cdots A\times 2^1 \quad A$ 左移 1 位
$\cdots\cdots\cdots 0\times 2^2 \quad 0$ 左移 2 位
$\cdots\cdots\cdots A\times 2^3 \quad A$ 左移 3 位

因为正数与正数相乘得正,所以 $A\times B=+0.10001111$。由上式可以看出,乘法运算的过程是对应每一位乘数求得一项部分积,并将部分积逐位左移,然后将所有部分积相加得到最后的乘积。若计算机采用笔算的乘法步骤,将会存在以下问题:一是将多个位积一次相加,机器难以实现;二是最后乘积的位数随着乘数位数的增多而增多,这将造成部件的浪费和运算时间的增加。此外计算机中的加法器不能完成错位相加,且每次只能完成两个数的加操作,因此可以将上述 n 位乘转换为 n 次"累加与右移"的操作,即每一步只求一位乘数所对应的部分积,并将所得部分积与原部分积进行累加,然后将累加和右移一位,重复上述操作 n 次后得到最后乘积。

对于原码乘法来说,符号位与数值位可分开处理。由于乘法运算中"正正得正,负负得正,正负得负",所以将两个乘数的符号相异或即可得到乘积的符号,利用以上方法将两乘数的绝对值相乘即可得到积的绝对值,再将积的符号与积的数值拼接即可得到最后的乘积。

原码一位乘法是指按照以上方法每次对一位乘数进行处理,即取两乘数的绝对值进行相乘,每次将一位乘数所对应的部分积与原来部分积的累加和相加,然后右移一位。为了能用机器实现,操作数与运算结果需要用相关的寄存器来存放。下面给出有关的寄存器设置、符号位的处理以及基本的操作。

1. 寄存器设置

设用寄存器 A 存放部分积的累加和,初始值为 0;寄存器 B 存放被乘数 X,绝对值参加运算,符号单独处理;寄存器 C 存放乘数 Y,初始值为乘数的绝对值,符号单独处理。每做一次乘法,C 中已经处理的乘数要右移舍去,同时将寄存器 A 的数值右移,将其最末位移入 C 的最高位。运算结束后,寄存器 A 中存放乘积的高位部分,寄存器 C 中存放乘积的低位部分。

2. 符号位处理

由于在部分积进行累加时,数值位的最高有效位可能会产生进位,为了暂时存放这个进位,需要将 A 和 B 都设置为双符号位,用第一符号位表示部分积的符号,第二位暂时存放数值最高位的进位,在之后的右移操作中,第二符号位上的数将移回有效的数值位。对于原码一位乘法来说,因为部分积始终为正,所以第一符号位可以省略,使用单符号位,右移时符号位添"0"即可。但是因为除法运算需要双符号位,而且常会将乘法器与除法器合成为一个部件,所以这里也用双符号位表示。

3. 基本操作

原码一位乘法中,每次只处理寄存器 C 的最末位乘数 C_n,以后每次运算时,将其余乘数依次右移到 C_n 进行判断操作,所以 C_n 被称为判断位。若 $C_n=0$ 时,进行 A+0 操作,然后右移一位(即直接将 A 右移一位);若 $C_n=1$ 时,进行 A+B 操作,然后右移一位。注意:当乘数的数值位有 n 位时,要进行 n 次累加移位操作,所以可以用一个计数器 CR 来统计操作步骤,控制操作的循环次数。最后乘积的符号: $S_X \oplus S_Y = S_A$,所以最后的结果为(S_A,A,C)。

【例 2-15】 已知 $X=+0.1101$,$Y=-0.1011$,求 $[X\times Y]_原=?$

解:寄存器 A 的初始值为 00.0000,寄存器 B 中存放 $|X|=00.1101$,寄存器 C 中存放 $|Y|=.1011$,计算步骤如表 2-6 所示。

表 2-6　例 2-15 计算过程

步骤	条件	操作	部分积 A	乘数 C C_n
初始值	C_n		00.0000	.1 0 1 <u>1</u>
第一步	$C_n=1$	+B	+ 00.1101	
			00.1101	
		→	00.0110	1.1 0 <u>1</u>
第二步	$C_n=1$	+B	+ 00.1101	
			01.0011	
		→	00.1001	11.1 <u>0</u>
第三步	$C_n=0$	+0	+ 00.0000	
			00.1001	
		→	00.0100	111.<u>1</u>
第四步	$C_n=1$	+B	+ 00.1101	
			01.0001	
		→	00.1000	1111

由于 $S_A=S_X\oplus S_Y=1\oplus 0=1$,$|X|\times|Y|=0.10001111$,所以 $X\times Y=1.10001111$。

原码一位乘法的算法既可以由硬件实现,也可以通过软件实现。图 2-7 给出了原码一位乘法的流程图,其中(A),(B)分别表示寄存器 A 和 B 中的内容。图 2-8 给出了原码一位乘法的硬件实现原理图。

运算开始之前,将存放部分积累加和的寄存器 A 与计数器 CR 清零,并将乘数 X 送入寄存器 B 中,乘数 Y 送入 C 中。进位触发器 CF 用来保存累加时产生的进位,初值为"0"。开始运算时,乘法指令 MUL 将触发器 M 置"1",使与门打开,在时钟脉冲的作用下进行累加右移操作。C 寄存器中的最低位 C_n 可用来控制被乘数是否与上次的部分积相加产生本次运算的部分积,然后进位位 CF、A 寄存器及 C 寄存器中的数一起右移一位,同时计数器 CR 加 1 计数。当 CR 计数达到 n(乘数有效数值位的位数)时,触发器 M 清"0",封锁时钟脉冲,标志该乘法运算结束。在寄存器 A 和 C 中所存放的数值即为所求乘积,其中在 A 中存放乘积的高位部分,C 中存放乘积的低位部分。

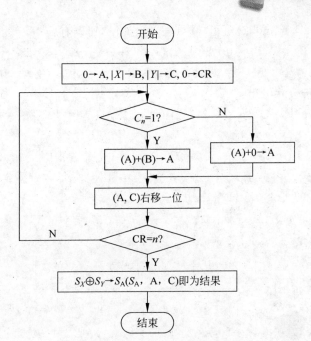

图 2-7 原码一位乘算法流程图

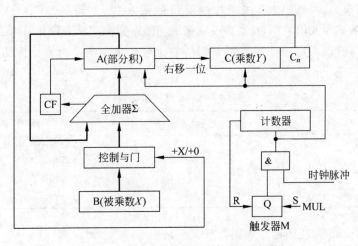

图 2-8 原码一位乘法的硬件实现原理图

2.4.2 补码一位乘法

在计算机中,数据多采用补码表示,若用原码乘法计算时,需要在运算开始和结束时进行码制转换,这样既不方便又影响速度,所以我们希望能用补码直接进行乘法运算。补码一位乘法与原码一位乘法类似,每次运算时只对一位乘数处理,但操作数与结果均用补码表示,连同符号位一起按照相应的算法进行运算。下面讨论一种由 Booth 夫妇提出的算法,称之为 Booth 算法,也称为比较法,该方法是现在广泛采用的补码乘法。

设被乘数 X 和乘数 Y 均为字长为 $n+1$ 位的定点小数,其中 x_0 和 y_0 为符号位,x_i 和 $y_i(i=-1,\cdots,-n)$ 为有效数值位,则有:

$$[Y]_补 = y_0 \cdot 2^0 + y_{-1} \cdot 2^{-1} + \cdots + y_{-(n-2)} \cdot 2^{-(n-2)} + y_{-(n-1)} \cdot 2^{-(n-1)} + y_{-n} \cdot 2^{-n}$$

由补码定义$[Y]_补=2+Y(\mathrm{mod}2)$可得：$Y=-2+[Y]_补$，所以有：

$Y>0$ 时，即 $y_0=0$，$Y=0 \cdot 2^0+y_{-1} \cdot 2^{-1}+\cdots+y_{-(n-1)} \cdot 2^{-(n-1)}+y_{-n} \cdot 2^{-n}$

$Y<0$ 时，即 $y_0=1$，$Y=-2^0+y_{-1} \cdot 2^{-1}+\cdots+y_{-(n-1)} \cdot 2^{-(n-1)}+y_{-n} \cdot 2^{-n}$

将以上两式进行合并可得：

$$Y=-y_0 \cdot 2^0+y_{-1} \cdot 2^{-1}+\cdots+y_{-(n-1)} \cdot 2^{-(n-1)}+y_{-n} \cdot 2^{-n}$$

所以，

$$
\begin{aligned}
[XY]_补 &= [X \cdot (-y_0 \cdot 2^0+y_{-1} \cdot 2^{-1}+\cdots+y_{-(n-1)} \cdot 2^{-(n-1)}+y_{-n} \cdot 2^{-n})]_补 \\
&= [X]_补 \cdot (-y_0 \cdot 2^0+y_{-1} \cdot 2^{-1}+\cdots+y_{-(n-1)} \cdot 2^{-(n-1)}+y_{-n} \cdot 2^{-n}) \\
&= [X]_补 \cdot [-y_0 \cdot 2^0+(y_{-1} \cdot 2^0-y_{-1} \cdot 2^{-1})+\cdots+(y_{-(n-1)} \cdot 2^{-(n-2)} \\
&\quad -y_{-(n-1)} \cdot 2^{-(n-1)})+(y_{-n} \cdot 2^{-(n-1)}-y_{-n} \cdot 2^{-n})] \\
&= [X]_补 \cdot [(-y_0 \cdot 2^0+y_{-1} \cdot 2^0)+(-y_{-1} \cdot 2^{-1}+y_{-2} \cdot 2^{-1})+\cdots \\
&\quad +(-y_{-(n-1)} \cdot 2^{-(n-1)}+y_{-n} \cdot 2^{-(n-1)})-y_{-n} \cdot 2^{-n}] \\
&= [X]_补 \cdot [(y_{-1}-y_0) \cdot 2^0+(y_{-2}-y_{-1}) \cdot 2^{-1}+\cdots \\
&\quad +(y_{-n}-y_{-(n-1)}) \cdot 2^{-(n-1)}+(0-y_{-n}) \cdot 2^{-n}] \\
&= [X]_补 \cdot [(y_{-1}-y_0) \cdot 2^0+(y_{-2}-y_{-1}) \cdot 2^{-1}+\cdots \\
&\quad +(y_{-n}-y_{-(n-1)}) \cdot 2^{-(n-1)}+(y_{-(n+1)}-y_{-n}) \cdot 2^{-n}]
\end{aligned}
$$

由上式可知，$y_{-(n+1)}$ 是增设在乘数最低位的附加位，初值为"0"。$[XY]_补$ 可转换为 $[X]_补$ 与一个新的多项式的乘积，且该多项式每一项的系数都是原乘数补码相邻两项系数的差值（低位－高位），所以可以根据乘数相邻两位的比较结果来确定运算操作的规律，如表 2-7 所示。

表 2-7　Booth 算法规律表

高位 y_i	低位 y_{i-1}	（低位－高位）$y_{i-1}-y_i$	操 作 说 明
0	0	0	部分积+0，右移一位
0	1	1	部分积$+[X]_补$，右移一位
1	0	−1	部分积$+[-X]_补$，右移一位
1	1	0	部分积+0，右移一位

下面给出 Booth 算法的运算规则：

（1）符号位参加运算，参加运算的两个乘数以及运算结果均以补码表示。

（2）被乘数取双符号位参加运算，部分积初值为 0。在实现补码一位乘法时，需要用寄存器 A 来存放部分积的累加和，用寄存器 B 存放被乘数，二者均采用双符号位。

（3）乘数可取单符号位，以控制最后一步是否需要校正。用寄存器 C 来存放乘数，且在乘数最末位增设一个初值为"0"的附加位。

（4）按照表 2-7 的规律进行操作。对于有 n 位数值位的乘数，要进行 $n+1$ 次加操作和 n 次右移操作，即最后一步不移位。

（5）右移时要按照补码移位的规则进行。

【例 2-16】　已知 $X=-0.1101$，$Y=+0.1011$，求 $[XY]_补=$？

解：初始化设置时，寄存器 A＝00.0000，寄存器 B＝$[X]_补$＝11.0011，$-B$＝$[-X]_补$＝00.1101，寄存器 C＝$[Y]_补$＝0.1011，计算过程如表 2-8 所示。

表 2-8　例 2-16 计算过程

步骤	条件 $C_{-n}C_{-(n+1)}$	操作	部分积 A	乘数 C C_{-n}	附加位 $C_{-(n+1)}$	说明
初始值			00.0000	0.1 0 1 1	0	
第一步	10	$-B$	+ 00.1101			部分积$+[-X]_补$
			00.1101			
		→	00.0110	1 0.1 0 1	1	右移一位
第二步	11	$+0$	+ 00.0000			部分积$+0$
			00.0110			
		→	00.0011	0 1 0.1 0	1	右移一位
第三步	01	$+B$	+ 11.0011			部分积$+[X]_补$
			11.0110			
		→	11.1011	0 0 1 0.1	0	右移一位
第四步	10	$-B$	+ 00.1101			部分积$+[-X]_补$
			00.1000			
		→	00.0100	0 0 0 1 0.	1	右移一位
第五步	01	$+B$	+ 11.0011			部分积$+[X]_补$
			11.0111	0 0 0 1		不移位

所以，$[XY]_补 = 1.01110001$。

2.4.3　原码两位乘法

对于有 n 位数值的乘数，若采用原码一位乘法，则需要 n 次累加和右移操作。为了提高乘法的运算速度，可以采用原码两位乘法，即每次同时处理两位连续的乘数，根据这两位乘数来决定操作。采用该方法可以将运算速度提高近一倍。连续两位乘数有四种可能的组合，所对应的操作如表 2-9 所示。

表 2-9　两位乘数四种可能组合所对应的操作

高位 y_i	低位 y_{i-1}	操 作 说 明
0	0	相当于 $0 \times X$，部分积$+0$，右移两位
0	1	相当于 $1 \times X$，部分积$+|X|$，右移两位
1	0	相当于 $2 \times X$，部分积$+2|X|$，右移两位
1	1	相当于 $3 \times X$，部分积$+3|X|$，右移两位

以上操作中，$+0$ 和 $+|X|$ 的操作，在原码一位乘法中已经处理过，$+2|X|$ 的操作在计算机中通过将被乘数左移一位再与原部分积累加和相加即可实现，关键是 $+3|X|$ 的操作，计算机难以一次完成。若将 $+3|X|$ 的操作分作两步执行（先 $+|X|$，再 $+2|X|$；或者先 $+2|X|$，再 $+|X|$），则失去了两位乘的意义，所以可以考虑利用 $3|X| = 4|X| - |X|$ 的关系来完成操作。当遇到 $+3|X|$ 的操作时，可以在本次操作中只执行 $-|X|$，将 $+4|X|$ 归并到下一次操作中执行。由于部分积累加后要右移两位，所以本次未处理的欠下的 $+4|X|$，在下一步时则变为 $+|X|$。在实际实现时，用一个触发器 C_j 来记录是否欠下 $+4|X|$，若有欠账，则将欠账触发器 C_j 置"1"，否则将其置"0"。由以上分析可知，两位乘法的操作不仅与连续的两位乘数有关，还与欠账触发器 C_j 的状态有关。表 2-10 给出了原码两位乘的相关操作。

表 2-10 原码两位乘相关操作

高位 y_i	低位 y_{i-1}	欠账触发器 C_j	操作说明
0	0	0	部分积$+0$,右移两位,$0\to C_j$
0	0	1	部分积$+|X|$,右移两位,$0\to C_j$
0	1	0	部分积$+|X|$,右移两位,$0\to C_j$
0	1	1	部分积$+2|X|$,右移两位,$0\to C_j$
1	0	0	部分积$+2|X|$,右移两位,$0\to C_j$
1	0	1	部分积$-|X|$,右移两位,$1\to C_j$
1	1	0	部分积$-|X|$,右移两位,$1\to C_j$
1	1	1	部分积$+0$,右移两位,$1\to C_j$

原码两位乘的运算规则有如下 4 条。

- 两个乘数的符号位不参加运算,最后将两个乘数的符号位相异或即可得到乘积的符号。
- 部分积的累加和及被乘数均采用 3 位符号位,并在乘数末位增加一位初始值为"0"的 C_j。由于运算中有$+2|X|$的操作,与部分积累加后可能会产生向第二符号位的进位,所以部分积与被乘数应该设三位符号位,以保证每次累加所产生的进位及最高符号位的可靠性。
- 按照表 2-10 相关步骤进行操作。
- 若乘数的数值位 n 为奇数时,采用单符号位,每步处理两位,恰好做 $(n+1)/2$ 步,由于最后一步只含一位数值位,所以最后一步只右移一位;若 n 为偶数时,需要采用双符号位,每步处理两位,做 $(n/2)+1$ 步,最后一步不移位。

【例 2-17】 已知 $X=-0.110111$,$Y=+0.101001$,求$[X\times Y]_原=?$

解: 初始化设置时,寄存器 A$=000.000000$,寄存器 B$=|X|=000.110111$,$-$B$=111.001001$,$+2|X|=001.101110$,寄存器 C$=|Y|=00.101001$,计算过程如表 2-11 所示。

表 2-11 例 2-17 计算过程

步骤	条件			操作	部分积 A	乘数 C $\ C_{-n}C_{-(n+1)}$	C_j	说 明
初始值	C_{-n}	$C_{-(n+1)}$	C_j		000.000000	00.1010 0 1	0	
第一步	0	1	0	$+$B	$+000.110111$			部分积$+|X|$
					000.110111			右移两位
				$\to 2$	000.001101	1100.10 1 0	0	$0\to C_j$
第二步	1	0	0	$+2$B	$+001.101110$			部分积$+2|X|$
					001.111011			右移两位
				$\to 2$	000.011110	111100. 1 0	0	$0\to C_j$
第三步	1	0	0	$+2$B	$+001.101110$			部分积$+2|X|$
					010.001100			右移两位
				$\to 2$	000.100011	001111 0 0.	0	$0\to C_j$
第四步	0	0	0	$+0$	$+000.000000$			部分积$+0$
					000.100011	001111		不移位

因为 $S_X=1$,$S_Y=0$,$S_A=S_X\oplus S_Y=1$,所以$[X\times Y]_原=1.100011001111$。

2.4.4　原码除法

计算机中可以通过累加右移实现乘法运算,而除法运算是乘法运算的逆运算,所以可以通过左移减法来实现除法运算。下面通过分析除法的笔算过程,进一步得出计算机求解的方法。

设 $X=-0.1011$,$Y=0.1101$,求 X/Y。笔算除法时,商的符号可由被除数与除数异或得到,数值部分的运算通过竖式得到。

$$
\begin{array}{r}
0.1101 \\
0.1101\overline{)0.10110} \\
\underline{0.01101} \qquad 2^{-1}\cdot y \\
0.010010 \\
\underline{0.001101} \qquad 2^{-2}\cdot y \\
0.00010100 \\
\underline{0.00001101} \qquad 2^{-4}\cdot y \\
0.00000111
\end{array}
$$

所以最后的商为 $X/Y=-0.1101$,余数为 -0.00000111。

在上式运算中,每次上商都是通过观察来比较余数(被除数)和除数的大小,确定商"1"还是"0",且每做一次减法后,总是保持余数不动,低位补"0",再减去右移后的除数,最后再单独处理商符(商的符号)。如果将上述规则用于计算机内,则实现起来有一定困难,因为:

(1) 机器不能"心算"上商,必须通过比较被除数(或余数)和除数绝对值的大小来确定商值,即 $|X|-|Y|$,若差为正(够减)上商 1,差为负(不够减)上商 0。

(2) 若每次做减法总是保持余数不动低位补"0",再减去右移后的除数,则要求加法器的位数必须为除数的两倍。仔细分析发现,右移除数可以用左移余数的办法代替,运算结果一样,而且硬件逻辑实现时更有利。应该注意所得到的余数不是真正的余数,而是左移扩大后的余数,所以将它乘上 2^{-n} 后得到的才是真正的余数。

(3) 笔算求商时是从高位向低位逐位求的,而要求机器把每位商直接写到寄存器的不同位也是不可取的。但计算机可将每次运算得到的商值直接写入寄存器的最低位,并把原来的部分商左移一位,通过这种方法得到最后的商。

原码除法与原码乘法类似,商符与商值分开处理,商符由被除数与除数的异或得到,商值由被除数与除数的原码的数值部分相除得到,最后将二者拼接即可得到商的原码。对于小数除法和整数除法来说,可以采用同样的算法,但是满足的条件不同。

小数定点除法中,必须满足条件:①应避免除数为"0"或被除数为"0"。若除数为"0",结果为无限大,机器中有限的字长无法表示;若被除数为"0",则结果总是"0",除法操作等于白做,浪费机器时间。②被除数小于除数,因为如果被除数大于或等于除数时,必有整数商出现,在定点小数的运算中将产生溢出。

整数除法中,要求满足以下条件:被除数和除数不为零,且被除数大于等于除数。因为这样才能得到整数商。通常在做整数除法前,先进行判断,若不满足上述条件,机器发出出错信号,需重新设定比例因子。

依据对余数的处理不同,原码除法可分为恢复余数法和不恢复余数法(加减交替法)两种。下面以定点小数为例,给出这两种运算规则。

1. 恢复余数法

计算机在做除法运算时,不论是否够减,都要将被除数(余数)减去除数,若所得的余数 r 为正,即符号位为"0",表明够减,商"1",余数左移一位后继续下一步的操作;若所得的余数 r 为负,即符号位为"1",表明不够减,商"0",此时由于已经做了减法,所以要把减去的除数加回去(即恢复原来的余数),然后余数左移一位后继续下一步的操作,因此这种方法被称为"恢复余数法"。

应该注意的是,商值的确定是通过减法运算来比较被除数和除数绝对值的大小,而计算机内只设有加法器,故需将减法操作变为加法操作,即将减去除数转换为加上除数的补数(求补数:将除数"连同符号位一起按位取反,末位加一")。

除法运算中会涉及以下的寄存器:寄存器 A,双符号位,初始值为被除数的绝对值,之后存放各次操作所得的余数;寄存器 B,双符号位,存放除数的绝对值;寄存器 C,单符号位,存放商的绝对值,初始值为"0"。所得的商由寄存器的末位送入,且在产生新商的同时,原有商左移一位。

【例 2-18】 已知:$X=-0.1011$,$Y=-0.1101$,用恢复余数法求 $[X\div Y]_原$。

解:$[X]_原=1.1011$,$[Y]_原=1.1101$,寄存器 A $=|X|=00.1011$,寄存器 B $=|Y|=00.1101$,$-|Y|=11.0011$,寄存器 C $=|Q|=0.0000$,计算过程如表 2-12 所示。

表 2-12 例 2-18 计算过程

步骤	条件	操作	被除数/余数 A	商值 C C_{-n}	Q	说明
初始值			00.1011	0.0000		
第一步	$r=1$,不够减	$-B$	$+11.0011$			减去除数
			11.1110	0.000 0	$Q_1=0$	余数为负,商"0"
		$+B$	$+00.1101$			恢复余数
			00.1011			
		←	01.0110			左移一位
第二步	$r=0$,够减	$-B$	$+11.0011$			减去除数
			00.1001	0.00 01	$Q_2=1$	余数为正,商"1"
		←	01.0010			左移一位
第三步	$r=0$,够减	$-B$	$+11.0011$			减去除数
			00.0101	0.0 011	$Q_3=1$	余数为正,商"1"
		←	00.1010			左移一位
第四步	$r=1$,不够减	$-B$	$+11.0011$			减去除数
			11.1101	0.0110	$Q_4=0$	余数为负,商"0"
		$+B$	$+00.1101$			恢复余数
			00.1010			
		←	01.0100			左移一位
第五步	$r=0$,够减	$-B$	$+11.0011$			减去除数
			00.0111	0.1101	$Q_5=1$	余数为正,商"1"

又因为商符为"0",故最后商值为 0.1101,余数为 1.0111×2^{-4}(余数符号与被除数的符号一致)。

在例 2-18 中,共上商 5 次,其中第一次的商值在商的整数位上,对小数除法而言,可用来作溢出判断,即当该位为"1"时,表示产生溢出,不能进行,应进行处理;当该位为"0"时,说明除法合法,可以进行运算。

在恢复余数法中,每当余数为负时,应该恢复余数。由于每次余数的正负是随着操作数的变化而变化的,这就导致除法运算的实际操作步骤无法确定,不便于控制。此外,在做恢复余数的操作时,要多做一次加法运算,则延长了执行时间,操作也很不规则,对线路结构不利。所以在计算机中一般采用的是"不恢复余数法",即"加减交替法"。

2．加减交替法

加减交替法又称不恢复余数法,是由恢复余数法演变而来的一种改进算法。

分析原码恢复余数法得知:

- 当余数 $r>0$ 时,商"1",再将 r 左移一位后减去除数 $|Y|$,即 $2r-|Y|$。
- 当余数 $r<0$ 时,商"0",此时要先恢复余数$(r+|Y|)$,然后将恢复后的余数再左移一位减去除数$|Y|$,即 $2(r+|Y|)-|Y|=2r+|Y|$。

由以上分析可看出,当余数 $r>0$ 时,商"1",做 $2r-|Y|$ 的运算;当余数 $r<0$ 时,商"0",做 $2r+|Y|$ 的运算,这种情况下不需要再恢复余数,所以将这种方法称为"加减交替法"或"不恢复余数法"。运算规则如下:

- 符号位不参加运算,对于定点小数要求$|$被除数$|<|$除数$|$。
- 可将被除数当做初始余数,当余数 $r>0$ 时,商"1",余数左移一位,再减去除数;当余数 $r<0$ 时,商"0",余数左移一位,再加上除数。
- 要求 n 位商时(不含商符),需要做 n 次"左移、加/减"操作。若第 n 步余数为负时,则需要增加一步——加上除数恢复余数,使得最终的余数仍为绝对值形式。注意最后增加的一步不需要移位,最后的余数为 $r\times2^{-n}$(与被除数同号)。

【例 2-19】 已知 $X=-0.1011$,$Y=0.1101$,用加减交替法求$[X\div Y]_原$。

解:$[X]_原=1.1011$,$[Y]_原=1.1101$,寄存器 A$=|X|=00.1011$,寄存器 B$=|Y|=00.1101$,$-|Y|=11.0011$,寄存器 C$=|Q|=0.0000$,计算过程如表 2-13 所示。

表 2-13 例 2-19 计算过程

步骤	条件	操作	被除数/余数 A	商值 C C_{-n}	Q	说明
初始值			00.1011	0.0000		
第一步		←	01.0110			左移一位
		−B	+11.0011			减去除数
	$r=0$,够减		00.1001	0.000 1	$Q_1=1$	余数为正,商"1"
第二步		←	01.0010			左移一位
		−B	+11.0011			减去除数
	$r=0$,够减		00.0101	0.00 11	$Q_2=1$	余数为正,商"1"
第三步		←	00.1010			左移一位
		−B	+11.0011			减去除数
	$r=1$,不够减		11.1101	0.0 110	$Q_3=0$	余数为负,商"0"
第四步		←	11.1010			左移一位
		+B	+00.1101			加上除数
	$r=0$,够减		00.0111	0.1101	$Q_4=1$	余数为正,商"1"

又因为商符为"1",故最后商值为 1.1101,余数为 1.0111×2⁻⁴(余数符号与被除数的符号一致)。

2.5　定点运算器的设计与组织

在计算机中,运算器是对数据进行加工处理的重要部件,而算术逻辑运算单元又是运算器的核心部件,通过运算器可以实现数据的算术运算和逻辑运算。本节将介绍有关加法器、算术逻辑运算部件 ALU 的设计以及运算器的组织结构。

2.5.1　加法单元的设计

加法单元是能够实现加法运算的逻辑电路,是算逻运算单元的基本逻辑电路,有半加器和全加器之分。若两个二进制数相加时,只考虑本位的相加,而不考虑低位来的进位,这种相加则称为半加,能够实现半加功能的逻辑电路称为半加器,逻辑符号如图 2-9(a)所示。若两个一位二进制数相加时,除了考虑本位的相加外,还要考虑低位来的进位,这种相加被称为全加,能够实现全加功能的逻辑电路则称为全加器。所以全加器有 3 个输入变量:参加运算的操作数 A_i、B_i 以及从低位来的进位信号 C_{i-1};2 个输出变量:本位和 S_i 及向高位的进位 C_i,真值表见表 2-14 所示,逻辑符号如图 2-9(b)所示。

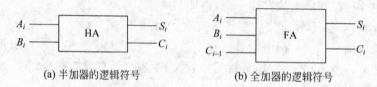

(a) 半加器的逻辑符号　　　　(b) 全加器的逻辑符号

图 2-9　一位半加器和全加器的逻辑符号

表 2-14　全加器真值表

输　　入			输　　出	
A_i	B_i	C_{i-1}	S_i	C_i
0	0	0	0	0
0	0	1	0	1
0	1	0	0	1
0	1	1	1	0
1	0	0	0	1
1	0	1	1	0
1	1	0	0	1
1	1	1	1	1

由表 2-14 的真值表可写出一位全加器的本位和与进位信号的表达式。由逻辑门所构成的全加器如图 2-10 所示。

$$\begin{cases} S_i = A_i \oplus B_i \oplus C_{i-1} \\ C_i = (A_i \oplus B_i)C_{i-1} + A_i B_i \end{cases}$$

现在广泛采用的全加器的逻辑电路是由两个半加器所构成的,这种结构比较简单,且有利于实现进位的快速传递,逻辑图如图 2-11 所示。

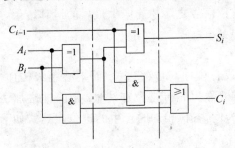

图 2-10 全加器逻辑电路图

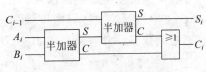

图 2-11 半加器构成全加器

2.5.2 进位链的设计

对于一位全加器来说,只能完成一位数据的求和,如果要完成多位数(如 n 位)的相加,则需要将 n 个全加器联合起来构成 n 位加法器来实现,依据对进位信号的不同处理,可将加法器分为串行加法器和并行加法器。一般来说,进位信号的产生和传递是从低位向高位进行,其逻辑结构形态如同链条,所以将进位传递逻辑称为进位链。

1. 进位信号

由前面全加器的分析可知,第 i 位的进位信号为 $C_i=(A_i \oplus B_i)C_{i-1}+A_iB_i$,该逻辑式是构成串行进位和并行进位两种结构的基本逻辑表达式,可变形为:$C_i=(\overline{A_i} \oplus \overline{B_i})C_{i-1}+A_iB_i$ 和 $C_i=(A_i+B_i)C_{i-1}+A_iB_i$。令 $G_i=A_iB_i$,$P_i=A_i \oplus B_i$(或 $P_i=\overline{A_i} \oplus \overline{B_i}$ 或 $P_i=A_i+B_i$),则第 i 位的进位信号可用通式表示:

$$C_i = G_i + P_iC_{i-1}$$

式中的 G_i 为进位产生函数(也称为本地进位或绝对进位),该分量不受进位传递的影响,表明若两个输入量都为"1",则必定产生进位;P_i 为进位传递函数(也称为进位传递条件),P_iC_{i-1} 被称为传递进位或条件进位,表明当进位传递条件有效(即 $P_i=1$ 时),低位传来的进位信号可以通过第 i 位向更高的位进行传递,即当 $C_{i-1}=1$ 时,只要 A_i 和 B_i 中有一个为"1",必然产生进位。

2. 串行进位加法器

n 位串行进位加法器由 n 个全加器级联构成,低位全加器的进位输出连接到相邻的高位全加器的进位输入,各个全加器的进位按照由低位向高位逐级串行传递,并形成一个进位链,4 位串行进位加法器的原理图如图 2-12 所示。

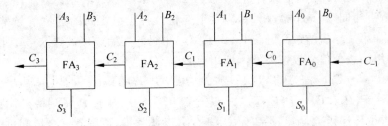

图 2-12 串行进位加法器

串行进位加法器具有电路简单的特点。但是由于每一位相加的和都与本位进位输入有关,最高位只有在其他各低位全部相加并产生进位信号之后才能产生最后的运算结果,所以运算速度较慢,而且位数越多,运算速度越低。

3．并行进位加法器

并行进位加法器可以根据输入信号同时形成各位向高位的进位,而不必逐级传递进位信号,解决了串行进位加法器速度慢的问题,又被称为先行进位加法器、超前进位加法器。以 4 位二进制数 $A_3A_2A_1A_0$ 和 $B_3B_2B_1B_0$ 相加为例,各位相加时产生的进位表达式如下:

$$C_0 = P_0C_{-1} + G_0$$
$$C_1 = P_1C_0 + G_1 = P_1(P_0C_{-1} + G_0) + G_1 = P_1P_0C_{-1} + P_1G_0 + G_1$$
$$C_2 = P_2C_1 + G_2 = P_2(P_1P_0C_{-1} + P_1G_0 + G_1) + G_2$$
$$= P_2P_1P_0C_{-1} + P_2P_1G_0 + P_2G_1 + G_2$$
$$C_3 = P_3C_2 + G_3 = P_3(P_2P_1P_0C_{-1} + P_2P_1G_0 + P_2G_1 + G_2) + G_3$$
$$= P_3P_2P_1P_0C_{-1} + P_3P_2P_1G_0 + P_3P_2G_1 + P_3G_2 + G_3$$

由以上式子可以看出,采用代入法,将每个进位逻辑式中所包含的前一级进位消去后,各个全加器的进位信号只与最低位的进位信号有关,所以当输入两个加数及最低位的进位信号 C_{-1} 时,可同时并行产生进位信号 $C_0 \sim C_3$,而不必像串行进位加法器需逐级传递进位信号。由基本门电路构成的 4 位并行加法器的逻辑电路图如图 2-13 所示。在实际实现时,若采用纯并行进位结构,当参加运算的数据位数增多时,进位形成逻辑中的输入变量的数目也随之增加,这将会受到元器件扇入系数的限制,因而,在数据位数较多的情况下,常采用分级、分组的进位链结构,如组内并行、组间串行或者组内并行、组间并行。

4．分级、分组进位加法器

(1) 组内并行、组间串行的进位链

该进位链结构是在数据位数较多的情况下,以 4 位为一个小组,每组内采用并行进位结构,小组与小组之间采用串行进位传递结构。以 $n=16$ 为例,原理图如图 2-14 所示。

采用组内并行、组间串行的进位方式,虽然每个小组内部是并行的,但是对于高位小组来说,各进位信号的产生仍然依赖着低位小组的最高位进位信号的产生,所以存在一定的等待时间,当位数较多时,组间进位信号的串行传递会带来较大的时间延迟。若将组间串行改为组间并行,则可以进一步提高运算速度。

(2) 组内并行、组间并行的进位链

组内并行、组间并行的进位链结构中可将进位链划分为两级:组内的并行进位为第一级,用 $C_{15} \sim C_0$ 来表示;组间的并行进位为第二级,用 $C_{\text{I}} \sim C_{\text{IV}}$ 表示。对于组内的并行进位逻辑与前面所讲相同,只是下标序号相应发生变化。各小组之间的进位信号是各组所产生的最高进位,如第一小组的最高进位 C_3 作为第二小组的初始进位被送入第二小组的最低进位信号端,该组间进位信号被记为 C_{I},所以有:

$$C_{\text{I}} = C_3 = P_3P_2P_1P_0C_{-1} + P_3P_2P_1G_0 + P_3P_2G_1 + P_3G_2 + G_3$$

若令 $G_{\text{I}} = P_3P_2P_1G_0 + P_3P_2G_1 + P_3G_2 + G_3$,$P_{\text{I}} = P_3P_2P_1P_0$ 分别为第一小组的进位产生函数和进位传递函数,则 $C_{\text{I}} = P_{\text{I}}C_{-1} + G_{\text{I}}$,以此类推,可得到其余组间进位信号逻辑:

$$C_{\text{I}} = P_{\text{I}}C_{-1} + G_{\text{I}}$$
$$C_{\text{II}} = P_{\text{II}}P_{\text{I}}C_{-1} + P_{\text{II}}G_{\text{I}} + G_{\text{II}}$$

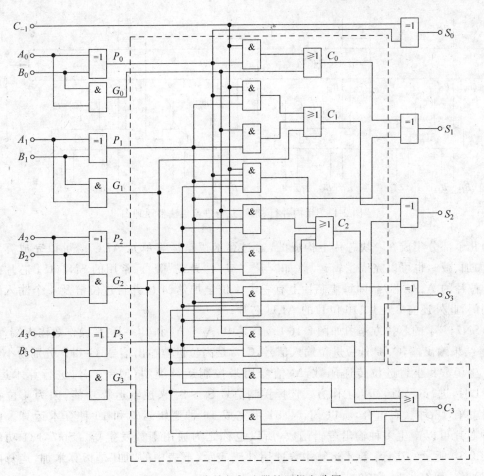

图 2-13　4 位并行加法器的逻辑电路图

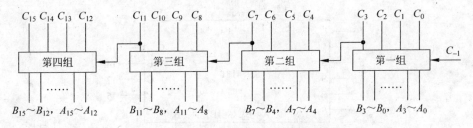

图 2-14　组内并行、组间串行加法器原理图

$$C_{\text{III}} = P_{\text{III}} P_{\text{II}} P_{\text{I}} C_{-1} + P_{\text{III}} P_{\text{II}} G_{\text{I}} + P_{\text{III}} G_{\text{II}} + G_{\text{III}}$$

$$C_{\text{IV}} = P_{\text{IV}} P_{\text{III}} P_{\text{II}} P_{\text{I}} C_{-1} + P_{\text{IV}} P_{\text{III}} P_{\text{II}} G_{\text{I}} + P_{\text{IV}} P_{\text{III}} G_{\text{II}} + P_{\text{IV}} G_{\text{III}} + G_{\text{IV}}$$

　　由上可知，各组间的进位信号可以同时产生，且能作为初始进位信号送至各组的最低进位输入端，因此各小组可以同时产生各组内的进位信号，从而大大提高运算速度。组内、组间并行进位加法器的原理图如图 2-15 所示。

2.5.3　算术逻辑单元的设计

　　算术逻辑运算单元 ALU 是利用集成电路技术，将若干位全加器、并行进位链及输入控

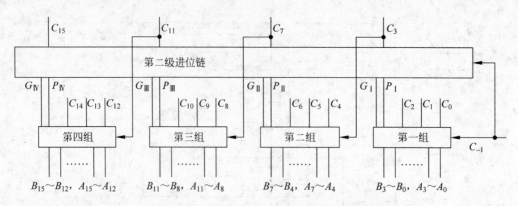

图 2-15　组内并行、组间并行进位加法器原理图

制门几个部分集成在一块芯片上构成的，通过算术逻辑运算单元 ALU 既可以完成算术运算（如加、减），也可以完成逻辑运算（如"与"、"或"、"异或"等）。常用的 SN74181 芯片是一种 4 位片的 ALU 芯片，即每块芯片上有一个 4 位全加器、4 位并行进位链及 4 个输入选择控制门，此外还有 8 位片、16 位片的 ALU 芯片。

SN74181 的芯片方框图如图 2-16 所示，其中，$A_3 \sim A_0$ 和 $B_3 \sim B_0$ 是操作数输入端，$F_3 \sim F_0$ 是结果输出端，$\overline{C}_n$ 是低位进位输入信号，$\overline{C}_{n+4}$ 是高位进位输出信号，G 和 P 分别为小组进位产生函数和小组进位传递函数，M 信号用来控制运算类型（M＝0 时，进行算术运算；M＝1 时，进行逻辑运算），工作方式选择控制信号 $S_0 \sim S_3$ 来控制运算功能，因为 4 位控制信号共有 16 种状态组合，所以 SN74181 可完成 16 种逻辑运算和 16 种算术运算。由于这种芯片可以产生多种输出逻辑函数，所以也称之为通用函数发生器。SN74181 功能表如表 2-15 所示。注意：算术运算中数据用补码表示，下表中的"加"是指算术加，运算时要考虑进位，而符号"＋"指的是"逻辑加"。

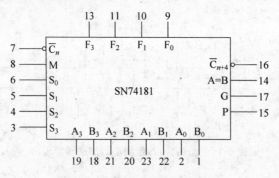

图 2-16　SN74181 的芯片方框图

利用数片 ALU 芯片和并行进位链处理芯片（如 SN74182），就可构成多位的 ALU 运算部件。因为每片 SN74181 芯片可以处理 4 位数据的运算，所以可以将其作为一个 4 位的小组，利用前面所讲的组内并行、组间串行或并行来构造更多位的 ALU 部件。例如用 4 片 SN74181 芯片可构造 16 位 ALU 部件。图 2-17 为组间串行的 16 位 ALU 部件示意图，图 2-18 为组间并行的 16 位 ALU 部件示意图。采用组间并行方式时，需要 SN74182 芯片，该芯片是一个产生并行进位信号的部件，与 SN74181 配套使用。SN74182 芯片的作用是作

表 2-15 SN74181 功能表

工作方式选择信号				逻辑运算	算术运算
S_3	S_2	S_1	S_0	$M=1$	$M=0$
0	0	0	0	$\overline{A}$	A
0	0	0	1	$\overline{A+B}$	$A+B$
0	0	1	0	$\overline{A}B$	$A+\overline{B}$
0	0	1	1	逻辑 0	减 1
0	1	0	0	$\overline{AB}$	A 加 $A\overline{B}$
0	1	0	1	$\overline{B}$	$(A+B)$ 加 $A\overline{B}$
0	1	1	0	$A\oplus B$	A 减 B 减 1
0	1	1	1	$A\overline{B}$	$A\overline{B}$ 减 1
1	0	0	0	$\overline{A}+B$	A 加 AB
1	0	0	1	$\overline{A\oplus B}$	A 加 B
1	0	1	0	B	AB 加 $(A+\overline{B})$
1	0	1	1	AB	AB 减 1
1	1	0	0	逻辑 1	A 加 A
1	1	0	1	$A+\overline{B}$	$(A+B)$ 加 A
1	1	1	0	$A+B$	$(A+\overline{B})$ 加 A
1	1	1	1	A	A 减 1

为第二级并行进位系统,它并行输出的三个进位信号 C_3,C_7,C_{11} 分别作为高位 SN74181 芯片的进位输入信号,具体连接如图 2-18 所示。

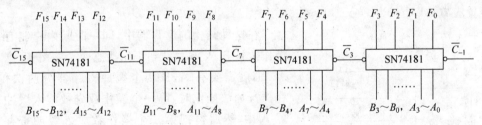

图 2-17 组间串行的 16 位 ALU 部件

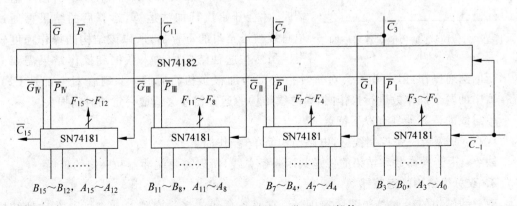

图 2-18 组间并行的 16 位 ALU 部件

2.5.4 运算器的组织

运算器中主要包括算逻运算部件 ALU、阵列乘除器、寄存器、多路开关、三态缓冲器及数据总线等逻辑部件,它的设计主要是围绕 ALU 和寄存器同数据总线之间如何传送操作数和运算结果进行的。在决定设计方案时,需要考虑数据传送的方便性和操作速度,此外,还要考虑在硅片上制作总线的工艺。

基本的运算部件由 3 部分构成:输入逻辑、算逻运算部件 ALU 及输出逻辑,结构示意图如图 2-19 所示。

ALU:运算部件的核心,完成具体的运算操作,其核心是加法器。

输入逻辑:从各种寄存器中或 CPU 内部数据线上选择两个操作数,将它们送入 ALU 部件中进行运算,该逻辑可以是选择器或暂存器。

输出逻辑:将运算结果送往接收部件。运算结果可以被直接传送,或是经过移位后再传送,因而输出逻辑中设有移位器,可实现数据的左移、右移或字节交换。

运算器大体可以分为以下三种不同的结构形式:单总线结构的运算器、双总线结构的运算器及三总线结构的运算器。

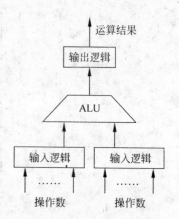

图 2-19 基本运算部件结构

1. 单总线结构的运算器

单总线结构的运算器如图 2-20 所示,由于只控制一条单向总线,所以控制电路比较简单。由结构图可看到,所有的部件都接到同一总线上,数据可以在任何两个寄存器之间或者在任意一个寄存器和 ALU 之间进行传送。如果具有阵列乘法器或除法器,那么它们所处的位置应与 ALU 相当。

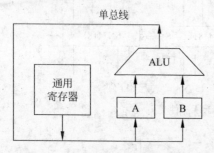

图 2-20 单总线结构的运算器框图

在这种结构的运算器中,同一时间内只能有一个操作数被送入单总线,因而要把两个操作数输入到 ALU,就需要有 A,B 两个缓冲寄存器分两次传送。在执行加法操作时,第一个操作数先被放入缓冲寄存器 A 中,然后再把第二个操作数放入缓冲寄存器 B 中,只有两个操作数都同时出现在 ALU 的两个输入端时,才会开始执行加法运算,运算后的结果再通过单总线被送至目的寄存器,所以该结构的操作速度较慢。虽然在这种结构中输入数据和操作结果需要三次串行的选通操作,但它并不会对每种指令都增加很多执行时间。只有在对全都是 CPU 寄存器中的两个操作数进行操作时,单总线结构的运算器才会造成一定的时间损失。

单总线的运算器具有以下特点。

优点:只需要一条控制线路,电路结构简单,操作简单。

缺点:由于操作数和结果的传送共用一条总线,所以需要缓冲器和一定的延迟。

2. 双总线结构的运算器

双总线结构的运算器如图 2-21 所示,有两条总线或者说总线是双向的。在这种结构中,两个操作数可以同时被两条总线送到 ALU 的输入端进行运算,只需一次操作控制即可。运算结束后,将结果存入暂存器中。由于两条总线都被输入操作数占据,所以 ALU 的输出结果不能直接送至总线,因而必须在 ALU 输出端设置暂存器。然后将暂存器中的运算结果通过两条总线中的一条送至目的寄存器中。

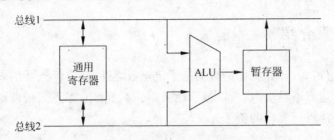

图 2-21 双总线结构的运算器框图

该结构中的操作分两步完成:

(1) 在 ALU 的两个输入端输入操作数,得到运算结果并将其送入暂存器中。

(2) 把结果送至目的寄存器。如果在两条总线和 ALU 的输入端之间各加一个输入缓冲寄存器,将两个要参加运算的操作数先放至这两个缓冲寄存器,那么 ALU 运算后的结果就可以直接被送至总线 1 或总线 2,而无须在输出端加暂存器。

双总线的运算器具有以下特点。

优点:由于两组特殊寄存器的存在,可以分别与两条总线进行数据交换,所以使得数据的传送更为灵活。

缺点:由于操作数占据了两条总线,为了能使运算结果直接输出到总线上,需要添加暂存逻辑,这会增加成本。

3. 三总线结构的运算器

三总线结构的运算器如图 2-22 所示。在三总线结构中,要送至 ALU 两个输入端的操作数分别由总线 1 和总线 2 提供,ALU 的输出则与总线 3 相连,在同一时刻,两个参加运算的操作数和运算结果(运算结束时)可以被同时放置在这 3 条不同的总线上,所以运算速度快。

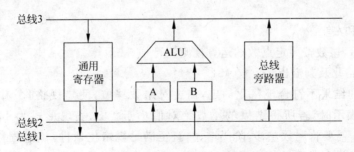

图 2-22 三总线结构的运算器框图

由于 ALU 本身有时间延迟,所以打入输出结果的选通脉冲必须考虑到该延迟。另外,如果一个不需要修改的操作数(不需要 ALU 操作)要直接从总线 2 传送到总线 3,那么可以通过控制总线旁路器直接将数据传出;如果该操作数传送时需要修改,那么就要被送至

ALU 部件。

三总线的运算器具有以下特点。

优点：运算速度快。

缺点：成本是这三种结构中最高的。

2.6　浮点运算介绍

由前面的学习可知，计算机中的数据除了定点数之外，还有浮点数的表示。因为浮点数可表示的范围大，运算不易溢出，所以被广泛采用。本节将对浮点数的四则运算加以简单的介绍，并给出一个浮点运算器的例子。

2.6.1　浮点加减运算介绍

一般来说，规格化浮点数的加减运算可按照判断操作数、对阶、求尾和（差）、结果规格化、判断溢出以及对结果进行舍入处理几个步骤进行。

1．判断操作数

判断操作数中是否有零存在。如果加数（或减数）为 0，则运算结果等于被加数（或被减数）；如果被加数为 0，则运算结果等于加数；如果被减数为 0，则运算结果等于减数变补。所以当有操作数为 0 时，可以简化操作。

2．对阶

阶码大小不一样的两个浮点数进行加减运算时，必须先将它们的阶码调整为一样大，该过程称为对阶。因为只有阶码相同，其尾数的权值才真正相同，才能对尾数进行加减运算。一般来说，对阶的规则是"小阶对大阶"，即以大的阶码为准，调整小的阶码直到二者相等。这是因为对于阶码小的数而言，如果将其阶码增大，该数的尾数要进行右移，舍去的是尾数的低位部分，误差较小；反之，若对于阶码大的数，如果将其阶码减小，尾数则要左移，丢失的是尾数的高位部分，必然会出错。

对阶时一般采用的方法是求阶差，即将两数的阶码相减。若阶差为"0"，则说明两数阶码相同，无须对阶；若阶差不为"0"，则按照对阶规则进行对阶——小阶码增大，同时尾数右移。

3．求尾数和/差

阶码对齐后，尾数按照定点数的运算规则进行加、减运算。

4．结果规格化及判溢出

若运算后的结果不符合规格化约定，需要对尾数移位，使之规格化，并相应地调整阶码。当用补码表示时，若所得结果的尾数绝对值小于 $1/2$（表现形式为 $11.1\times\times\cdots\times$ 或 $00.0\times\times\cdots\times$），需要将尾数左移，阶码增大，直至满足规格化条件，该过程称为"左规"；若结果的尾数绝对值大于 1（表现形式为 $10.\times\times\cdots\times$ 或 $01.\times\times\cdots\times$），则需要将尾数右移一位，阶码加 1，该过程称为"右规"。

注意：在"左规"时，若阶码小于所能表示的最小阶，表明发生"下溢"，也就是说，浮点数的绝对值小于规格化浮点数的分辨率，此时尾数应该记作"0"。在"右规"时，若阶码大于所能表示的最大阶，则表明发生"上溢"，将产生溢出中断。在浮点数加减运算中"右规"最多只需要进行一次。

5．舍入

当对结果进行右规时,要对尾数的最低位进行舍入处理,可采用之前所讲的"0 舍 1 入"法、"末位恒置 1"法等。

【例 2-20】 若 $X_1 = 0.1100 \times 2^{001}$,$X_2 = 0.0011 \times 2^{011}$,求 $X_1 + X_2$。

解：因为两数阶码不一致,所以先对阶。将 X_1 尾数右移 2 位,同时阶码加 2,

$$X_1 = 0.1100 \times 2^{001} = 0.0011 \times 2^{011},$$
$$X_1 + X_2 = 0.0011 \times 2^{011} + 0.0011 \times 2^{011}$$
$$= (0.0011 + 0.0011) \times 2^{011} = 0.0110 \times 2^{011}$$

所得结果不是规格化数,将运算结果"左规"可得：0.1100×2^{010}。

注意：由于结果是"左规",所以不需要做舍入处理。

2.6.2 浮点乘除运算介绍

浮点数在做乘、除运算时,不需要对阶。对于乘法运算,将阶码相加,尾数相乘,最后对乘积做规格化即可；对于除法运算,将阶码相减,尾数相除即可得到运算结果。

1．浮点乘法运算

两浮点数相乘,乘积的阶码等于两操作数阶码之和,乘积的尾数等于两操作数尾数之积。与浮点加减法相同,乘法运算后的结果也可能会发生溢出,所以要进行规格化和舍入处理,其步骤如下：

(1) 判断操作数是否为"0",若有一个操作数为"0",则乘积为"0",无须再运算。

(2) 将操作数的阶码相加,判断是否有溢出发生。因为浮点数的阶码是定点整数,所以阶码相加实质是定点整数的加运算,可按照前面所讲的加法规则进行运算。若运算后产生"下溢",则结果为"0"；若产生"上溢",则需要作溢出处理。

(3) 尾数相乘。因为浮点数的尾数是定点小数,所以尾数相乘可以选择定点小数乘法中的相关规则来完成运算。在浮点运算器中一般会设置两套运算器分别对阶码和尾数进行处理。

(4) 规格化及舍入处理。因为参加运算的操作数都是规格化的数,所以乘积尾数的绝对值必然大于等于 1/4,所以"左规"最多只需一次。又由于 $[-1]_{补}$ 是规格化数,所以只有在 $(-1) \times (-1) = +1$ 时,需要"右规"一次。

做乘法运算时,乘积尾数的位数会增长,为了使乘积的尾数与原浮点数的格式一致,需要进行舍入处理。

【例 2-21】 若 $X_1 = 0.1100 \times 2^{001}$,$X_2 = 0.0011 \times 2^{011}$,求 $X_1 \times X_2$。

解：$X_1 \times X_2 = (0.1100 \times 2^{001}) \times (0.0011 \times 2^{011}) = (0.1100 \times 0.0011) \times 2^{001+011}$
$$= 0.0010 \times 2^{100}$$

2．浮点除法运算

两浮点数相除,商的阶码为被除数的阶码与除数的阶码之差,商的尾数为被除数的尾数除以除数的尾数之商。浮点除法的运算步骤如下：

(1) 判断操作数是否为"0"。若除数为"0",则会出错处理；若被除数为"0",则商为"0"。

（2）调整被除数的尾数,使被除数尾数的绝对值小于除数尾数的绝对值,以此确保商的尾数为小数。注意在调整被除数的阶码时,会有"上溢"的可能。

（3）求商的阶码。利用定点整数的减运算,用被除数的阶码减去除数的阶码即可得到商的阶码。若结果的阶码产生"下溢",则商作为机器 0 处理;若产生"上溢",则需要做溢出处理。

（4）求商的尾数。因为浮点数的尾数是定点小数,所以利用定点小数除法的运算规则,用被除数的尾数除以除数的尾数即可得到商的尾数。

通过以上步骤求得的商值不需要进行规格化处理。因为在尾数调整后,商的尾数的绝对值肯定小于"1",所以不需要"右规";又由于两个操作数均是规格化数,即 $|M| \geqslant 1/2$,所以商的绝对值必然 $\geqslant 1/2$,不需要"左规"。综上所述,最后得到的商不需要进行规格化处理。

2.6.3 浮点运算器介绍

根据计算机进行浮点运算的频繁程度以及对运算速度的要求,可以通过软件实现、设置浮点运算选件、设置浮点流水运算部件或使用一套运算器等方法来实现浮点运算。下面给出浮点运算器的一般结构。

根据浮点运算的规则,浮点运算包括阶码运算和尾数运算两个部分,所以浮点运算器可由阶码运算器和尾数运算器两个定点运算部件来实现,其中阶码运算器是一个定点整数运算器,结构相对简单,尾数运算器是一个定点小数运算器,结构相对复杂。浮点运算器的一般结构如图 2-23 所示。

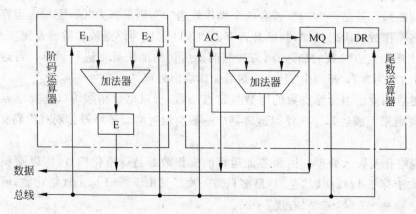

图 2-23　浮点运算器的一般结构

阶码运算部件可以完成阶码的相加、相减及比较操作,包含有暂存两个操作数阶码的寄存器 E_1 和 E_2,以及存放运算结果阶码的逻辑部件 E,E 中还包括有判断逻辑。两个操作数的阶码分别被放在寄存器 E_1 和 E_2 中,它们与并行加法器相连以便计算。浮点运算中的阶码比较可通过 $E_1 - E_2$ 来实现,并将相减的结果放入 E 中,可根据 E 中所存放的阶差来控制有关尾数的右移,完成对阶。也就是说,在尾数相加或相减之前要进行对阶,需要将一个尾数进行移位,这是由 E 控制的,E 的值每减一次 1,相应的尾数右移 1 位,直至减到"0"。当尾数移位结束,就可按通常的定点运算的方法进行处理。运算结果的阶码值仍存放在计数器 E 中。

尾数运算部件实质上就是一个通用的定点运算器,要求该运算器能实现加、减、乘、除四种基本算术运算。该部件中包含三个用来存放操作数的单字长寄存器:累加器 AC、乘商寄存器 MQ 和数据寄存器 DR,其中 AC 和 MQ 连起来还可组成左右移位的双字长寄存器 AC‖MQ。并行加法器可用来加工处理数据,操作数先存放在 AC 和 DR 中,运算后将结果回送至 AC。乘商寄存器 MQ 在乘法时存放乘数,而在除法时存放商数,所以将其称为乘商寄存器。DR 用来存放被乘数或除数,而结果(乘积或商与余数)则存放在 AC‖MQ 中。在四则运算中,使用这些寄存器的典型方法如表 2-16 所示。

表 2-16 寄存器的典型方法

运 算 类 别	寄存器关系	运 算 类 别	寄存器关系
加法	AC+DR→AC	乘法	DR×MQ→AC—MQ
减法	AC−DR→AC	除法	AC÷DR→AC—MQ

在 Intel 奔腾 CPU 中,浮点运算部件采用流水线设计,将浮点运算器包含在芯片内。指令执行过程分为 8 段流水线。前 4 段为指令预取(DF)、指令译码(D1)、地址生成(D2)、取操作数(EX),在 U,V 流水线中完成;后 4 段为执行1(X1)、执行2(X2)、结果写回寄存器堆(WF)、错误报告(ER),在浮点运算器中完成。一般情况下,由 V 流水线完成一条浮点操作指令。浮点部件内有浮点专用的加法器、乘法器和除法器,有 8 个 80 位寄存器组成的寄存器堆,内部的数据总线为 80 位宽。因此浮点部件可支持 IEEE754 标准的单精度和双精度格式的浮点数。另外还使用一种称为临时实数的 80 位浮点数。对于浮点的取数、加法、乘法等操作,采用了新的算法并用硬件来实现,其执行速度是 80486 的 10 倍多。

习题

1. 名词术语解释。

基数 位权 真值 机器数 原码 反码 补码 定点数 浮点数 逻辑数据 汉字机内码 汉字输入码 汉字字模码 溢出 逻辑移位 算术移位 运算器 对阶

2. 将二进制数 10111001.110101 转换为八进制、十进制、十六进制数。

3. 将十进制数 73.8 转换为对应的二进制、八进制及十六进制数。

4. 分别写出下列二进制数的原码、反码及补码(字长为 8 位,含一位符号位)。

(1) 0   (2) +0.10011   (3) −0.10011   (4) +10011   (5) −10011

5. 已知某定点数字长为 16 位(含一位符号位),原码表示,试写出下列典型值的二进制代码及十进制真值。

(1) 非零最小正整数;   (2) 最大正整数;

(3) 绝对值最小负整数;   (4) 绝对值最大负整数;

(5) 非零最小正小数;   (6) 最大正小数;

(7) 绝对值最小负小数;   (8) 绝对值最大负小数。

6. 试用变形补码对下列数值进行加、减运算,并指出是否有溢出发生。

(1) $[X]_补 = 0.11001$,$[Y]_补 = 0.10101$。

(2) $[X]_{\ne}=0.11001,[Y]_{\ne}=1.10101$。

(3) $[X]_{\ne}=1.11001,[Y]_{\ne}=0.10101$。

(4) $[X]_{\ne}=1.1001,[Y]_{\ne}=1.0100$。

7. 采用分级分组并行进位链结构,试用 SN74181 和 SN74182 芯片构造一个 64 位的 ALU 单元。

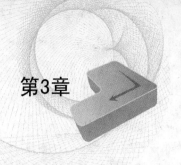

指 令 系 统

【总体要求】

- 掌握指令格式。
- 理解指令字长的设计方法。
- 掌握指令地址的简化方法。
- 掌握操作码的扩展方法。
- 掌握指令和操作数的寻址方式。
- 理解指令系统的设计原则。
- 了解指令的功能及类型。
- 了解两个典型的指令系统。

【学习重点】

- 指令字长的设计、指令地址的简化、操作码的扩展。
- 指令和操作数的寻址方式。

通过程序,计算机可以完成各种工作,程序是由一系列的指令构成的,指令是程序可执行形态的基本单元,是执行加、减、移位等基本操作的命令,由一组二进制代码表示。所谓指令系统就是一台计算机所能执行的各种不同类型指令的总和,即一台计算机所能执行的全部操作。不同的计算机指令系统所包含的指令种类和数目不同,但是一般都会包含算术运算指令、逻辑运算指令、传送类指令、程序控制类指令等。指令系统是体现一台计算机性能的重要因素,它的格式与功能不仅直接影响到机器的硬件结构,而且也直接影响到系统软件,影响到机器的适用范围,所以说指令系统是软件和硬件的主要界面。本章主要介绍指令系统的有关知识。

3.1 指令格式

3.1.1 机器指令格式

指令就是要计算机执行某种操作的命令,由操作码和地址码两个部分构成,指令的基本格式如图 3-1 所示。

其中,操作码说明操作的性质及功能,地址码描述该指令的操作对象,由地址码可以给出操作

OP	Addr
操作码字段	地址码字段

图 3-1 指令格式示意图

数或操作数的地址及操作结果的存放地址。

1. 操作码

指令系统的每一条指令都有一个操作码,用来表示该指令应进行什么性质的操作,如加、减、移位、传送等。操作码字段不同的编码表示不同的指令,每一种编码代表一种指令。组成操作码字段的位数一般取决于计算机指令系统的规模。操作码的位数越多,所能表示的操作种类就越多。例如,若操作码有 3 位,则指令系统只有 8 条指令;若操作码有 5 位,则该指令系统中有 32 条指令。

2. 操作数或操作数地址

操作数即参与运算的数据。少数情况下,在指令中会直接给出操作数,但是大部分情况下,指令中只给出操作数的存放地址,如寄存器号或主存单元的地址码。一般地,将内容不随指令执行而变化的操作数称为源操作数,内容随执行指令而改变的操作数称为目的操作数。

3. 结果存放地址

结果存放地址是最后操作结束时,用来存放运算结果的地址,如存放在某个寄存器中或主存中的某个单元中。

4. 后续指令地址

程序是由一系列的指令构成,当其中的一条指令(现行指令)执行后,为了程序能够连续运行,指令中需要给出下一条指令(后续指令)存放的地址。将存放后续指令的主存储器单元的地址码称作后续指令地址。

大多数情况下程序是顺序执行的,所以可以在硬件上设置一个专门存放现行指令地址的程序计数器 PC,每取出一条指令时,PC 自动增值指向后续指令的地址。如现行指令占 1 个字节的存储单元,则取出现行指令后,PC 的内容加"1"即指向后续指令的地址;若现行指令占 n 个字节的存储单元,则取出现行指令后,PC 的内容加"n"便可以使 PC 指向后续指令的地址。

后续指令地址是一种隐含地址,隐含约定是由 PC 提供的,在指令代码中不会出现,因此可以有效地缩短指令的长度,而且可以根据结果灵活转移。将这种以隐含方式约定、在指令中不出现的地址称为隐地址,指令代码中明显给出的地址称为显地址。使用隐含地址可以减少指令中显地址的数目,缩短指令长度。

3.1.2　指令字长

指令字长指的是一个指令字中所包含的二进制代码的位数。由于指令长度=操作码的长度+地址码的长度,所以各指令字长会因为操作码的长度、操作数地址的长度及地址数目的不同而不同。

指令字的位数越多,所能表示的操作信息及地址信息就越多,指令功能越丰富。但是指令位数增多时,存放指令所需的存储空间就越多,读取指令时所花费的时间也会越长,此外,指令越复杂,相应的执行时间也就越长。若指令字长固定不变,则格式简单,读取执行时所需的时间会较短。因此,对指令字长有两种不同的设计方法:变字长指令和定字长指令。

1. 变字长指令

变字长指令结构中,各种指令字长度随指令功能而异,"需长则长,能短则短",结构灵活,能充分利用指令长度,但指令的控制较为复杂。

由于主存储器一般是按字节编址(以字节为基本单位)的,所以指令字长通常设计为字节的整数倍,例如 PC 的指令系统中,指令长度有单字节、双字节、三字节、四字节等。若采用短指令,可以节省存储空间、提高取指令的速度,但有很大的局限性;若采用长指令,可以扩大寻址范围或者带几个操作数,但是存在占用地址多、取指令时间相对较长的问题。若考虑将二者在同一机器中混合使用,则可以取其长处,给指令系统带来很大的灵活性。

为了便于处理,一般将操作码放在指令字的第一个字节,当读出操作码后马上就可以判定该指令是双操作数指令,还是单操作数指令,或是零地址指令,从而确定该指令还有几个字节需要读取。在主流 PC 和传统的大、中、小型计算机中仍然广泛采用的是复杂指令系统(CISC),相应地采用的指令格式为变字长指令。

2. 定字长指令

定字长指令结构中的各种指令字长度均相同,且指令字长度不变。采用定字长格式的指令执行速度快,结构简单,便于控制。

为了获得更快的执行速度,出现了一个非常重要的发展趋势,即采取精简指令系统 RISC,相应地采用固定字长指令。逐渐成熟的精简指令系统技术被广泛地应用于工作站一类的高档计算机,或者采用众多的 RISC 处理器构成大规模并行处理阵列,而且 RISC 技术的发展对 PC 的发展也产生了重大影响。

3.1.3 指令的地址码

指令中的地址码字段包括操作数的地址和操作结果的地址,在大多数指令中,地址信息所占的位数最多,所以地址结构是指令格式中的一个重要问题。由指令格式可知,对于常规的双操作数运算来说,指令中应该包括 4 个地址:两个操作数的地址、存放结果的地址及后续指令地址。明显可看出,这种四地址结构的指令所需的位数太多,所以采用隐含地址以减少指令中显地址的数目即简化地址结构。按照指令中的显地址的数目,可以将指令分为三地址指令、二地址指令、一地址指令及零地址指令。指令中给出的各地址 Ai 可能是寄存器号,也可能是主存储器单元的地址码,(Ai) 表示 Ai 中的内容,(PC) 表示 PC 中的内容。

1. 三地址指令格式

指令格式如下:

OP	A1	A2	A3
操作码	操作数 1 地址	操作数 2 地址	结果存放地址

指令功能:$(A1)\ OP\ (A2) \rightarrow A3$

$\qquad\quad (PC) + n \rightarrow PC$

功能描述:3 个地址均由指令给出,指令要求分别按 A1 和 A2 地址读取操作数,按照操作码 OP 进行有关的运算操作,然后将运算结果存入 A3 地址所指定的寄存器或主存单元中;现行指令读取后,PC 的内容加 n,使 PC 指向后续指令地址。

例如,要完成"加"操作 $(X) + (Y) \rightarrow Z$,使用三地址指令时,可使用下面指令:

```
ADD X,Y,Z;
```

注意：当从寄存器或是存储单元读取指令或数据后，原来存放的内容并没有丢失，除非有新的内容写入寄存器或是存储单元。所以在三地址指令执行之后，存放在 A1 和 A2 中的原操作数还可以被再次使用，该指令也可以被再次调用。

2．二地址指令格式

指令格式如下：

OP	A1	A2
操作码	目的操作数地址	源操作数地址

指令功能：$(A1)\ OP\ (A2) \rightarrow A1$

$(PC) + n \rightarrow PC$

功能描述：指令要求分别按 A1 和 A2 地址读取操作数，按照操作码 OP 进行有关的运算操作，然后将运算结果存入 A1 中替代原来的操作数；现行指令读取后，PC 的内容加 n，使 PC 指向后续指令地址。

运算后，由 A2 提供的操作数仍然保留在原处，称 A2 为源操作数地址；由 A1 提供的操作数被运算结果替代，即 A1 成为存放运算结果的地址，被称为目的操作数地址。采用隐含约定，三地址指令中存放结果的地址被简化，减少了指令中显地址的数目。

例如，要完成"加"操作$(X) + (Y) \rightarrow Z$，使用二地址指令时，可使用下面指令：

```
ADD X,Y;
MOV Z,X;
```

3．一地址指令格式

指令格式如下：

OP	A
操作码	地址码

一地址指令中只给出了一个操作数地址 A，所以需要根据操作码的含义确定其具体形态。一地址指令有两种常见的形态：只有目的操作数的单操作数指令和隐含约定目的地址的双操作数指令。

（1）只有目的操作数的单操作数指令

所谓单操作数指令是指指令中只需要一个操作数，如加 1、减 1、求反、求补等操作。对于单操作数指令，按地址 A 读取操作数，进行操作码 OP 指定的操作，将运算结果存回原地址。

指令功能：$OP\ (A) \rightarrow A$

$(PC) + n \rightarrow PC$

（2）隐含约定目的地址的双操作数指令

因为指令中只给出了一个操作数地址 A，对于双操作数指令来说，另一个操作数则采用"隐含"方式给出。若操作码含义为加、减、乘、除之类，则说明该指令是双操作数，按指令给出的源操作数地址读取源操作数，目的操作数隐含在累加寄存器 AC 中，运算后的结果存放在 AC 中，替代 AC 中原来的内容。累加寄存器 AC 通常简称为累加器，其功能是当运算器的算术逻辑单元 ALU 执行算术或逻辑运算时，为 ALU 提供一个工作区，暂时存放 ALU 运算的结果信息。

指令功能：(A) OP (AC)→AC

(PC) + n→PC

例如，要完成"加"操作(X) + (Y)→Z，使用一地址指令时，可使用下面指令：

```
LDA X;
ADD Y;
STA Z;
```

4. 零地址指令格式

指令格式如下：

OP

操作码

零地址指令中，只有操作码而没有显地址。使用零地址指令的情况有以下3种：

(1) 不需要操作数的指令

不需要操作数的指令如停机指令和空操作指令。执行空操作指令的目的是消耗时间达到延时的目的，本身并没有实质性的运算操作，所以不需要操作数。

(2) 单操作数指令

对于单操作数指令，采用零地址指令格式时，可以隐含约定操作数在累加器 AC 中，即对累加器 AC 的内容进行操作。

指令功能：OP (AC)→AC

(3) 双操作数指令

对于双操作数指令，可将操作数事先存放在堆栈中，由堆栈指针 SP 隐含指出。由于堆栈是一种按照"先进后出"的顺序进行存取的存储组织，所以每次存取的对象都是栈顶单元的数据，因此这种指令仅对栈顶单元中的数据进行操作，运算结果仍然存回堆栈中。

例如，要完成"加"操作(X) + (Y)→Z，使用零地址指令时，可使用下面指令：

```
PUSH X;
PUSH Y;
ADD ;
POP Z;
```

通过以上各指令的分析可以看出，采用隐含地址可以减少显地址的个数，简化指令的地址结构。一般来说，指令中的显地址数目较多，则指令的字长较长，所需存储空间较大，读取时间较长，但是使用较为灵活；反之，若指令中的显地址数目较少，采用隐含地址，则指令的字长较短，所需存储空间较小，读取时间较短，但是使用隐含地址的方式对地址选择有一定的限制。所以说二者各有利弊，设计者往往采用折中的办法。

3.1.4 指令的操作码

机器执行什么样的操作由操作码来指示。目前在指令操作码设计上主要有定长操作码、变长操作码、单功能型操作码或复合型操作码。

1. 定长操作码、变长指令码

这种设计操作码的长度及位置固定,集中放在指令字的第一个字段中,指令的其余字段均为地址码。该格式常用于指令字较长,或是采用可变长指令格式的情况,如 PC 系列机中。一般 n 位操作码的指令系统最多可以表示 2^n 条指令,如操作码的长度为 8 位,则可以表示 256 种不同的操作。

由于操作码的位数及位置固定,对于指令的读取和识别较为方便。因为所读取的指令代码的第一个字段即操作码,所以可以判断出该指令的类型及相应的地址信息组织方法。又由于不同的操作码涉及的地址码的个数不同,采用这种格式的指令,可以使指令的长度随着操作码的不同而变化。如加、减指令可以有三个地址码(两个操作数地址和结果存放地址),传送指令有两个地址码(源地址和目的地址),加 1 指令只需一个地址(操作数的地址),返回指令不涉及操作数,所以没有地址码。

采用定长操作码、变长指令码方式的指令操作码字段规整,有利于简化操作码译码器的设计。因为字长较长的机器不是十分在意每位二进制的编码效率,所以被广泛用于指令字长较长的大、中、超小型机中。精简指令系统计算机 RISC 中的指令较少,相应地所需的操作码也较少,因而也常用定长操作码的指令。

2. 变长操作码、定长指令码

变长操作码、定长指令码是一种操作码长度不定,但指令字长固定的设计方法,这种方式可以在指令字长有限的前提下仍然保持较丰富的指令种类。由于不同的指令需要的操作码位数不同,所以为了有效利用指令中的每一位二进制位,可采用扩展操作码的方法,即操作码和地址码的位数不固定,操作码的位数随着地址码位数的减少而增加。采用该方法时,在指令字长一定时,对于地址数少的指令可以允许操作码长些,对于地址数多的指令可以允许操作码短些。下面通过例子来具体说明这种方法。

【例 3-1】　设某机器指令长度为 16 位,包括 1 个操作码字段和 3 个地址码字段,每个字段长度均为 4 位,格式如图 3-2 所示。现在要求扩展为 15 条三地址指令、15 条二地址指令、15 条一地址指令及 16 条零地址指令。试给出扩展操作码的方案。

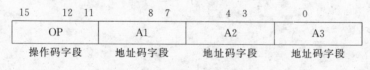

图 3-2　例 3-1 指令格式示意图

解:4 位操作码有 $2^4 = 16$ 种组合(0000~1111),如果全部用来表示三地址的指令,则只能表示 16 条不同的指令。若只取其中的 15 条指令(操作码为 0000~1110)作为三地址指令,则可以将剩下的一组编码(1111)作为扩展标志,把操作码扩展到 A1,即操作码从 4 位扩展为 8 位(11110000~11111111),可表示 16 条二地址指令。同理,若只取其中的 15 条指令(操作码为 11110000~11111110)作为二地址指令,则可以将剩下的一组编码(11111111)作为扩展标志,把操作码扩展到 A2,即操作码扩展为 12 位,又可表示 16 条一地址指令。采用同样方法继续向下扩展,即可得到 16 条零地址指令。该扩展方案的示意图如图 3-3 所示。

OP	A1	A2	A3	
0 0 0 0	A1	A2	A3	
⋯⋯	⋯⋯	⋯⋯	⋯⋯	15条三地址指令
1 1 1 0	A1	A2	A3	
1 1 1 1	0 0 0 0	A2	A3	
⋯⋯	⋯⋯	⋯⋯	⋯⋯	15条二地址指令
1 1 1 1	1 1 1 0	A2	A3	
1 1 1 1	1 1 1 1	0 0 0 0	A3	
⋯⋯	⋯⋯	⋯⋯	⋯⋯	15条一地址指令
1 1 1 1	1 1 1 1	1 1 1 0	A3	
1 1 1 1	1 1 1 1	1 1 1 1	0 0 0 0	
⋯⋯	⋯⋯	⋯⋯	⋯⋯	16条零地址指令
1 1 1 1	1 1 1 1	1 1 1 1	1 1 1 1	

图 3-3 扩展方案的示意图

除了以上的扩展方法之外,还有很多的扩展方法,如形成 14 条三地址指令、30 条二地址指令、31 条一地址指令及 16 条零地址指令等。实际设计指令系统的时候,应该根据各类指令的条数采用更为灵活的扩展方式。

使用操作码扩展技术的另一种考虑是霍夫曼原理,根据在程序中出现的概率大小来分配操作码,即出现概率大的指令(也就是使用频率高的指令)分配较短的操作码,而出现概率小的指令(也就是使用频率低的指令)分配较长的操作码,以此来减少操作码在程序中的总位数。所以说,操作码扩展技术是一种重要的指令优化技术,可以缩短指令的平均长度,且增加指令字表示的操作信息,广泛应用于指令字长较短的微、小型机中。

3. 单功能型或复合型操作码

多数指令常采用单功能型操作码,即操作码只表示一种操作含义,以便能够快速地识别操作码并执行操作。有的计算机指令字长有限、指令的数量也有限,为了使一条指令能够表示更多的操作信息,常采用复合型的操作码,也就是说将操作码分为几个部分,表示多种操作含义,使操作的含义比较丰富。

3.2 指令和数据的寻址方式

寻址方式是指令系统设计的重要内容。从计算机硬件设计者的角度来看,寻址方式与计算机硬件结构密切相关;从程序员角度来看,寻址方式不但与汇编语言程序设计有关,而且与高级语言的编译程序也有密切联系。所谓寻址方式即寻找指令或是操作数的有效地址的方式。因为存储器可以用来存放数据,也可以用来存放指令,所以寻址包括对指令的寻址和对操作数的寻址。相比较而言,对操作数的寻址方式较指令的寻址方式更为复杂。

3.2.1 指令的寻址方式

指令寻址是指找出下一条将要执行的指令在存储器中的地址。一般来说,指令寻址的方式有两种:一种是顺序寻址方式;另一种是跳跃寻址方式。

1. 顺序寻址方式

计算机的工作过程是"先取指令,再执行指令"。指令在存储单元中被顺序存储,所以当执行一段程序时,通常是一条指令接一条指令按顺序进行。也就是说,从存储器中取出第一条指令,然后执行该指令;接着从存储器中取出第二条指令,再执行第二条指令;然后再取第三条指令……直至该段程序的指令都读取执行结束,这种程序顺序执行的过程即为顺序寻址方式。在该过程中,可用程序计数器 PC 来指示指令在存储器中的地址。

程序计数器 PC 是指令寻址的焦点,存储指令寻址的结果。PC 具有自动修改(+1)功能,可用于执行非转移类指令;还有接收内部总线数据的功能,可用于执行转移类指令或中断处理时的转移类操作,所以改变 PC 的内容就会改变程序执行的顺序,多种寻址方式的实质是改变 PC 的内容。

在顺序寻址方式中,在执行指令时 PC 会自动修改其内容,为下一条指令的读取做准备,这样周而复始地进行就可以完成顺序执行的程序。示意图如图 3-4 所示。

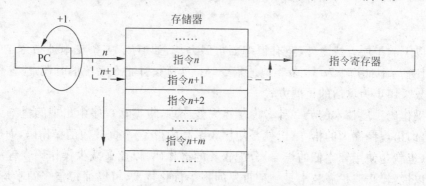

图 3-4   顺序寻址方式示意图

2. 跳跃寻址方式

当程序转移执行的顺序时,如执行了转移类指令或有外部中断发生时,要按照新的指令地址开始执行,所以 PC 的内容必须发生相应的改变,以便及时跟踪新的指令地址。这种情况下,指令的寻址采取跳跃寻址方式。所谓跳跃是指下条指令的地址码不是由 PC 给出,而是由本条指令给出。采用指令跳跃寻址方式,可以实现程序转移或构成循环程序,从而能缩短程序长度,或将某些程序作为公共程序引用。指令系统中的各种条件转移或无条件转移指令,就是为了实现指令的跳跃寻址而设置的。示意图如图 3-5 所示。

3.2.2   操作数的寻址方式

操作数不像指令那样顺序存储在存储单元中,有些公用的操作数会集中存放在某一区域,而大多数操作数的存放没有规律,这就给操作数的寻址带来一定的困难。又由于程序设计技巧的发展,提出了很多操作数的设置方法,所以出现了各种各样的操作数寻址方式。

操作数可能被放在指令中,或是某个寄存器中,或是主存的某个单元中,也可能在堆栈或 I/O 接口中。当操作数存放在主存的某个存储单元时,若指令中的地址码不能直接用来访问主存,则这样的地址码被称为形式地址;对形式地址进行一定计算后得到的存放操作数的主存单元地址,即存放操作数的内存实际地址被称为"有效地址"。操作数寻址方式就是由指令中提供的形式地址演变为有效地址的方法,也就是说,寻址方式是规定如何对地址

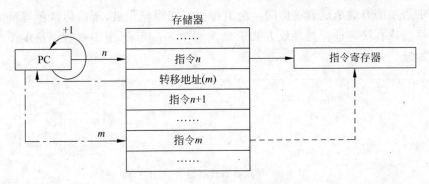

图 3-5 跳跃寻址方式示意图

作出解释以找到所需的操作数的方式。

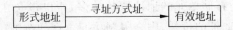

若在指令中设置寻址方式字段,由寻址方式字段不同的编码来指定操作数的寻址方式,则称之为"显式"寻址方式;若是由操作码决定有关的寻址方式,则称为"隐式"寻址方式。可将众多的寻址方式归纳为以下 4 种基本方式或是它们的变型组合:

(1) 立即寻址:指令中直接给出操作数。读取指令时,可直接从指令中获得操作数。

(2) 直接寻址:在指令中直接给出存放操作数的主存单元的地址或是寄存器号。通过访问存储器或寄存器即可获得操作数。

(3) 间接寻址:指令中所给的主存单元或寄存器中存放的是操作数的地址。先取出操作数的地址,然后按照该地址再访问主存单元获得操作数。

(4) 变址:指令中所给的是形式地址,依照寻址方式得到有效地址后,再根据有效地址访问主存单元获得操作数。

下面介绍一些常用的基本寻址方式。

1. 立即寻址

在指令中给出操作数,操作数占据一个地址码部分,在取出指令的同时取出可以立即使用的操作数,所以该方式称为立即寻址,该操作数被称为立即数。立即寻址方式示意图如图 3-6 所示,图中 OP 为操作码字段用以指明操作种类,M 为寻址方式字段用以指明所用的寻址方式。

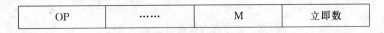

图 3-6 立即寻址方式示意图

立即寻址方式不需要根据地址寻找操作数,所以指令的执行速度快。但是由于操作数是在指令中给出的,是指令的一部分,不能修改,因此立即寻址只适用于操作数固定的情况,通常用于为主存单元和寄存器提供常数,设定初始值。使用时应注意,立即数只能作为源操作数。其优点是立即数的位置随着指令在存储器中位置的不同而不同。

2. 存储器直接寻址

指令中的地址码字段所给的就是存放操作数的主存单元的实际地址,即有效地址 EA。

按照指令中所给的有效地址直接访问一次主存便可获得操作数,所以称这种寻址方式为存储器直接寻址或直接寻址。其寻址方式示意图如图 3-7 所示,图中有效地址 EA 为主存储器的单元地址。

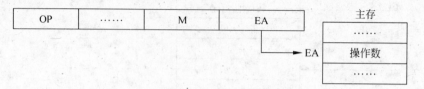

图 3-7　存储器直接寻址方式示意图

直接寻址方式较为简单,无须作任何寻址计算。由于指令中给出了操作数的有效地址,是指令中的一部分,所以不能进行修改,因此只能用于访问固定的存储单元或者外部设备接口中的寄存器。此外,因为存储单元的地址位数较多,所以包含在指令中时,指令字长会较长。如果减少指令中有效地址的位数,则会限制访问主存的范围。

【例 3-2】　指令中所给的地址码 EA 为"2001H",按照存储器直接寻址方式读取操作数。主存中部分地址与相应单元存储的操作数之间的对应关系如下:

地址	存储内容
2000H	3BA0H
2001H	1200H
2002H	2A01H

解:因为在存储器直接寻址方式中,指令中的有效地址即主存中存储操作数的地址,所以地址为"2001H"的存储单元中的内容"1200H"即操作数。

3．寄存器直接寻址

一般计算机中都设置有一定数量的通用寄存器,用以存放操作数、操作数地址及运算结果等。指令中地址码部分给出某一通用寄存器的寄存器号,所指定的寄存器中存放着操作数,这种寻址方式称为寄存器直接寻址,也称为寄存器寻址。其寻址方式示意图如图 3-8 所示,图中 Rx 为寄存器号。

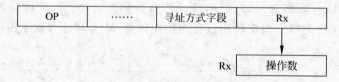

图 3-8　寄存器直接寻址方式示意图

采用寄存器寻址方式具有以下特点。

- 与立即数寻址方式相比,寄存器寻址中的操作数是可变的。
- 由于寄存器的数量较少,地址码的编码位数比主存单元地址位数短很多,所以可以有效缩短指令长度,减少取指令的时间,如指令中只需要 3 位编码就可以表示 8 个寄存器,如"000"表示 R0,"001"表示 R1,…,"111"表示 R7。
- 与直接寻址相比,寄存器存取数据的速度比主存快得多,所以可以加快指令的运行速度。

- 用寄存器存放基址值、变址值可派生出其他更多的寻址方式，使编程更具有灵活性。

【例 3-3】 指令中所给的寄存器号为"001"，按照寄存器寻址方式读取操作数。CPU 中寄存器的内容如下：

R0——2101H，R1——2A01H，R2——3BA0H，R3——1200H，……

解： 因为在寄存器直接寻址方式中，所给出的寄存器中所存放的就是所需操作数，编码为"001"的寄存器 R1 中的内容"2A01H"即操作数。

4. 存储器间接寻址

如果指令中地址码 A 给出的不是操作数的直接地址，而是存放操作数地址的主存单元地址（简称为操作数地址的地址），这种寻址方式称为存储器间接寻址或间接寻址。其寻址方式示意图如图 3-9 所示。字段 A 中存放的是操作数的有效地址 EA 在主存中的地址。

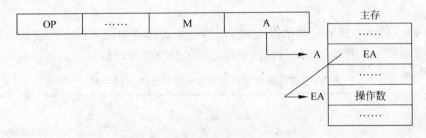

图 3-9 存储器间接寻址方式示意图

通常将主存单元 A 称为间址单元或间址指示器，间接地址 A 与有效地址 EA 的关系是 EA＝(A)，即 EA 为地址 A 所对应存储单元中的内容。采用间址方式可将主存单元 A 作为操作数地址的指针，用以指示操作数的存放位置，只要修改指针的内容就修改了操作数的地址，而无须修改指令，所以该方式较为灵活，便于编程。除此之外，采用间接寻址可以做到用较短的地址码来访问较大的存储空间。指令中给出的形式地址字段 A 虽然较短，只能访问到主存的低地址部分，但是存储在这些单元中的操作数的地址可以访问到整个主存空间。

应注意，间接寻址至少要访问两次主存才能取出操作数，所以指令执行的速度较慢。

【例 3-4】 指令中所给的地址码 A 为"2001H"，按照存储器间接寻址方式读取操作数。主存中部分地址与相应单元存储的操作数之间的对应关系如下：

地址	存储内容
2000H	3BA0H
2001H	2002H
2002H	2A01H

解： 因为在存储器间接寻址方式中，指令中的形式地址 A 是操作数地址的地址，所以地址为"2001H"的存储单元中的内容"2002H"即操作数地址的地址，再根据地址"2002H"访问一次主存，可得到操作数"2A01H"。

5. 寄存器间接寻址

为了克服直接寻址中指令过长及间接寻址中访问主存次数多的缺点，可以采用寄存器间接寻址，即指令中给出寄存器号，被指定的寄存器中存放操作数的有效地址，根据该有效地址访问主存获得操作数。其寻址方式示意图如图 3-10 所示，寄存器 Rx 中存放着操作数的有效地址 EA，EA＝(Rx)。

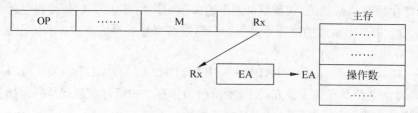

图 3-10　寄存器间接寻址方式示意图

　　寄存器间接寻址方式的指令较短,在取指令后只需一次访存便可得到操作数,因此指令执行速度比存储器间接寻址快。由于寄存器中存放着操作数的地址,所以在编程时常用某些寄存器作为地址指针,在程序运行期间修改间址寄存器的内容,可使同一条指令访问不同的主存单元,为编程提供了方便。

　　【例 3-5】　指令中所给的寄存器号为"001",按照寄存器间接寻址方式读取操作数。各寄存器的内容及主存中部分地址与相应单元存储的操作数之间的对应关系如表 3-1 所示。

表 3-1　寄存器内容与主存单元操作数之间的关系

寄　存　器		主　存　单　元	
寄存器号	存储内容	地址	存储内容
R0	2101H	2000H	3BA0H
R1	2002H	2001H	2002H
R2	3BA0H	2002H	2A01H

　　解:按照寄存器间接寻址的定义,指令指定的寄存器号为"001",即寄存器 R1,其中的内容"2002H"为操作数的地址,根据该地址访问相应的主存单元,得到操作数"2A01H"。

　　6. 变址寻址

　　在指令中指定一个寄存器作为变址寄存器,并在指令地址码部分给出一个形式地址 D,将变址寄存器的内容(称为变址值)与形式地址相加可得操作数的有效地址,这种寻址方式称为变址寻址。其寻址方式示意图如图 3-11 所示。寄存器 Rx 为变址寄存器,D 为形式地址,有效地址 $EA=(Rx)+D$。

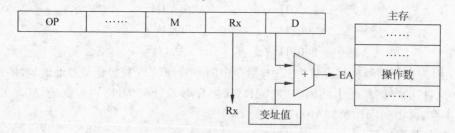

图 3-11　变址寻址方式示意图

　　变址寻址常用于字符串处理、数组运算等成批数据处理中。典型用法是将指令中的形式地址作为基准地址,将变址寄存器的内容作为修改量。例如,有一字符串存储在以地址 A 为首地址的连续主存单元中,只需让首地址 A 作为指令中的形式地址,在变址寄存器中指出字符的序号,则可以利用变址寻址访问该字符串中的任意一个字符。再如,连续存放的数据块要在两个存储区间进行传送,则可以指明这两个存储区的首地址 A1 和 A2,用同一变址寄存器提供修改量 N,即可实现传送操作。

在某些计算机中,变址寄存器还具有自增自减的功能,即每存取一个数据,它就根据该数据的长度自动增量或自动减量,以便指向下一个数据的主存单元地址,为存取下一个数据做准备。这就形成了自动变址方式,可以进一步简化程序,用于需要连续修改地址的场合。此外,变址还可以与间址相结合,形成先变址后间址或先间址后变址等更为复杂的寻址方式。

【例 3-6】 指令中所给的寄存器号为"001",形式地址为"1000H",按照变址寻址方式读取操作数。各寄存器的内容及主存中部分地址与相应单元存储的操作数之间的对应关系见表 3-2。

表 3-2　例 3-6 的表

寄　存　器		主　存　单　元	
寄存器号	存储内容	地址	存储内容
R0	2101H	2000H	3BA0H
R1	1002H	2001H	2002H
R2	3BA0H	2002H	2A01H

解:按照变址寻址的定义,指令指定的寄存器号为"001",即寄存器 R1,其中的内容"1002H"为变址量,形式地址为"1000H",有效地址 EA=1002H+1000H=2002H,所以操作数为"2A01H"。

7. 基址寻址

基址寻址方式中,指令中给出一个形式地址 D 作为修改量,给出一个基址寄存器 Rb,其内容作为基址,将基址与形式地址相加便可得到操作数的有效地址,即 EA=(Rb)+D。其寻址方式示意图如图 3-12 所示。

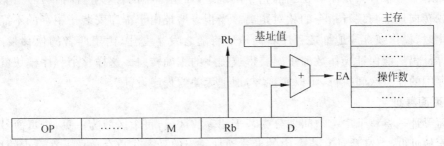

图 3-12　基址寻址方式示意图

基址寻址与变址寻址在形成有效地址的方法上类似,但是二者的具体应用不同。在使用变址寻址时,由指令提供形式地址作为基准量,其位数足以指向整个主存,变址寄存器提供修改量,其位数可以较短。而在使用基址寻址时,由基址寄存器提供基准量,其位数应足以指向整个主存空间,而指令中所给的形式地址作为位移量,其位数往往较短。从应用的目的来看,变址寻址面向用户,可用于访问字符串、数组等成批数据的处理;而基址寻址面向系统,可用来解决程序在主存中的重定位问题,以及在有限的字长指令中扩大寻址空间等。

基址寻址原是大型计算机中常采用的一种技术,用来将用户编程时所用的逻辑地址转换为程序在主存中的实际物理地址。在多用户计算机系统中,由操作系统为多道程序分配主存空间,当用户程序装入主存时,需要进行逻辑地址向物理地址的转换,即程序重定位。操作系统给每个用户程序一个基地址,并放入相应的基址寄存器中,在程序执行时以基址为基准自动进行从逻辑地址到物理地址的转换。

由于多数程序在一段时间内往往只是访问有限的一个存储区域,这被称为"程序执行的局部性",可利用该特点来缩短指令中地址字段的长度。设置一个基址寄存器存放这一区域的首地址,而在指令中给出以首地址为基准的位移量,二者之和为操作数的有效地址。因为基址寄存器的字长可以指向整个主存空间,而位移量只需要能覆盖本区域即可,所以利用这种寻址方式既能缩短指令的地址字段长度,又可以扩大寻址空间。

8. 相对寻址

相对寻址可作为基址寻址的一个特例。由程序计数器 PC 提供基准地址,指令中给出的形式地址 D 作为位移量(可正可负),则二者相加后的地址为操作数的有效地址 EA。这种方式实际上是以现行指令的位置为基准,相对于它进行位移定位(向前或先后),所以被称为相对寻址。其寻址方式示意图如图 3-13 所示,EA＝(PC)＋D。

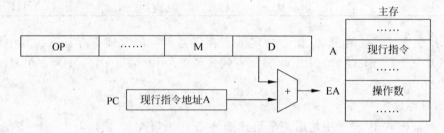

图 3-13　相对寻址方式示意图

在相对寻址中,PC 指示的是当前指令的地址,而指令中的位移量 D 指明的是操作数存放单元或转向地址与现行指令的相对距离。当指令地址由于程序安装于主存的不同位置而发生变化时,操作数存放地址或程序转向地址将随之发生变化,由于两者的位移量不变,使用相对寻址仍然能保证操作数的正确获得或程序的正确转向。这样整个程序模块就可以安排在主存中的任意区间执行,可以实现"与地址无关的程序设计"。

9. 页面寻址

页面寻址是将整个主存空间划分为若干相等的区域,每个区域为一页,由页面号寄存器存放页面地址(内存高地址),指令中的形式地址给出的是操作数存放单元在页内的地址(内存低地址),相当于页内位移量。将页面号寄存器内容与形式地址拼接形成操作数的有效地址,这种寻址方式为页面寻址。其寻址方式示意图如图 3-14 所示。

由以上可看出,页面寻址的有效地址是两部分拼接而成的,高位部分为现行指令的高位段,低位部分为指令中给出的形式地址,所以有效地址 EA＝(PC)$_H$ || D。

【例 3-7】　若从"2000H"单元中取出一条指令,该指令按照页面寻址方式读取操作数,形式地址为"01H"。各寄存器的内容及主存中部分地址与相应单元存储的操作数之间的对应关系见表 3-3。

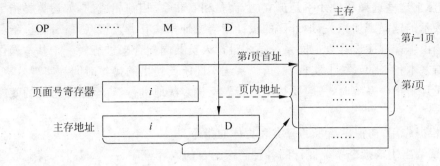

图 3-14 页面寻址方式示意图

表 3-3　例 3-7 的表

寄 存 器		主 存 单 元	
寄存器号	存储内容	地址	存储内容
PC	2000H	2000H	3BA0H
R1	1002H	2001H	20A2H
R2	3BA0H	2002H	2A01H

解：按照页面寻址的定义，操作数有效地址的高位部分为 $(PC)_H=20H$，低位部分为 $D=01H$，将两部分拼接即得到操作数的有效地址"2001H"，所以操作数为"20A2H"。

10. 其他寻址

除了以上的几种寻址方式之外，还有位寻址、块寻址及堆栈寻址等方式。

位寻址方式指能寻址到位，要求对存储器不单按字节编址，还要按位进行编址。一般计算机是通过专门的位操作指令实现的，即由操作码隐含指明进行的是位操作。块寻址方式是对连续的数据块进行寻址，对于连续存放的操作码进行相同的操作。使用块寻址方式可以有效地压缩程序的长度，加快程序的执行速度。采用块寻址方式时，必须指明块的首地址和块长度，或者指明块首地址或末地址。使用堆栈指令对堆栈进行操作时，操作数的地址由堆栈指针 SP 隐含指定，这种寻址方式称为堆栈寻址方式。应注意的是 SP 始终指向栈顶单元，对栈顶单元的操作数处理完后，SP 的值会及时修改以指向新的栈顶元素。

对于一台具体的机器来说，它可能只采用其中的一些寻址方式，也可能将上述基本的寻址方式稍加变化形成某个新的变种，或者将两种或几种基本的寻址方式相结合，形成特定的寻址方式。

3.3　指令系统的设计

3.3.1　指令系统的设计原则

指令系统是程序设计者看机器的主要属性，是软、硬件的主要界面，它在很大程度上决定了计算机具有的基本功能。设计和确定指令系统主要应考虑如何有利于满足系统的基本功能、有利于优化机器的性能价格比、有利于指令系统今后的发展与改进。

指令系统的设计包括指令的功能（操作类型、寻址方式和具体操作内容）和指令格式的设计,实际上这些选择和设计不是孤立的,而是相互联系、相辅相成的,如运算类指令的功能与数据表示的选择密切相关,地址码的设计则与寻址方式有着直接联系。而且,指令系统的设计应当由编译程序设计人员同系统结构设计人员共同配合来进行。一个基本操作可在任何一个有基本指令的系统上实现,但指令系统不同所反映出的操作时间和实现效率又不同,所以在设计新指令系统时,一般要按以下步骤反复多次地进行,直至指令系统的效能达到很高为止。

① 根据应用,初拟出指令的分类和具体的指令。

② 试编出用该指令系统设计的各种高级语言的编译程序。

③ 各种算法编写大量测试程序进行模拟测试,看指令系统的操作码和寻址方式效能是否比较高。

④ 将程序中高频出现的指令串复合改成一条强功能新指令,即改用硬件方式实现;而将频度很低的指令的操作改成用基本的指令组成的指令串来完成,即用软件方式实现。

一般指令类型分非特权型和特权型两类。非特权类指令主要供应用程序员使用,也可供系统程序员使用。特权类指令只供系统程序员使用,用户无权使用。用户只有先经访管指令(非特权型)调用操作系统,再由操作系统来使用这些特权指令。一个合理而有效的指令系统,对于提高机器的性价比有很大影响。在设计指令系统时,应特别注意如何支持编译系统能高效简易地将源程序翻译成目标程序。为达到这一目的,应遵循以下原则:

(1) 完备性

指任何运算都可以通过指令编程实现,要求所设计的指令系统要指令丰富、功能齐全、使用方便,具有所有的基本指令。

(2) 正交性

又称为分离原则或互不相干原则,即指令中各个有不同含义的字段之间,如操作类型、寻址方式、数据类型等,在编码时应互相独立、互不相关。

(3) 有效性

指用指令系统中的指令编写的程序运行效率高、占用空间小、执行速度快。

(4) 规整性

指指令系统应具有对称性、匀齐性、指令与数据格式的一致性。其中,对称性要求指令要将所有寄存器和存储单元同等对待,使任何指令都可以使用所有的寻址方式,减少特殊操作和例外情况;匀齐性要求一种操作可以支持多种数据类型,如字节、字、双字、十进制数、浮点数等;指令与数据格式的一致性要求指令长度与机器字长和数据长度有一定的关系,便于指令和数据的存取及处理。

(5) 兼容性

为满足软件兼容的要求,系列机的各种机型之间应该具有基本相同的指令集,即指令系统应该具有一定的兼容性,至少要做到向后兼容。也就是说,后推出的机器上可以运行先推出的机器上的程序。

(6) 可扩展性

一般来讲,后推出的机型中总要添加一些新的指令,所以要保留一定余量的操作码空间,以便日后进行扩展所用。

3.3.2 指令的功能和类型

计算机中的指令系统体现了该计算机硬件能实现的基本功能,也是编写程序的基本单位,所以指令系统体现了一台计算机的软、硬件的界面,也是不同 CPU 之间的主要差别所在。从加强指令功能的角度考虑,希望指令系统中能包括尽可能多的指令,一条指令中能包含尽可能多的操作命令信息,这样的设计思路会导致指令系统越来越复杂。具有这种复杂指令系统的计算机被称为 CISC(复杂指令系统计算机)。但是从指令执行效率的角度考虑,则希望指令比较简单。通过对程序实际运行情况的分析统计,发现机器所执行的指令中只有小部分是复杂指令,而大部分则是简单指令,所以又呈现出了一种新的发展趋势,即采取较为简单而有效的指令构成指令系统,形成了精简指令系统计算机 RISC。

对指令可以按照指令格式的不同、操作数寻址方式的不同或功能的不同进行分类。按照指令格式可以将指令分为双操作数指令、单操作数指令、无操作数指令等。按照操作数寻址方式可以分为 RR 型(寄存器-寄存器型)、RX 型(寄存器-变址存储器型)、RS 型(寄存器-存储器型)、SI 型(存储器-立即数型)、SS 型(存储器-存储器型)等。按照指令的功能不同,可以分为传送类指令、输入输出(I/O)类指令、算逻运算类指令、程序控制类指令、串操作类指令、处理机控制类指令等。下面就按照指令功能的分类对常用的指令类型加以介绍。

1. 传送类指令

数据传送类指令是计算机中最基本的指令,实现数据的传送操作,即从一个地方传送到另一个地方,一般是以字节、字、数据块为单位进行传送,特殊情况下可以以位为单位进行传送,所以传送指令应该以某种方式指明数据传送的单位。该类指令有传送指令(如 MOV)、交换指令(如 XCHG)、入栈指令(如 PUSH)、出栈指令(如 POP)等。

(1) 传送指令:用来实现数据的传送。需要指明的是,数据从源地址被传送到目的地址时,源地址中的数据保持不变,实际上是"复制"操作。传送指令中需要源地址和目的地址这两个操作数地址。

(2) 数据交换指令:可看作是双向的数据传送。与传送指令相同,也需要源地址和目的地址这两个操作数地址。

(3) 入栈/出栈指令:专门用于堆栈操作的指令,只需要指明一个操作数地址,另一个隐含的是堆栈的栈顶单元数据。

2. 输入输出(I/O)类指令

输入输出(I/O)类指令完成主机与各外围设备之间的信息传送,包括输入输出数据、主机向外设发出的控制命令或是了解外设的工作状态等。所谓输入是指由外部将信息送入主机,输出是指由主机将信息送至外围设备,输入输出均以主机为参考点。从功能上讲,I/O指令属于传送类指令,有的机器就是由传送类指令来实现 I/O 操作的。通常,I/O 指令有以下 3 种设置方式。

(1) 设置专用的 I/O 指令。将主存与 I/O 设备接口寄存器单独编址,即分为主存空间和 I/O 空间两个独立的地址空间。用 IN 表示输入操作,用 OUT 表示输出操作,以便区分是对主存的操作还是对外围设备接口中的寄存器操作。在这种方式下,使用专门的 I/O 指令,指令中必须给出外设的编号(端口地址)。

(2) 用传送类指令实现 I/O 操作。有的计算机采用主存单元与外围设备接口寄存器统一编址的方法。因为将 I/O 接口中的寄存器与主存中的存储单元同样对待,任何访问主存单元的指令均可访问外设有关的寄存器,所以可以用传送类指令访问 I/O 接口中的寄存器,而不必专门设置 I/O 指令。

(3) 通过 IOP 执行 I/O 操作。在现代计算机系统中,外设的种类和数量都越来越多,主机与外部的通信也越来越频繁。为了减轻 CPU 在 I/O 方面的工作负担,提高 CPU 的工作效率,常设置一种管理 I/O 操作的协处理器,在较大规模的计算机系统中甚至设置了专门的处理机,简称为 IOP。在这种方式中,I/O 操作被分为两级,第一级中主 CPU 只有几条简单的 I/O 指令,负责这些 I/O 指令生成 I/O 程序;第二级中 IOP 执行 I/O 程序,控制外设的 I/O 操作。

3. 算术运算类指令

几乎所有的计算机指令系统中都设置有基本的定点运算指令,例如,加(如 ADD)、减(如 SUB)、求补(如 NEG)、加 1(如 INC)、减 1(DEC)、比较(如 CMP)等。对于性能较强的计算机,除了以上的基本运算指令外,还设置了乘(如 MUL)、除(如 DIV)等定点运算指令、浮点运算指令及十进制数运算指令等;在大型机、巨型机中还设置有向量运算指令,可同时对组成向量或矩阵的若干个标量进行求和、求积等运算。

例如,Intel 8086 指令系统中的算术运算指令:

```
ADD AL,BL;
```

将寄存器 AL 和 BL 中的操作数相加,并将结果存入寄存器 AL 中。

早期计算机采用"硬件软化"和计算机分档的方式来降低成本。"硬件软化"即 CPU 只设置一些如加减定点运算的基本运算指令,复杂的运算则通过程序来实现。将计算机分为几个档次,最基本的 CPU 只执行基本的运行指令,档次较高的 CPU 配备一些"扩展运算器",可通过调用扩展运算器来实现复杂运算操作。现代计算机由于成熟的超大规模集成技术,硬件成本已大大下降,为了获得更高的运算效率,指令中包含了更多的运算功能,但对于更为复杂的运算仍然沿用扩展运算器的方法,即采用"协处理器"。

4. 逻辑运算类指令

计算机中常设置的 4 种基本逻辑运算有:逻辑与(如 AND)、逻辑或(如 OR)、逻辑非(如 NOT)及逻辑异或(如 XOR)。在这 4 个运算操作中,除了 NOT 只需要一个操作数地址外,其他三个均需要两个地址。对于位测试、位清除、位设置、位修改等位操作,有的计算机设置专门的位操作指令,而有的则通过逻辑运算指令来实现。

(1) 利用逻辑"与"运算实现位测试

位测试是指测试某指定位是否为"1"。将被检测代码作为目的操作数,根据被检测位设置相应的屏蔽字,并作为源操作数。设置屏蔽字时,对应于被检测位的屏蔽位置"1",其余置"0",然后将两代码相"与"。运算后的结果中,由于只有被检测位保持原来状态,其余位均被屏蔽为"0",所以可对被检测位进行测试。如目的操作数为"1110 1011",对其中的"1"做测试,可设置屏蔽字为"0000 1000",将两代码相"与"后可知被测位为"1"。

例如,Intel 8086 指令系统中的逻辑运算指令:

```
TEST AL,08H;
```

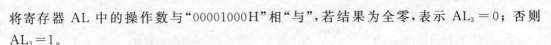

将寄存器 AL 中的操作数与"00001000H"相"与",若结果为全零,表示 $AL_3 = 0$;否则 $AL_3 = 1$。

(2)利用逻辑"与"运算实现位分离

位分离即从一个字中取出感兴趣的一段代码。设置屏蔽字时,对应于分离段的屏蔽位置"1",其余置"0",然后进行"与"运算。如目的操作数为"1110**1011**",要分离出低 4 位,可设置屏蔽字为"0000 **1111**"。

(3)利用逻辑"与"运算实现位清除

位清除是指将指定位清除为"0"。屏蔽字的设置与位测试的正好相反,即对应于待清除位的屏蔽字要置"0",其余位置 1。如目的操作数为"1110**1**011",要清除其中的"**1**"位,可设置屏蔽字为"1111 **0**111",将两代码相"与"后原来的"**1**"位变为"0",被清除。

例如,Intel 8086 指令系统中的逻辑运算指令:

AND AL,FEH;

将寄存器 AL 中的操作数与"11111110H"相"与",AL 的最低位清"0",其余位不变,实现位清除功能。

(4)利用逻辑"或"运算实现位设置

位设置是将指定位设置为"1"。设置屏蔽字的时候,对应于设置位的屏蔽位置"1",其余位置"0",然后将两个代码相"或"。

(5)利用"异或"运算实现位修改

位修改是指将指定位变反。因为任意一个变量与"1"相"异或"可得到反变量,与"0"相"异或"保持原来的状态不变,所以采用"异或"逻辑可以实现位修改。设置屏蔽字时,对应于待修改位的屏蔽位置"1",其余位置"0"。

(6)利用"异或"运算判符合

在程序中,常需要将代码与设定的代码进行比较,判定它们是否相同,这种操作即为判符合,如识别字符、字符串或查询时。将待判定的代码与设定的代码相"异或",如果结果各位均为"0",则说明两组代码相同,否则说明两组代码不同。

在算术运算或逻辑运算中,除了运算结果外,还有一些状态信息,如结果的正负、结果是否为零、是否产生溢出、是否产生进位等,这些状态信息存放在状态寄存器 PSW 中,常作为条件转移指令判断的依据。

5.移位操作指令

前面已经讲过有关的移位操作,按照移位的方向不同可以分为左移和右移,按照移位的方式不同可以分为算术移位、逻辑移位和循环移位,实现对操作数左移或右移一位或若干位。移位类指令一般只需要一个操作数地址。

对于算术移位指令,对象是具有数值大小的数据,移位后数值的大小会发生变化。在计算机中对于二进制数,左移不发生溢出时,符号位保持不变;右移时,符号位保持不变,数值位连同符号位一起依次右移。左移一位可以实现乘 2 运算,右移一位可以实现除 2 运算。

逻辑移位是将移位对象看作没有数值大小的一组代码,左移时最低位添"0",右移时最高位添"0"。一般地,将移位时所移出的位保存在状态寄存器的进位位 C 中。

循环移位分为小循环(不带进位,自身循环)和大循环(和进位位 C 一起循环),常与算术逻辑移位指令一起实现多倍字长的移位。

6．程序控制类指令

程序控制类指令用来控制程序的执行顺序和方向，主要包括转移指令、循环控制指令、子程序调用指令、返回指令及程序自中断指令等。

（1）转移指令

多数情况下，一段程序中的指令是顺序执行的，但是有些情况下，是需要根据某种状态或条件来决定程序该如何执行。程序执行顺序的改变可以通过转移指令实现，所以转移指令可以实现程序分支，其中应该包括转移地址。根据转移的性质，转移指令分为无条件转移指令和条件转移指令。

无条件转移指令是指现行指令执行结束后，要无条件地（强制性地）转向指令中给定的转移地址，也就是说，将转移地址送入 PC 中，使 PC 的内容变为转移地址，再往下继续执行。

条件转移指令中包含有转移条件和转移地址，若满足转移条件，则下条指令转向条件转移指令中所给出的转移地址；否则，按照原来的顺序继续往下执行。所谓转移条件是指上条指令执行后结果的某些特征（也称为标志位），如进位标志 C、正负标志 N、溢出标志 V、奇偶标志 P、结果为零标志 Z 等。

① 进位位 C——运算后若有进位，则 C=1，否则 C=0。

② 正负位 N——运算后若结果为负数，则 N=1，否则 N=0。

③ 溢出位 V——运算后若有溢出发生，则 V=1，否则 V=0。

④ 奇偶位 P——代码中有奇数个"1"时，P=1，否则 P=0。

⑤ 零标志 Z——运算后结果若为"0"，则 Z=1，否则 Z=0。

相应地，常见的条件转移指令有：有进位转移（JC）、无进位转移（JNC）、结果为正转移（JNS）、结果为负转移（JS）、有溢出转移（JO）、无溢出转移（JNO）、结果为零转移（JZ）、结果不为零转移（JNZ）等。

（2）循环控制指令

可将循环控制指令看做是特殊的条件转移指令，但为了提高指令系统的效率，有的机器专门设置了循环控制指令（LOOP）。指令中给出要循环执行的次数，或指定某个计数器作为循环次数控制的依据，可设置计数器的初始值为循环的次数，每执行一次，其内容自动减"1"，直至减为"0"时，循环停止。因此循环指令的操作中包括了对循环控制变量的操作和脱离循环条件的控制，是一种具有复合功能的指令。

（3）子程序调用指令与返回指令

在程序编写过程中，某些具有特定功能的程序段会被反复使用，为了避免程序的重复编写、减少存储空间，可将这些被反复调用的程序段设定为独立且可以公用的子程序。程序执行过程中，需要执行子程序时，在主程序中发出子程序调用指令（如 CALL），给出子程序的入口地址，控制程序从主程序转入子程序中执行；子程序执行结束后，利用返回指令（如 RET）使程序重新返回到主程序中继续往下执行。

子程序调用指令是用于调用子程序、控制程序的执行从主程序转向子程序的指令。为了能正确调用子程序，子程序调用指令中必须给出子程序的入口地址，即子程序的第一条指令的地址。子程序结束后，为了能够正确地返回到主程序，子程序调用指令应该具有保护断点的功能（断点是主程序中子程序调用指令的下一条指令的地址，也是返回主程序的返回地址)。将子程序返回主程序的指令称为返回指令,返回指令不需要操作数。

执行子程序调用指令时,首先将断点压栈保存,再将程序的执行由主程序转向子程序的入口地址,执行子程序;子程序执行结束后,返回指令从堆栈中取出断点地址并返回断点处继续执行。

(4)程序自中断指令

程序自中断指令是有的机器为了在程序调试中设置断点或实现系统调用功能等而设置的指令,是程序中安排的,所以也称为软中断指令。如 PC 中的中断指令(INT n),指令中的"n"表示中断类型。执行该类指令时,按中断方式将处理机断点和现场保存在堆栈中,然后根据中断类型转向对应的系统功能程序入口开始执行。执行结束后,通过中断返回指令返回到原程序的断点继续执行。

7. 串操作类指令

为了便于直接用硬件支持实现非数值型数据的处理,指令系统中设置了串操作类指令(字符串处理指令)。字符串的处理一般包括有字符串的传送、比较、查找、抽取转换等。在需要对大量的字符串进行各种处理的文字编辑和排版时,字符串处理指令可以发挥很大的作用。

字符串传送指令是用于将数据块从主存的某一区域传送到另一区域的指令;字符串比较指令用于两个字符串的比较,即把一个字符串和另一个字符串逐个字符进行比较;字符串查找指令是用于在一个字符串中查找指定的某个字符或字符子串;字符串抽取指令是用于从一个字符串中提取某个字符子串的指令;字符串转换指令是用于将字符串从一种编码转换为另一种编码的指令。

8. 数据转换指令

数据转换包括数值的转换和数据类型的转换,在功能较强的计算机中设置有数据转换指令,分为数值转换指令和数据类型转换指令。

数值转换指令主要用于实现二进制与十进制之间的转换,如二进制转换为十进制或十进制转换为二进制;数据类型转换指令用于定点数与浮点数之间的转换,字节、字及双字之间的转换等。

9. 处理机控制类指令

处理机控制类指令用于直接控制 CPU 实现特定的功能,如 CPU 程序状态字 PSW 中标志位(如进位位、溢出位、符号位等)的清零、设置、修改等指令,开中断指令、关中断指令、空操作指令 NOP(没有实质性的操作,是为了消耗执行时间)、暂停指令 HLT、等待指令WAIT、总线锁定指令 LOCK 等。

10. 特权指令

所谓特权指令是指具有特殊权限的指令,只能用于操作系统或其他的系统软件,一般不直接提供给用户使用。通常在多用户、多任务计算机系统中必须设置特权指令,而在单用户、单任务的计算机中不需要设置特权指令。特权指令主要用于系统资源的分配和管理,如检测用户的访问权限,修改虚拟存储管理的段表、页表,改变工作模式,创建和切换任务等。为了统一管理各外围设备,有的多用户计算机系统将 I/O 指令也作为特权指令,所以用户不能直接使用,需要通过系统调用来实现。

3.4　典型指令系统

对于一个较为完整的指令系统，应该包括传送类指令、算术运算类指令、逻辑运算类指令、移位指令、转移指令、字符串指令和程序控制类指令。若采用单独编址的方式，则需要专门的 I/O 指令；若采用统一编址方式，则用传送类指令即可实现输入输出的操作。下面给出两个典型的指令系统。

3.4.1　Ultra SPARC Ⅱ 的指令系统

SPARC(Scalable Processor Architecture)是一种性能随着工艺技术的改进可成比提高的处理器体系结构。SPARC 微处理器最突出的特点就是它的可扩展性，这是业界出现的第一款有可扩展性功能的微处理器。为了获得更高的执行效率和更为优化的编译器，并满足其缩短开发周期、迅速投放市场的要求，1985 年 Sun Microsystems 公司提出了该体系结构。1987 年，Sun 和 TI 公司合作开发了 RISC 微处理器-SPARC。从最早的 32 位 SPARC V7，到 32 位 SPARC V8(哈佛结构)，一直发展到 64 位 SPARC V9(超标量)，使 SPARC 体系的 RISC 微处理器得到了广泛的发展。

1. Ultra SPARC Ⅱ 的指令格式

Ultra SPARC Ⅱ 的指令格式最初只有 3 种，之后不断地有新的指令被添加进来。不过大多数的指令仍然使用的是这 3 种格式，新的指令格式多数是通过把原有指令格式的某些位再分成不同的字段得到的。下面给出原有的 3 种基本指令格式，如图 3-15 所示。

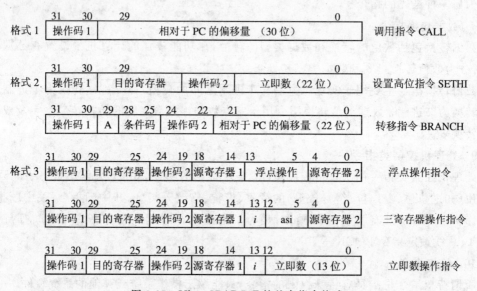

图 3-15　Ultra SPARC Ⅱ 的基本指令格式

格式 1 的子程序调用指令 CALL 采用相对寻址方式形成转移地址。为了扩大寻址范围，该指令的操作码只取两位，相对于 PC 的位偏移量有 30 位。

格式 2 的设置高位指令 SETHI，其功能是将 22 位立即数左移 10 位，送入目的寄存器中，然后再执行一条加法指令以补充后面的 10 位数据，从而形成 32 位长的数据。指令中的

A字段用于避免特定情况下的延时。BRANCH为条件转移指令,根据指令中的条件码决定程序是否转移,转移地址由相对寻址方式形成。

格式3的寄存器操作指令和立即数操作指令中的 i 字段用于选择第二操作数,当 $i=0$ 时,第二操作数在源寄存器2中;当 $i=1$ 时,第二操作数是立即数。立即数是13位扩展符号的数,运算时若其最高位为1,则最高位前面的所有位都扩展为1;若最高位为0,则最高位前面的所有位都扩展为0。

2. Ultra SPARC Ⅱ的寻址方式

Ultra SPARC Ⅱ采用 Load/Store 体系结构,只有取数指令(LOAD)和存数指令(STORE)能够访问主存。所有算逻运算指令的操作数都采用立即数寻址方式或寄存器寻址方式获得,同时所有的操作结果都必须保存在寄存器中,所以在该指令系统中,除了对主存进行寻址的 LOAD 指令、STORE 指令和一条多处理器同步指令外,其他所有指令都使用立即数寻址方式和寄存器寻址方式。LOAD 和 STORE 指令有两种主存寻址方式。

寄存器间接寻址: $i=0$,存储单元地址=(源寄存器1)+(源寄存器2)。

变址寻址: $i=1$,存储单元地址=(源寄存器1)+13位带符号偏移量。

3. Ultra SPARC Ⅱ的指令类型

Ultra SPARC Ⅱ支持带符号和无符号的8位、16位、32位、64位定点整数及32位、64位、128位浮点数。带符号的整数均用二进制补码进行表示,32位和64位浮点数与 IEEE754 标准一致。下面给出几种有关的指令。

(1) 算术运算/逻辑运算/移位指令

指令功能:(R1) OP (R2)→Rd 当 $i=0$ 时

(R1) OP (立即数)→Rd 当 $i=1$ 时

功能描述:将通用寄存器 R1 中的内容和通用寄存器 R2 中内容(或立即数)按照操作码规定的操作进行运算,将结果保存在目的寄存器 Rd 中。

例如:ADD R1,R2,R3;表示将 R1 和 R2 中的内容相"加",结果存入 R3 中。

ADD R1,7BH,R3;表示将 R1 中的内容和 7BH 相"加",结果存入 R3 中。

(2) 取数指令/存数指令

功能描述:LOAD 指令将存储单元中的数送入目的寄存器中。

STORE 指令将目的寄存器中的内容存入存储单元中。

例如:LDSB R1,R2,R3;表示将 R1 和 R2 中的内容相"加"得到操作数的地址,然后访问存储单元取出操作数,并将其送入目的寄存器 R3 中。

STB R1,80H,R3;表示将 R1 的内容与 80H 相"加"得到操作数地址,然后将 R3 中的操作数存入该地址中。

(3) 控制转移类指令

Ultra SPARC Ⅱ的控制转移类指令有5种:子程序调用指令(CALL)、条件转移指令(BRANCH)、转移和链接指令(JMPL)、陷阱指令(TRAP)、返回指令(RETT)。其中的陷阱指令采用寄存器间址方式形成转移地址;返回指令采用寄存器间址方式形成返回地址;转移和链接指令使用寄存器间址方式形成转移地址,并将本条指令的地址(PC 的内容)保存在目的寄存器中,以备程序返回时使用。

例如:JMPL R1,R2,R3;指令的功能是先将(PC)→R3,然后将((R1)+(R2))→PC。

在 Ultra SPARC Ⅱ 的指令系统中,有些指令没有被设置,但是可以通过其他的指令来替代实现,见表 3-4,其中的 Rs 表示源寄存器,Rd 表示目的寄存器,约定 R0 的内容恒为"0"。

表 3-4   Ultra SPARC Ⅱ 指令系统中精简指令的实现

指　　令	功　　能	替 代 指 令
MOVE	数据传送	ADD Rs,R0,Rd
INC	自增(+1)	ADD Rs,1,Rd
DEC	自减(-1)	SUB Rs,1,Rd
NEG	取负数	SUB R0,Rs,Rd
NOT	取反码	XOR Rs,-1,Rd
CLEAR	清除寄存器	ADD R0,R0,Rd
CMP	比较测试	SUB Rs1,Rs2,R0

由表 3-4 可以看出,精简指令系统很灵活,虽然精简了一些指令,但是可以用其他的指令来实现被精简的指令,所以指令系统的功能并没有减少。当然有时可能需要连续几条指令才能实现另外一条指令的功能,但是指令之间各字段的划分比较一致,各字段的功能也比较规整。对于有些操作来说,可以用硬件实现,也可以用软件实现,所以在计算机中的软、硬件功能的分工并不是固定不变的。

3.4.2   Pentium Ⅱ 的指令系统

Pentium 微处理器是 Intel80x86 系列微处理器的第五代产品。1993 年,Intel 发布了 Pentium(俗称 586)的中央处理器芯片,增强了浮点运算的功能。1997 年 1 月 Intel 公司推出了 Pentium MMX 芯片,在 x86 指令集的基础上新添了 57 条多媒体指令形成多媒体扩展指令集(MMX),主要用于增强 CPU 对多媒体信息的处理能力,提高 CPU 处理 3D 图形、视频和音频信息的能力。1997 年 5 月 Intel 发布 Pentium Ⅱ 处理器,其采用的也是 MMX 指令集。1999 年 Intel 公司在 Pentium Ⅲ CPU 产品中推出了数据流单指令序列扩展指令(SSE),该指令集在 MMX 的基础上添加了 70 条新指令,以增强三维和浮点应用,并兼容以前所有的 MMX 程序。在 2000 年发布的 Pentium 4 CPU 中,Intel 公司开发了新指令集 SSE2,新开发的 SSE2 指令一共 144 条,包括浮点 SIMD 指令、整型 SIMD 指令、SIMD 浮点和整型数据之间转换、数据在 MMX 寄存器中的转换等几大部分。2004 年推出的 SSE3 指令集又新增加了 13 条新指令,其中一条指令用于视频解码,两条指令用于线程同步,其余的指令用于复杂的数学运算、浮点到整数转换和 SIMD 浮点运算。之后的 SSE4 指令集中又增加了 50 条新的增加性能的指令,这些指令有助于编译、媒体、字符/文本处理和程序指向加速。下面对典型的 Pentium Ⅱ 的指令系统加以介绍。

1. Pentium Ⅱ 的指令格式

Pentium Ⅱ 指令格式比较繁杂,最多可有 6 个变长域,其中 5 个是可选的,指令格式示意图如图 3-16 所示。

(1) 前缀字节

该字节是一个额外的操作码,附加在指令的前面,用于改变指令的操作。

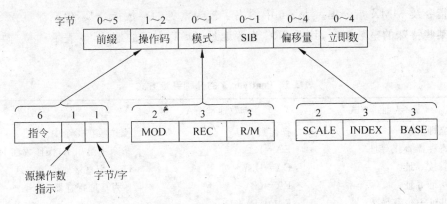

图 3-16 Pentium Ⅱ 指令格式

（2）操作码字节

操作码的最低位用于指示操作数是字节还是字；次低位用于指示主存地址是源地址还是目的地址（如果需要访问主存的话）。

（3）模式字节

该字节中包括了与操作数有关的信息，分为 3 个字段：一个 2 位的 MOD 字段和两个 3 位的寄存器字段 REG 和 R/M。Pentium Ⅱ 指令系统规定操作数中必须有一个是在寄存器中，可由 MOD 与 R/M 字段组合定义另一个操作数的寻址方式，REG 字段规定另一个操作数所在的寄存器。

MOD＝11 时，由 R/M 字段（3 位）指出操作数所在的寄存器；

MOD≠11 时，与 R/M 字段（3 位）一起指出操作数的 24 种寻址方式。

（4）额外模式字节 SIB

当 MOD≠11 时，需要 SIB 参与决定寻址方式。SIB 字节分为 3 个字段，其中 SCALE 字段（2 位）指出变址寄存器的比例因子；INDEX 字段（3 位）指出变址寄存器；BASE 字段（3 位）指出基寄存器。当出现 SIB 字节时，操作数的地址按照以下方法进行计算：先用变址寄存器（INDEX）的内容乘上 1、2、4 或 8（由比例因子决定），再加上基址寄存器（BASE）的内容，最后根据 MOD 字节决定是否要加偏移量（8 位或 32 位）。

（5）偏移量

寻址方式指示用到偏移量时，则存在 1 个字节、2 个字节或 4 个字节的位移量字段（主存地址）。

（6）立即数

当寻址方式指示要用到立即数时，则存在 1 个字节、2 个字节或 4 个字节的立即数（常量）。

2．Pentium Ⅱ 的寻址方式

表 3-5 中给出了 Pentium Ⅱ 的几种寻址方式、寻址方式所对应的有效地址的计算方法以及相关的说明。其中，D 表示操作数，EA 表示有效地址，R 表示寄存器。

3．Pentium Ⅱ 的部分指令

Pentium Ⅱ 指令系统中包括数据传送类指令、算术运算类指令、逻辑运算类指令、位处理指令、字符串操作类指令、程序控制类指令、系统寄存器、表控制类指令、系统和 CACHE

控制类指令及 MMX 指令集。表 3-6 中给出了较为常见的整数指令,不包括浮点指令、控制指令和某些特殊的整数指令,其中 SRC 为源地址,DST 为目的地址,♯表示移位/循环移位计数。

表 3-5　Pentium Ⅱ 的几种寻址方式

序号	寻址方式	有效地址 EA	说　明
1	立即寻址	操作数＝D	操作数在指令中
2	寄存器直接寻址	EA＝R	指令中给出 R,操作数在 R 中
3	直接寻址	EA＝Disp	Disp 为直接地址
4	基址寻址	EA＝(B)	B 为基址寄存器
5	基址＋位移量	EA＝(B)＋Disp	
6	比例变址＋位移量	EA＝(I)×S＋ Disp	I 为变址寄存器,S 为比例因子
7	基址＋变址＋位移量	EA＝(B)＋(I)＋ Disp	
8	基址＋比例变址＋位移量	EA＝(B)＋(I)×S＋ Disp	
9	相对寻址	指令地址＝(PC)＋Disp	PC 为程序计数器

表 3-6　Pentium Ⅱ 较为常见的整数指令

数据传送类指令		移位/循环移位指令	
MOV DST,SRC	数据从 SRC 复制到 DST	SAL/SAR DST,♯	DST 左移或右移♯位
PUSH SRC	将 SRC 压入堆栈	SHL SHR DST,♯	DST 逻辑左移或右移♯位
POP DST	从堆栈中弹出一个字存入 DST	ROL/ROR DST,♯	DST 循环左移或右移♯位
XCHG DS1,DS2	交换 DS1 和 DS2	RCL/RCR DST,♯	带进位位,DST 左移或右移♯位
LEA DST,SRC	把 SRC 的有效地址存入 DST		
CMOV DST,SRC	条件复制	串操作指令	
控制转移类指令		LODS	读取一个串
JMP ADDR	跳转到 ADDR	STOS	保存串
Jxx ADDR	基于标志执行条件转移	MOVS	复制串
CALL ADDR	调用 ADDR 处的子程序	CMPS	比较两个串
RET	从子程序返回	SCAS	扫描一个串
IRET	从中断返回	算术运算类指令	
LOOP xx	循环,直到条件满足	ADD DST,SRC	SRC 和 DST 相加后存入 DST
INT ADDR	初始化一个软件中断	SUB DST,SRC	SRC 和 DST 相减后存入 DST
INTO	若溢出位被设置,则发生中断	MUL SRC	EAX 乘以 SRC(无符号)
二-十进制数指令		IMUL SRC	EAX 乘以 SRC(带符号)
DAA	为加法进行十进制调整	DIV SRC	EDX:EAX 除以 SRC(无符号)
DAS	为减法进行十进制调整	IDIV SRC	EDX:EAX 除以 SRC(带符号)
AAA	为加法进行 ASCII 调整	ADC DST,SRC	SRC 和 DST 带进位相加
AAS	为减法进行 ASCII 调整	SBB DST,SRC	SRC 和 DST 带进位相减
AAM	为乘法进行 ASCII 调整	INC DST	DST 加 1
AAD	为除法进行 ASCII 调整	DES DST	DST 减 1
逻辑运算类指令		NEG DST	DST 取反
AND DST,SRC	SRC 和 DST 相与后存入 DST	测试/比较指令	
OR DST,SRC	SRC 和 DST 相或后存入 DST		
XOR DST,SRC	SRC 和 DST 异或后存入 DST	TST SRC1,SRC2	逻辑与,根据结果设置标志位
NOT DST	将 DST 替换为二进制反码	CMP SRC1,SRC2	根据 SRC1-SRC2 设置标志位

续表

杂类指令		CLC	清除 EFLAGS 寄存器中的进位位
SWAP DST	改变 DST 字节顺序		
CWQ	将 EAX 扩展为 EDX:EAX	CMC	取反 EFLAGS 寄存器中的进位位
CWDE	AX 中的 16 位数扩展为 EAX		
ENTER SIZE,LV	创建堆栈段	STD	设置 EFLAGS 寄存器中的方向位
LEAVE	撤销创建的堆栈段		
NOP	空操作	CLD	清除 EFLAGS 寄存器中的方向位
HLT	停机指令		
IN AL,PORT	从 PORT 端口向 AL 输入一个字节	STI	设置 EFLAGS 寄存器中的中断位
OUT PORT,AL	从 AL 向 PORT 端口输出一个字节	CLI	清除寄存器中的中断位
		PUSHFD	EFLAGS 寄存器入栈
WAIT	等待中断	POPFD	EFLAGS 寄存器出栈
条件码指令		LAHF	将 EFLAGS 的部分内容读入 AH
STC	设置 EFLAGS 寄存器中的进位位	SAHF	将 AH 写入 EFLAGS 的规定位中

习题

1. 名词术语解释。

指令 操作码 操作数 后续指令地址 指令字长 源操作数 目的操作数 寻址方式 顺序寻址方式 跳跃寻址方式 立即寻址 直接寻址 寄存器寻址 间接寻址 寄存器间接寻址 变址寻址 基址寻址 相对寻址 页面寻址 形式地址 有效地址 间址单元 RISC CISC

2. 指令包含哪几个部分? 试述各部分的含义。

3. 什么是三地址指令、二地址指令、一地址指令、零地址指令? 如何进行地址的简化?

4. 在一地址指令系统中,对于需要两个操作数的操作来说,该怎样指定两个操作数的地址? 操作结果该如何存放?

5. 已知某计算机的指令字长为 16 位,其中操作码 4 位,地址码为 6 位,有二地址和一地址两种格式。试问:(1)二地址指令最多可以有多少条?(2)一地址指令最多可以有多少条?

6. 假设某台计算机的指令字长为 20 位,有双操作、单操作数和无操作数 3 类指令形式,每个操作数地址均为 6 位。已知现在有 m 条双操作数指令、n 条无操作数指令,试问最多可以设计出多少条单操作数指令(给出计算公式)?

7. 基本的寻址方式有哪些? 试述其寻址过程。

8. 依据操作数所在的位置,指出以下所采用的寻址方式。

(1) 操作数在寄存器中;

(2) 操作数的地址在通用寄存器中;

(3) 操作数在指令中;

(4) 操作数的地址在指令中;

（5）操作数的地址在指令中；

（6）操作数为栈顶元素；

（7）操作数的地址为寄存器的内容与位移量之和，其中寄存器分别为基址寄存器、变址寄存器和程序计数器。

9. 设计指令系统时应遵循的原则有哪些？

10. 什么是 CISC？什么是 RISC？两者有何区别？

11. 试述 I/O 指令的三种设置方式。

12. 指定寄存器 R_0 的内容为 2001H，已知某主存储器部分单元的地址码与存储单元的内容的对应关系见表 3-7。

表 3-7 习题 12

地　　址	存储内容	地　　址	存储内容
2000H	3BA0H	2003H	1005H
2001H	1200H	2004H	A236H
2002H	2A01H		

（1）若采用寄存器间址方式读取操作数时，操作数为多少？

（2）若采用自减型寄存器间址方式读取操作数时，操作数为多少？指定寄存器中的内容为多少？

（3）若采用自增型寄存器间址方式读取操作数时，操作数为多少？指定寄存器中的内容为多少？

（4）指令中给出形式地址 d＝3H，若采用变址寻址方式读取操作数，操作数为多少？

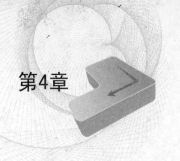

第4章

中央处理器

【总体要求】
- 掌握 CPU 的功能与基本组成。
- 理解时序控制方式。
- 理解 CPU 的内部数据通路结构、与外部的信息交换方式。
- 掌握组合逻辑控制器的概念、特点。
- 理解组合逻辑控制器的时序系统。
- 理解各指令流程。
- 掌握微程序控制器的思想及特点。
- 掌握微指令的编码方式、微地址的形成方式及微指令格式。
- 理解 CPU 的设计过程。
- 了解 CPU 的发展历程。

【相关知识点】
- 熟悉计算机的基本结构。
- 熟悉指令的功能与类型。
- 熟悉各类寻址方式。

【学习重点】
- CPU 的功能及组成。
- CPU 内部与外部的信息交换方式。
- 两种控制器的组成、特点、时序安排。
- 指令流程的拟定。
- 微指令的编码方式、微地址的形成方式及微指令格式。
- 模型机的设计步骤。

中央处理器 CPU 由运算器和控制器两个重要部件构成,是计算机的指挥控制中心,其主要工作是取指令、执行指令。通过 CPU 可以将计算机的运算器、存储器、输入输出设备等有机地联系在一起,根据各部件的具体要求,发出各种控制命令,控制计算机自动、连续地进行工作。之前已经对运算器有了详细的讨论,本章主要讨论控制器的组成原理和实现方法。通过本章的学习,应该能够理解计算机内部的工作过程,建立起计算机整机工作的概念。

4.1 CPU 概述

4.1.1 CPU 的功能

将程序存入主存中,计算机就能自动完成取出指令和执行指令的任务,CPU 就是专门用来完成此项工作的计算机部件,对整个计算机系统的运行极其重要。其基本功能主要体现在以下 4 个方面。

(1)指令控制

控制程序的顺序。由于程序是一个指令序列,必须严格按控制规定的顺序进行,因此,保证程序按顺序执行是 CPU 的基本任务。

(2)操作控制

一条指令的功能往往是由若干个操作信号的组合实现的,因此,CPU 管理并产生指令相关的操作信号,并把各信号送往相应的部件,从而控制这些部件按指令的要求进行动作。

(3)时间控制

对各种操作实施时间上的定时。为保证计算机能有条不紊地自动工作,各种指令的操作信号均受到时间的严格定时,而且一条指令的整个执行过程也受到时间的严格定时。

(4)数据加工

所谓数据加工就是由运算器对数据进行算术运算和逻辑运算处理,以实现计算机指令所规定的功能。

4.1.2 基本组成

CPU 主要由运算器、控制器、寄存器组等部件构成,再通过 CPU 内部的总线将这些部件连接起来以实现它们之间的信息交换。其中,有关运算器的内容已经在前面做了详细介绍,而有关控制器的内容将在后面详细介绍,在此将重点介绍计算机中的有关寄存器组。

1. 通用寄存器

寄存器可以用来保存运算和控制过程中的中间结果、最终结果及有关的控制信息和状态信息。在现代计算机中通常都设置有大量的寄存器用以减少访问主存的次数,以便提高运算速度。

在 CPU 中有通用寄存器和专用寄存器两类,其中的通用寄存器是程序员可见的,也就是说可由 CPU 通过程序访问这些指定了编号的通用寄存器。如 Intel 8086 中有 8 个 16 位的通用寄存器,其中有 4 个数据寄存器 AX(AH,AL),BX(BH,BL),CX(CH,CL),DX(DH,DL),4 个地址指针寄存器 SP,BP,SI,DI。4 个数据寄存器中的每一个寄存器既可以作为 16 位寄存器,也可以作为两个独立的 8 位寄存器。Pentium 处理器有 8 个 32 位的通用寄存器:EAX,EBX,ECX,EDX,ESP,EBP,ESI,EDI,其低 16 位可以单独访问,其中又可进一步分为高位字节与低位字节单独访问,命名与 8086/8088 相同,即 AX(AH,AL),BX(BH,BL),CX(CH,CL),DX(DH,DL),所以在目标代码级上与 8086/8088 兼容。

2. 专用寄存器

专用寄存器是指 CPU 专门用来完成某一种特殊功能的寄存器,其中一部分是程序员可见的,如代码段寄存器 CS、数据段寄存器 DS、堆栈段寄存器 SS 等。另一部分是在 CPU 中起操作控制作用的。这部分寄存器及其功能如下:

(1) 数据缓冲寄存器(MDR)

数据缓冲寄存器 MDR 用来暂时存放由主存中读出的指令或数据或写入主存的指令或数据,即 CPU 要写入主存单元的数据先送入 MDR 中,然后再从 MDR 送入主存相应的单元中。同样,从主存单元中读出数据时,先送入 MDR 中,然后再送入 CPU 指定的寄存器。所以 MDR 可作为 CPU 和内存、外部设备之间信息传送的中转站,补偿 CPU 和内存、外围设备之间在操作速度上的差别。在单累加器结构的运算器中,数据缓冲寄存器还可兼作操作数寄存器。

(2) 指令寄存器(IR)

指令寄存器 IR 用来保存当前正在执行的指令代码。在该指令执行完成之前,IR 中的内容不会发生改变,若 IR 的内容改变则意味着一条新指令的开始。

当执行一条指令时,先将该指令从主存中取出送至缓冲寄存器中,然后再传送至指令寄存器中。指令由操作码和地址码字段构成,为了执行给定指令,要通过指令译码器对操作码进行译码,以便识别所要求的操作,向操作控制器发出具体操作的特定信号。指令寄存器中操作码字段的输出即为指令译码器的输入。

(3) 程序计数器(PC)

程序计数器 PC 也称为指令计数器或指令指针,用来指示指令在存储器中的存放位置。PC 用来存放将要执行的指令的地址。第 3 章中已对程序计数器 PC 做过介绍,每当取指令过程结束,PC 将自增指向后续指令。若是转移指令,PC 中将存放转移的目的地址。

(4) 地址寄存器(MAR)

地址寄存器 MAR 用来保存当前 CPU 所访问的主存单元的地址。由于在内存和 CPU 之间存在着操作速度上的差别,所以必须使用地址寄存器来保持地址信息,直到内存的读/写操作完成为止。CPU 进行主存访问时,要先找到需要访问的存储单元,所以将被访问单元的地址存放在 MAR 中,当需要读取指令时,CPU 先将 PC 的内容送入 MAR 中,再由 MAR 将指令地址送往主存。同样,当需要读取或存取数据时,也要先将该数据的有效地址送入 MAR,再送往主存进行译码。

地址寄存器、数据缓冲寄存器和指令寄存器通常都使用单纯的寄存器结构,信息的存入一般采用电位-脉冲方式,即电位输入端对应数据信息位,脉冲输入端对应控制信号,在控制信号作用下,瞬时地将信息打入寄存器。

(5) 状态条件寄存器(PSW)

状态条件寄存器 PSW 用来记录现行程序的运行状态和指示程序的工作方式,即保存由算术指令和逻辑指令运行或测试的结果建立的各种条件码内容,如运算结果进位标志(C),运算结果溢出标志(V),运算结果为零标志(Z),运算结果为负标志(N)等。这些标志位通常分别由一位触发器保存,参与并决定微操作的形成。除此之外,状态条件寄存器还保存中断和系统工作状态等信息,以便使 CPU 和系统能及时了解机器运行状态和程序运行状态。因此,状态条件寄存器是一个由各种状态条件标志拼凑而成的寄存器。

此外,为了暂时存放某些中间过程所产生的信息,避免破坏通用寄存器的内容,还设置了暂存器,如在 ALU 输出端设置暂存器存放运算结果。指令系统没有为暂存器分配编号,所以是透明的,程序员不能编程访问它们。以上寄存器中的通用寄存器和暂存器主要用来存放数据,提供处理对象,指令寄存器 IR、程序状态寄存器 PSW 和程序计数器 PC 等属于控制部件,用来存放控制信息。

4.1.3　控制器分类

控制器的主要任务是根据不同的指令代码(如操作码、寻址方式、寄存器号)、不同的状态条件(如 CPU 内部的程序状态字、外部设备的状态),在不同的时间(如周期、节拍、脉冲等时序信号)产生不同的控制信号,以便控制计算机的各部件协调地进行工作。控制器的核心是微命令(微操作控制信号)形成部件,有的微命令序列是经组合逻辑电路产生,有的微命令序列是通过执行微指令直接产生。因而,按照微命令形成方式的不同,控制方式可分为组合逻辑型、存储逻辑型及组合逻辑与存储逻辑结合型三种。这三种控制器只是微命令发生器的结构和原理不同,而外部的输入条件和输出结果几乎完全相同,各个控制条件基本上也是一致的,都是由时序电路、操作码译码信号及被控制部件的反馈信息有机配合而成,示意图如图 4-1 所示。本节简单地对这三种控制器进行介绍,有关组合逻辑控制器和微程序控制器的详细介绍见后面章节。

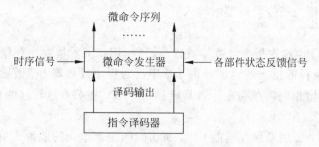

图 4-1　微命令发生器示意图

1. 组合逻辑型

采用组合逻辑控制方式的控制器称为组合逻辑控制器,采用组合逻辑技术实现。因为每个微命令的产生都需要一定的逻辑条件和时间条件,将条件作为输入,产生的微命令作为输出,则二者之间可用逻辑表达式进行表示,且可用逻辑电路实现。对于每种微命令都需要一组逻辑电路,将所有微命令所需的逻辑电路整合在一起就构成了组合逻辑型的微命令形成部件,当执行指令时,该组合逻辑电路在相应时间发出微命令来控制相应的操作。这种方式即为组合逻辑控制方式。

组合逻辑控制器是分立元件的产物,以使用最少的器件数和取得最高的操作速度为设计目标,所以在形成逻辑电路之前,要使逻辑式尽可能简化。但是在控制器形成后,逻辑电路之间的连接关系也就固定下来,不易改动,若再增加新的控制功能是不可能的,组合逻辑控制器也称为硬连逻辑控制器。因此,虽然该类控制器具有速度快的优势,但是微命令发生器的结构不规整,使得设计、调试、维修较困难,难以实现设计自动化。该方式控制器受到微程序控制器的强烈冲击,但是为了追求高速度,目前一些巨型机和 RISC 机仍采用组合逻辑控制器。

2. 存储逻辑型

采用微程序控制方式的控制器称为微程序控制器,该方式采用存储逻辑实现。一条机器指令执行时往往会分成几步,将每一步操作所需的若干微命令以代码形式编写在一条微指令中,若干条微指令组成一段微程序,对应一条机器指令。在设计 CPU 时,根据指令系统的需要,事先编制好各段微程序,将它们存放在控制存储器 CM 中,微命令则由微指令译码而成,这种方式即为微程序控制方式。

微程序控制方式与组合逻辑控制方式不同,不是由组合逻辑电路产生,它增加了一级控制存储器,每条指令的执行都意味着若干次存储器的读操作,所以指令的执行速度较组合逻辑控制器慢。对于不同的指令系统,对应的各段微程序不同,但是只需改变 CM 的内容和容量即可,无需改变结构,所以它具有设计规整,易于调试、维修以及更改、扩充指令方便的优势,易于实现自动化设计。因而,微程序控制器成为当前控制器的主流。

3. 组合逻辑与存储逻辑结合型

采用组合逻辑与存储逻辑结合方式的控制器称为 PLA 控制器。这种控制器是通过吸收组合逻辑控制方式和微程序控制方式这两种方式的设计思想实现的。PLA 控制器实际上也是一种组合逻辑控制器,但是与常规的组合逻辑控制器不同,它采用可编程逻辑阵列 PLA 实现。PLA 电路是由一个"与"门阵列和一个"或"门阵列构成,可以实现一个多变量组合逻辑电路,指令译码、时序信号及各部件的反馈信息作为 PLA 的输入,PLA 的某一输出函数即为对应的微命令。

4.2 CPU 的时序控制与信息交换

4.2.1 时序控制方式

指令的执行常常需要分步进行,所以需要在微命令的形成逻辑中引入有关的时间标志,即时序信号,能够使计算机的操作在不同的时间段中有序地完成,将计算机的操作与时序信号之间的关系称为时序控制方式。根据是否有统一的时钟,可将时序控制方式分为同步控制方式、异步控制方式及联合控制方式。

1. 同步控制方式

所谓同步控制方式就是在指令执行过程中各个微操作的完成,都由确定的具有统一基准时标的时序信号来控制,也就是说,系统中有一个统一的时钟,所有的控制信号均来自这个统一的时钟信号。每个时序信号结束就意味着所对应操作完成,随机开始执行后续的微操作或自动转向下条指令的运行。

由于指令的繁简程度不同,完成功能不同,所对应的微操作序列的长短及各微操作执行的时间也会有差异,所以典型的同步控制方式以最复杂的指令和执行时间最长的微操作的时间作为统一的时序标准,将一条指令执行过程划分为若干的相对独立的阶段(即周期)或若干个时间区间(即节拍),采用完全统一的周期或节拍来控制各条指令的执行。采用这种方法,时序关系简单,划分规整,控制不复杂,控制部件在结构上易于集中,设计方便,但是在时间上安排不合理,对时间的利用不经济,因为对于较为简单的指令,将有很多节拍是处于等待状态,并没有利用。因而,同步控制方式主要应用于 CPU 内部、其他部件或设备内部、各部件或设备之间传送距离不长、工作速度差异不大或传送所需的时间较为固定的场合。

在实际应用中,一般不采用典型的同步控制方式,而是采用某些折中方案,常见的有以下几种：

（1）采用中央控制与局部控制相结合的方法

根据大多数指令的微操作序列的情况，设置一个统一的节拍数，使大多数指令均能在统一的节拍内完成，将这个统一的节拍称为中央控制。对于少数在统一节拍内不能完成的指令，则采用延长节拍或增加节拍数，使操作在延长的节拍内完成，执行完毕后再返回中央控制。我们将在延长节拍内的控制称为局部控制。如图 4-2 所示，假设有 8 个中央节拍，T_7 结束之前若相应的操作还未结束，则在 T_7 和 T_8 之间加入延长节拍 T'_7，直到操作结束。

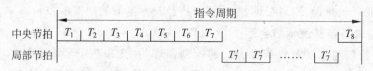

图 4-2   中央节拍与局部节拍的关系

（2）采用不同机器周期和延长节拍的方法

将一条指令的执行过程划分为若干个机器周期，如取指令周期、取数周期、执行周期等，根据执行指令的需要，选取不同的机器周期数。在节拍的安排上，每个周期划分为固定的节拍，每个节拍可根据需要延长一个节拍。采用这种方式可以解决执行不同指令所需时间不统一的问题。

（3）采用分散节拍的方法

所谓分散节拍是指运行不同指令的时候，需要多少节拍，时序部件就产生多少节拍。采用这种方法的优点是可以完全避免节拍轮空，是提高指令运行速度的有效方法。但是该方法会使时序部件复杂化，同时还不能解决节拍内简单的微操作因等待而浪费时间的问题。

2. 异步控制方式

所谓异步控制方式是指按照指令所对应的操作数目及每个操作的繁简来分配相应的时间，即需要多少时间就分配多少时间，而不采用统一的周期、节拍等时序信号控制。各操作之间采用应答方式进行衔接，通常由前一个操作完成时产生的"结束"信号或者是由下一个操作的执行部件产生的"就绪"信号作为下一个操作的"起始"信号。由于异步控制方式没有集中统一的时序信号形成和控制部件，有关的"结束"、"就绪"等信号的形成和控制电路是分散在各功能部件中的，所以该方式也被称为分散控制方式、局部控制方式或可变时序控制方式。

异步控制方式没有固定的周期和节拍及严格的时钟同步，完全按照需要进行时间的分配，解决了同步控制方式中时间利用不合理的缺点，所以具有时间利用率高、机器效率高的优点。但是采用这种方式实现起来非常复杂，很少在 CPU 内部或设备内部完全采用该方式实现。异步控制方式主要应用于控制某些系统总线操作的场合，如系统总线所连接的各设备工作速度差异较大、各设备之间的传送时间差别较大、所需时间不固定而不便事先安排时间时都可采用该方式。

3. 联合控制方式

现代计算机中大多数采用的都是联合控制方式，即将同步控制方式和异步控制方式相结合的方式。对于不同指令的操作序列以及每个操作，实行部分统一、部分区别对待的方式,将可以统一起来的操作采用同步控制方式进行控制,对难以实现统一甚至执行时间都难以确定的操作采用异步控制方式。

通常的设计思想是在功能内部采用同步控制方式,按照大多数指令的需要设置周期、节拍或脉冲信号,对于复杂的指令如果固定的节拍数不够,采用延长节拍等方式来满足;而在功能部件之间采用异步控制的方式,如 CPU 和主存、外设等交换数据的时候,CPU 只需给出起始信号,主存或外设即可按照自己的时序信号去安排操作,一旦操作结束,则向 CPU 发送结束信号,以便 CPU 再安排它的后续工作。

4.2.2 CPU 内部的数据通路结构

CPU 内部各部件之间需要传送信息,这就涉及 CPU 内部的数据通路结构。不同的计算机其设计目标和设计方法不同,使 CPU 内部数据通路结构的差异很大。下面给出几种采用内部总线的数据通路结构,这种方式结构简单、规律性较强、便于控制。

1. 单组内总线、分立寄存器结构

该结构是最简单的通路结构,采用分立寄存器,各寄存器有自己独立的输入、输出端口;用一组单向数据总线连接寄存器和 ALU,如图 4-3 所示。

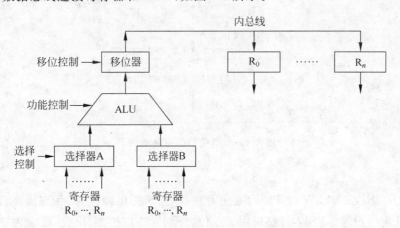

图 4-3 单组内总线、分立寄存器结构的 CPU 数据通路

在这种单向总线结构中,ALU 通过移位器只能向内总线发送数据,而不能直接从内总线接收数据;各寄存器能从内总线上接收数据,但是不能直接向内总线发送数据,若寄存器间要传送数据必须通过 ALU 传送。在 ALU 的输入端设置了两个多路选择器,每次最多可以选择两个寄存器的内容送入 ALU 进行运算,或者只选择一个寄存器的内容,经过 ALU 送至另外一个寄存器。所以 ALU 既是运算处理部件,也是 CPU 内数据传送通路的中心,各寄存器的内容不管是需要进行运算处理还是简单的传输,都要通过 ALU 后再分配至目的寄存器。

图 4-4 给出采用分立寄存器结构的模型机的 CPU 内部数据通路结构。它从寄存器级描述了模型机的数据通路结构(图中虚线框部分),结构简单而规整,主要包括有寄存器组、运算部件及内部总线等,图中标注了部分主要的微命令。

(1) 有关寄存器

该结构中的寄存器均为 16 位,即每个触发器均由 16 个 D 触发器组成,都由 CP 端控制

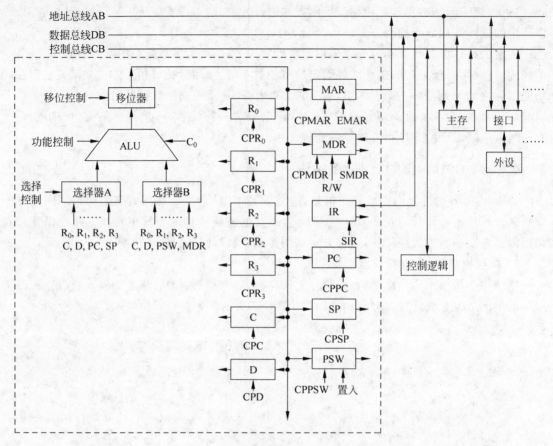

图 4-4　模型机数据通路结构

同步打入代码。

R_0、R_1、R_2、R_3、SP、PSW 及 PC 为通用寄存器,用来提供操作数、存放运算结果,作为地址指针、变址寄存器等。PSW 目前只用了 5 位,分别为进位位、溢出位、结果为 0 位、结果为负位、允许中断位。其他位未被使用,留待扩展。特征位可由 R、S 端置入,系统总线对 MDR 和 IR 的输入也可以由 R、S 端置入。

有两个暂存器 C 和 D,暂存器 C 用来存放从主存中读取的源操作数地址或源操作数,暂存器 D 用来存放从主存中读取的目的操作数地址、目的操作数、需暂存的目的地址及运算结果。

从主存中读取的指令经过总线直接置入指令寄存器 IR 中,以便提高取指令的速度。

CPU 访问主存的地址由地址寄存器 MAR 提供,MAR 与地址总线通过三态门连接,当微命令 EMAR 为高电平时,MAR 中的地址送往地址总线 AB;微命令 EMAR 为低电平时,MAR 的输出为高阻态,与地址总线断开。

数据寄存器 MDR 既可以与 CPU 内部的部件交换数据——接收来自内总线的代码,或者将代码送入 ALU 的 B 输入门,也可以与系统总线双向传送数据——在某些时钟周期将 CPU 输出的代码送往数据总线,或者接收来自数据总线的代码。MDR 的输出级也采用三态门控制,控制命令与操作的关系见表 4-1。

表 4-1 **MDR 的控制命令与操作的关系**

CPMDR	写命令（W）	读命令（R）	操 作
上升沿	X	X	将内总线数据置入 MDR 中
0	0	0	MDR 输出为高阻态
0	0	1	数据总线数据置入 MDR 中
0	1	0	向数据总线输出数据

（2）总线

CPU 内部采用内总线连接寄存器和运算部件,CPU 通过系统总线连接主存和外部设备。

模型机内部采用单组总线、分立寄存器结构的数据通路结构,具有简单、规整、控制集中、便于设置微命令的优点,但是只有一组基本数据通路,所以并行程度较低。该数据通路中,各寄存器将其输出分别送至 ALU 的输入选择器,ALU 输出经移位器后送至内总线,之后数据要送入哪个寄存器取决于寄存器是否收到 CP 脉冲,控制器只向需要接收数据的寄存器发同步打入脉冲即可接收数据。

模型机的系统总线采用同步控制方式,分为地址总线、数据总线和控制总线。CPU 通过 MAR 向地址总线提供地址以选择主存单元或外设,由控制命令 EMAR 控制,外设也可以向地址总线发送地址码。CPU 通过 MDR 向数据总线发送或接收数据,由控制命令 R,W 决定传送方向及 MDR 与数据总线的通断,主存和外设也与数据总线相连,可以向数据总线发送数据或从数据总线接收数据。CPU 及外设向控制总线发出有关的控制信号,或者接收控制信号,主存一般只接收控制命令,但也可以提供回答信号。

2. 单组内总线、集成寄存器结构

为了提高寄存器的集成度,寄存器组通常采用小型半导体存储器结构,一个存储单元就相当于是一个寄存器,存储单元的位数即为寄存器的字长。在单组内总线、集成寄存器结构中,用半导体随机存储器作为寄存器组,用一组双向数据总线连接寄存器与 ALU。在 ALU 的输入端设置了暂存器,以便暂存由内总线送来的数据,因为内总线每次只能提供一个操作数,而 ALU 本身不具备暂存数据的能力,如图 4-5 所示。

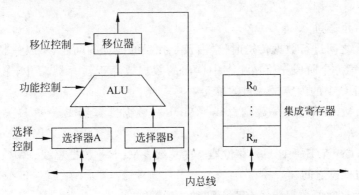

图 4-5 单组内总线、集成寄存器结构的 CPU 数据通路

采用该结构,ALU 不仅可以向内总线送出运算结果,而且可以从内总线上接收数据;各寄存器也能直接从内总线上接收数据或向内总线发送数据。所以,寄存器和 ALU 之间、各寄存器之间的数据传送都可以在这组内总线上进行,进一步简化了数据传送通路的结构。

3. 多组内总线结构

对于以上只有一组数据总线的结构来说,具有结构简单、控制简单容易的优点,但是每个节拍只能完成一种基本的数据通路操作,将数据从一个来源地送往一个或多个目的地,使得 CPU 的整体工作速度较低。对于高速的 CPU 来说,可能需要设置几组数据总线使得一个节拍中可以并行完成几种数据通路操作,同时将多个数据从几个来源地分别送往各目的地。

4.2.3 CPU 内部的信息交换

信息可分为控制信息和数据信息两类,指令的执行基本上可归结为信息的传送。控制信息表现在指令信息的传送以及所产生的微命令序列,而指令信息与数据信息的读取又依赖于地址信息,本小节将给出图 4-4 所示模型机数据通路结构中有关信息的传送路径。

1. 指令信息的传送

指令从主存 M 中读取后,通过数据总线置入 IR 中,可表示为:M→数据总线→IR。

2. 数据信息的传送

数据信息可以在寄存器、主存、外设之间相互进行传送,下面给出有关的传送路径。

(1) 寄存器 R_i 与寄存器 R_j 之间

R_i→数据选择器 A 或 B→ALU→移位器→内总线→R_j。

(2) 主存与寄存器之间

主存 M 向寄存器 R_i 传送:M→数据总线→MDR→数据选择器 B→ALU→移位器→内总线→R_i。

寄存器 R_i 向主存 M 传送:R_i→数据选择器 A 或 B→ALU→移位器→内总线→MDR→数据总线→M。

(3) 寄存器与外设之间

寄存器 R_i 向外设传送:R_i→数据选择器 A 或 B→ALU→移位器→内总线→MDR→数据总线→I/O 接口。

外设向寄存器 R_i 传送:I/O 接口→数据总线→MDR→数据选择器 B→ALU→移位器→内总线→R_i。

(4) 主存单元之间

在主存单元之间进行数据传送时,会涉及寻找目的地址的问题,所以一般需要分为两个阶段实现传送,第一个阶段先将从主存中读出的数据暂存于暂存器 C 中,第二个阶段形成目的地址后再将 C 中的内容写入目的单元中。

第一阶段:M(源单元)→数据总线→MDR→数据选择器 B→ALU→移位器→内总线→C。

第二阶段:C→A/B→ALU→移位器→内总线→MDR→数据总线→M(目的单元)。

(5) 主存与外设之间

主存与外设之间的数据传送有以下两种实现方式。

① 由 CPU 执行通用传送指令,以 MDR 为中间缓冲:M←→数据总线←→MDR←→数据总线←→I/O 接口。

② DMA 方式,由 DMA 控制器控制,通过数据总线实现二者之间的传送:M←→数据总线←→I/O 接口。

3. 地址信息的传送

地址信息包括有指令地址、顺序执行的后续指令地址、转移地址及操作数地址 4 类，下面分别给出这些地址信息的传送过程。

（1）指令地址

指令地址从 PC 中取出后，送入 MAR 中。

PC→数据选择器 A→ALU→移位器→内总线→MAR

（2）顺序执行的后续指令地址

现行指令的地址加"1"后即可得到后续指令地址。

PC→数据选择器 A→ALU→移位器→内总线→PC

$$C_0 \nearrow$$

其中的 C_0 为进位初值，可置为"1"。

（3）转移地址

按照寻址方式形成相应的转移地址，并将地址送入 PC 中。对于不同的寻址方式，其传送路径也不同。

寄存器寻址：R_i→数据选择器 A 或 B→ALU→移位器→内总线→PC。

寄存器间址：

R_i→数据选择器 A 或 B→ALU→移位器→内总线→MAR→地址总线→M；

M→数据总线→MDR→数据选择器 B→ALU→移位器→内总线→PC。

（4）操作数地址

按照寻址方式形成相应的操作数地址，并送入 MAR 中。对于不同的寻址方式，其传送路径也不同。

寄存器间址：R_i→数据选择器 A 或 B→ALU→移位器→内总线→MAR。

变址寻址：由于形式地址放在紧跟现行指令的下一个存储单元中，并由 PC 指示，所以先要取出形式地址，将其暂存于暂存器 C 中，然后再计算有效地址。传送路径如下：

第一步取形式地址：PC→数据选择器 A→ALU→移位器→内总线→MAR→地址总线→M→数据总线→MDR→数据选择器 B→ALU→移位器→内总线→C

第二步计算有效地址：变址寄存器→数据选择器 A→ALU→移位器→内总线→MAR

$$C→数据选择器 B \nearrow$$

4.2.4 CPU 与外部的信息交换

设计 CPU 时，除了考虑主机内的信息传送外，还要考虑主机与外设之间的信息传送，这方面主要体现在主机与外设的连接方式和 CPU 对数据传送的控制方式上。主机与外设之间的信息交换是通过它们之间的数据传送通路实现的，传送通路的连接模式有辐射式、总线式及通道式 3 类。主机与外设之间的信息交换应随外设性质的不同而采用不同的控制方式，主要有直接程序传送方式、程序中断控制方式及直接存储器访问 DMA 方式 3 种。本节对这 3 种控制方式做简单介绍，第 7 章中将详细进行介绍。

1. 主机与外设的连接模式

（1）辐射式

如图 4-6 所示，辐射式连接模式形成的是一种以 CPU 为中心的星型连接。主机与各个外设之间有单独的连线,外设可以通过接口直接与 CPU 通信,但各外设之间不能相互通信。由于各传送通道是独立的,所以传送速度快,但是结构较为零乱,不便于管理。又因为在设计 CPU 时已经确定了所要连接的外设的种类与数量,所以不便于扩展,故这种模式已经很少使用。

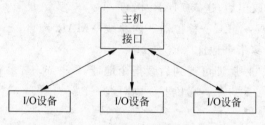

图 4-6   辐射式连接模式

实用辐射式结构大多是通过接口和总线实现星型连接,如图 4-7 所示。采用这种方式,主机通过系统总线连接接口芯片,每个接口芯片再通过若干条独立通道连接各个外设。实现扩展时,增加系统总线上的接口便可连接更多的外设,具有较强的扩展能力。

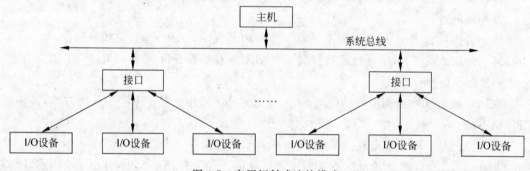

图 4-7   实用辐射式连接模式

（2）总线式

如图 4-8 所示,总线式连接模式中,各个外设通过各自的接口直接与系统总线相连接,主机和外设之间没有单独的连接通道,通过公共的系统总线进行信息的交换。采用这种模式便于系统进行扩展,当需要增加新的外设时,只需在系统总线上挂接相应外设的接口即可。

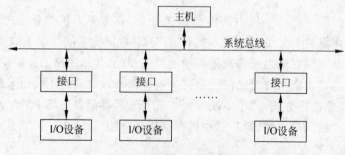

图 4-8   总线式连接模式

因为采用公共的系统总线代替了部件之间零乱的单独连线,所以总线式连接模式具有结构规整、简单,便于管理,易于扩展的特点。在这种模式中,除了主机与外设之间可以通过系统总线交换信息外,外设之间也可以通过系统总线直接通信,这就使得信息的传送更加方便。但是若各部件只能通过一组系统总线进行信息传送,则信息的吞吐量必然受到限制,系统的规模和效率也会受到影响。总线式连接模式被广泛应用于微型机、小型机中。

（3）通道式

所谓通道式连接模式实际上是将星型连接和总线型连接相结合的一种连接模式。在较大规模的系统中外设的数量和种类繁多,需要设置专门的控制部件(即通道)来控制管理I/O操作。在通道式连接模式中,主机采用星型连接模式,将多个独立通道与若干通道相连接;再按照总线式连接模式将每个通道与多个外设相连。通常情况下,不同速度的外设连接在不同的通道上,如图4-9所示。

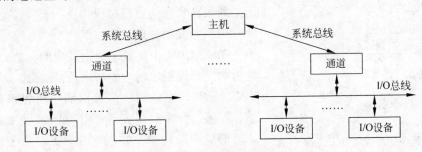

图 4-9　通道式连接模式

由于通道本身能够执行专门的通道程序,所以当 CPU 启动通道后,由通道从主存或局部存储器中读取通道指令,具体管理 I/O 操作(由通道控制外设与主存交换数据),CPU 不再进行干预,可以并行执行与访存无关的其他操作;当 I/O 操作结束时,通道请求 CPU 进行善后处理。因而,CPU 的工作效率将大大提高,系统并行操作能力也得到增强。若通道进一步发展为输入输出处理机(IOP),则具有更强的独立管理 I/O 操作的能力。

2．信息传送控制方式

（1）直接程序传送方式

直接程序传送方式中信息的交换完全由主机执行程序来实现。当外设启动后,其整个工作过程都在 CPU 的监控下,所以 CPU 只为外设服务,不再处理其他事务。

若有多台中低速外设同时工作时,CPU 可以采用对多台外设轮流查询的方式。如有 A,B,C 3 台外设,若查询某台外设工作已经完成,则转入为该外设服务的子程序,执行服务程序完成后查询下一台外设;若该外设工作尚未完成,则查询下一台外设。查询完最后一台外设再返回至第一台重新开始查询,不断循环,以 CPU 的高速度实现为多台外设同时服务。

（2）程序中断方式

在前面所提到的程序查询方式中,当外设速度较低时,CPU 大量的时间都用于无效的查询,不能处理其他事务,也不能对其他突发事件及时作出反应。为了解决这一问题,提出了中断控制方式。所谓中断是指 CPU 在执行程序的过程中,出现了某些突发事件亟待处理,CPU 必须暂停执行的当前程序,转去处理突发事件,处理完毕后再返回原程序被中断的位置并继续执行。由于处理突发事件是以 CPU 执行中断处理程序的方式进行的,所以也称之为"程序中断方式",简称为"中断方式"。

中断方式具有程序切换和随机性这两个特征。从处理的过程看,中断的程序切换类似于子程序的调用,但实质上存在很大的区别:子程序调用与主程序有必然的联系,它是为了完成主程序要求的特定功能而由主程序安排在特定位置上的;而中断处理程序与主程序没有任何直接联系,它是随机发生的,可以在主程序的任一位置进行切换。采用中断控制方式,外设在数据传送准备阶段 CPU 仍可以执行原来的程序,所以效率得到提高。但是在信息传送阶段,CPU 仍然要执行一段程序控制,因此 CPU 还没有完全摆脱对输入输出操作的具体管理。该控制方式可应用于 I/O 设备的管理控制及随机事件的处理中。

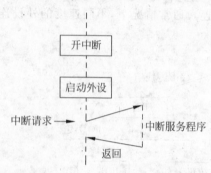

图 4-10　程序中断控制方式的程序组织

程序中断控制方式的程序组织如图 4-10 所示。图中左边虚线表示当前程序的执行过程,右边虚线表示中断服务程序的执行过程。

中断方式的处理过程如下。

① 在 CPU 中设置一个允许中断标志,用以决定是否响应外设提出的中断请求,若该标志为"1",表示 CPU 处于"开中断"状态,可以响应所提出的中断请求;若标志为"0",则表示 CPU 处于"关中断"状态,不能响应中断请求。在程序中,CPU 为了能够响应中断请求,首先应该执行一条开中断指令,将允许中断标志置为"1"。

② 当需要调用某个外设时,CPU 通过 I/O 指令发出启动外设的命令,然后继续执行程序。

③ 外设被调用启动后,经过一段时间准备好数据或者完成一次操作时可向 CPU 提出中断请求。CPU 响应该中断请求,暂停当前处理的程序,转入中断服务程序。注意为了能够在执行完中断服务程序后返回原程序,应该将返回地址和有关的状态信息压栈保存。

④ CPU 在中断服务程序中与外设进行数据传送。数据传送完毕后,从堆栈中取出保存的返回地址和有关状态信息,并返回原程序被中断的位置继续执行原程序。

由于每一次中断都要去执行保护 CPU 现场、设置有关状态寄存器、恢复现场及返回断点等操作,大大增加了 CPU 额外的时间开销,因此中断方式适合于低速外部设备。

(3) DMA 方式

DMA 控制方式是一种在专门的控制器——DMA 控制器的控制之下,不通过 CPU,直接由外设和内存进行数据交换的工作方式,即输入时直接由外设写入内存,输出时由内存送至外设,所以也称之为直接存储器存取方式。

当高速外设需要和内存交换数据时,首先 DMA 控制器通过 DMA 请求获得 CPU 的响应(即 CPU 暂停使用系统总线和访存),掌握总线控制权。然后,在 DMA 周期中发出命令,实现主存与 I/O 设备间的 DMA 传送。在 DMA 方式中,CPU 仅仅是暂停当前执行的程序,而不是切换程序,所以不用进行保护 CPU 现场、恢复 CPU 现场等烦琐的操作,响应的速度大大提高。同时,在 DMA 控制器管理 DMA 传送期间,CPU 可以继续执行除了访存之外的任何操作,因而 CPU 的效率被大大提高。

应该注意的是,采用 DMA 方式传送数据时,有些相关的控制信息无法用硬件解决,如从哪个主存单元开始传送、传送量有多大、传送的方向(是主存送往外设,还是外设送往主存)等,需要由程序事先准备(这称为 DMA 的初始化操作)。此外,数据传送后要通过中断方式进行判断传送是否正确,所以 DMA 方式只是在传送期间不需要 CPU 的干预,但是在传送前和传送后需要 CPU 干预。

DMA 控制方式的程序组织如图 4-11 所示。

在图 4-11 中,响应 DMA 请求后的 DMA 传送操作是在 DMA 控制器的控制下完成的,并不执行程序指令,加以括号来表示这些操作是硬件隐指令操作,程序中并不存在,编制程序时也无需考虑。

DMA 方式适合于高速外设(如磁盘)。

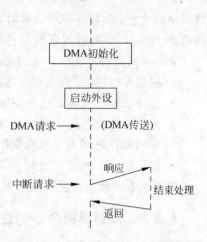

图 4-11　DMA 控制方式的程序组织

4.3　组合逻辑控制器

4.3.1　组合逻辑控制器概述

组合逻辑控制器主要包括微命令发生器、指令寄存器 IR、程序计数器 PC、状态寄存器 PSW、时序系统等部件,基本框图如图 4-12 所示。

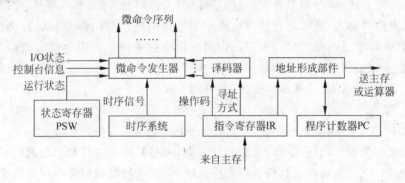

图 4-12　组合逻辑控制器基本框图

其中微命令发生器是由若干门电路组成的逻辑电路,是组合逻辑控制器的核心部件。从主存读取的现行指令存放在指令寄存器 IR 中,指令的操作码和寻址方式代码分别经过译码电路形成相关逻辑信号,送入微命令发生器,作为产生微命令的基本逻辑依据。此外,微命令的产生还需要考虑程序状态寄存器 PSW 所反映的 CPU 内部运行状态、由控制台产生的操作员控制命令、外设与接口的有关状态及外部请求等各种状态信息。时序系统为微命令的产生提供周期、节拍、脉冲等时序信号。指令寄存器 IR 中的地址段信息送往地址形成部件,按照寻址方式码形成实际地址,送往主存以便访问主存单元或者送往运算器,按照指定的寄存器号选取相应的寄存器。当程序顺序执行时,程序计数器 PC 增量计数,形成后续指令的地址；当程序需要转移时，指令寄存器 IR 中的地址段信息经地址形成部件产生转移地址，送入 PC 中，使程序发生转移。

组合逻辑控制器在设计实现时按照以下步骤进行。

- 根据 CPU 的结构图写出每条指令的操作流程图并分解成微操作序列。
- 选择合适的控制方式和控制时序。
- 为微操作流程图安排时序，列出微操作时间表。
- 根据操作时间表写出微操作的表达式，并对表达式进行化简。
- 根据微操作的表达式画出逻辑电路并实现。

以下小节将对组合逻辑控制器做详细讨论。

4.3.2　控制器微命令的设置

微命令是最基本的控制信号，通常是指直接作用于部件或控制门电路的控制信号，简称为微命令。微命令可以分为电位型微命令和脉冲型微命令。电位信号是指用信号电平的高低来表示不同的信息，通常定义高电平表示"1"，低电平表示"0"。脉冲信号随时间的分布是不连续的，脉冲没有出现时信号电平为低电平，脉冲出现时信号电平为高电平，但是维持的时间很短，所以可以用脉冲的有无来表示"1"和"0"。实际上，往往利用脉冲的上升边沿或下降边沿来表示某一时刻，可以起定时作用或识别脉冲的有无。二者相比，电位信号维持的时间一般要比脉冲信号要长。

在组合逻辑控制器中，微命令是由组合逻辑电路产生的，所以要将全机在各种工作状态下所需要的所有的微命令列出、归并、优化，并用相应的逻辑器件实现。将有关的逻辑条件（如操作码、寻址方式、寄存器号等）与时间条件（如工作周期名称、节拍序号、定时脉冲等）作为组合逻辑电路的输入，便可通过逻辑电路产生相应的电位型微命令和脉冲型微命令。为了简化电路，常将上述的条件综合为一些中间逻辑变量来使用。因为很多微命令会在操作中多次出现，所以要将这些出现的相同信号按照其产生条件写出综合逻辑表达式，即微命令的产生条件会以"与或"表达式的形式出现，可用下式表示。

$$微命令＝周期 1 \cdot 节拍 1 \cdot 脉冲 1 \cdot 指令码 1 \cdot 其他条件 1 ＋\cdots＋$$
$$周期 n \cdot 节拍 n \cdot 脉冲 n \cdot 指令码 n \cdot 其他条件 n$$

上式的微命令逻辑表达式可以作为初始形态，可对其进一步化简。化简时，可以提取公共逻辑变量，减少引线，减少元器件数以便降低成本，或者使逻辑门级数尽可能少，减少命令形成的时间延迟以便提高速度。

由前面知识可知，模型机数据通路中信息的传送过程包含了两大类操作：内部数据通路操作和外部访存操作，相应的所设置的微命令有如下 2 个。

(1) 有关数据通路操作的微命令

ALU 输入选择——如选择寄存器 R_0 经 A 门送入 ALU 的微命令为 $R_0 \rightarrow A$；选择暂存器 C 经 B 门送入 ALU 的微命令为 $C \rightarrow B$……

ALU 功能选择——如选择工作方式的微命令为 $S_0 S_1 S_2 S_3$；控制算术运算还是逻辑运算的微命令为 M……

移位器功能选择——选择输出方式微命令如直传、左移、右移……

结果分配——如选择所需寄存器时的打入脉冲命令 CPR_0、CPMDR、CPPSW……

（2）有关访存操作所需微命令

将 MAR 中的内容送入地址总线的地址使能信号 EMAR、控制数据传送方向的读写信号 R 和 W、将主存中取出的数据置入 MDR 中的置入命令 SMDR……

当拟定指令的执行流程后，就可以依据指令功能在以上微命令中选择相应的微命令，形成微操作命令序列，以实现指令功能。

4.3.3 组合逻辑控制器的时序系统

1. 时序系统组成

计算机工作时，各控制信号之间需要有严格的时间关系，时序系统的作用就在于对各种控制信号严格定时，使多个控制信号在时间上相互配合完成有关操作。产生时序信号的部件称为时序发生器或时序系统，由脉冲源、启停控制逻辑、工作脉冲信号发生器、时钟周期信号发生器及工作周期信号发生器组成，如图 4-13 所示。

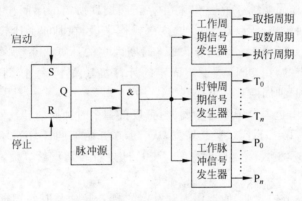

图 4-13　时序系统组成框图

将晶体振荡器作为整个时序系统的脉冲源，输出频率稳定的主振脉冲，也称为时钟脉冲，为 CPU 提供时钟基准。时钟脉冲经过一系列计数分频，产生所需的工作周期信号或时钟周期信号。时钟脉冲与周期、节拍信号及有关控制条件相结合，可以产生所需的各种工作脉冲。此外还有一个启停控制逻辑，保证可靠地送出完整的时钟脉冲。启停控制逻辑在加电时还产生一个总清信号（或称为复位信号），对计算机中的有关部件可以进行初始化。

2. 组合逻辑控制器时序系统

在组合逻辑控制器中，时序信号分为指令周期、工作周期（机器周期）、时钟周期（节拍周期）和工作脉冲（节拍脉冲）几种。指令周期是执行一条指令所需要的时间，从取指令开始到执行结束。由于指令的功能不同、繁简不同，所需的执行时间也不尽相同，所以指令周期不是固定的，是随着指令的不同而变化的。因而一般不将指令周期作为时序系统的一级。

组合逻辑控制器依据不同的时间标志，控制 CPU 进行分步工作。一条指令从取指令到执行结束，可以按照不同的操作阶段划分为若干工作周期；在每个工作周期中按照不同的分步操作划分为若干个时钟周期；在每个时钟周期中再按照所需的定时操作设置相应的工作脉冲，所以对于组合逻辑控制器来说，采用的是工作周期、时钟周期、工作脉冲三级时序。

（1）工作周期

工作周期即 CPU 周期，也常称为机器周期，是根据指令执行的基本过程划分的。根据指令执行的各个阶段，可以将一个指令周期划分为取指令周期、取操作数周期和执行周期 3 个基本周期。有些计算机将 CPU 周期的长短定义为一次内存的存取周期，如取指周期、取数周期都是一次主存的读操作，而执行周期可能是一次主存的写操作，这都是一次系统总线的传送操作，称之为总线周期，所以在这种情况下有 CPU 周期＝主存存取周期＝总线周期。但是有些计算机系统的 CPU 周期是根据需要而设定的，取操作数周期会因寻址方式的不同而不同，执行周期也会因为指令功能的不同而不同，这种情况下，CPU 周期不是一个常量，与主存存取周期和总线周期就不会存在等量关系。

（2）时钟周期

时钟周期也称为节拍周期，是完成 CPU 内部一些最基本操作所需的时间。指令的读取与执行既有 CPU 内部数据通路操作，也包含了访问主存的操作，模型机中为了简化时序控制，把以上两类操作周期统一了起来，将主存访问周期所需的时间作为时钟周期的宽度。由于访问主存的时间较长，所以对于 CPU 内部操作来说，在时间上比较浪费。任何一个计算机系统，时钟周期是一个常量。对于 CPU 周期固定的计算机系统，每个 CPU 周期包含的时钟周期数是固定的，在 CPU 周期不固定的计算机系统中，每个 CPU 周期包含的时钟周期数不固定，但是时钟周期数是可变的。

一个 CPU 周期中包含若干个时钟周期，可设置一个时钟周期计数器 T，若本 CPU 周期应当结束，则发命令 T＝0，计数器 T 复位，从 T＝0 开始新的计数循环，进入新的 CPU 周期；若本 CPU 周期还需要延长，则发命令 T＋1，计数器 T 将继续计数，出现新的时钟周期。

（3）工作脉冲

工作脉冲也称为节拍脉冲，通常作为触发器的打入脉冲与时钟周期相配合完成一次数据传送。有些计算机系统中的工作脉冲与时钟周期是一一对应的，当时钟周期确定后，工作脉冲的频率便唯一地确定了。这些计算机系统中工作脉冲的频率就是脉冲源的频率。但有的计算机系统时钟周期包含有若干的工作脉冲，在一个时钟周期中实现的操作也相应要多一些。

模型机中在每个时钟周期的末尾发一个工作脉冲 P，作为各种同步脉冲的来源，P 的前沿作为打入寄存器的定时，标志一次数据通路操作的完成；P 的后沿作为时序转换的定时。图 4-14 给出了简化了的采用同步控制方式的组合逻辑控制器的时序关系图。由图可以看出，一个指令周期包含有 3 个 CPU 周期，每个 CPU 周期又包含 4 个时钟周期，每个时钟周期末尾有一个工作脉冲。各时序都是由系统时钟分频变化得到的，之间没有重叠交叉也没有间隙。

4.3.4 指令流程与操作时间表

拟定指令操作流程是控制器设计的基础和核心，其目的是确定指令执行的具体步骤，以决定各步所需的控制命令。根据机器指令的结构格式、数据表示方式及各种运算的算法，把每条指令的执行过程分解为若干功能部件能实现的基本微操作，并以图的形式排列成有先后次序、相互衔接配合的流程，称之为指令操作流程图。通过指令流程图可以直观形象地表示指令的执行步骤和基本过程。

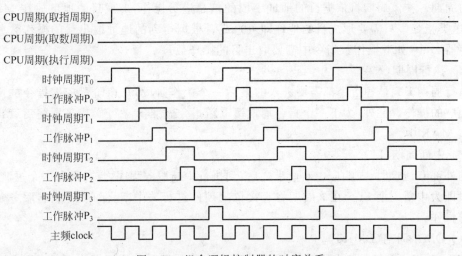

图 4-14 组合逻辑控制器的时序关系

指令流程图有两种绘制思路：一种是以指令为线索，按指令类型分别绘制各条指令的流程；另一种是以周期为线索，按照机器周期拟定各类指令在本周期内的操作流程，再以操作时间表的形式列出各个节拍内所需的控制信号及相关条件。前一种方法对于一条指令的全过程有清晰的线索，易于理解 CPU 的工作过程，后一种方法便于微操作控制信号的综合、化简，便于取得优化结果。模型机的设计中采用前一种方法，再加入中断周期和 DMA 周期的流程。

操作时间表是对指令流程图的进一步具体化，是将指令流程中的各个微操作具体落实到各个机器周期的响应节拍和脉冲中，并以微操作控制信号的形式所编制一张表。操作时间表形象地表明控制器应该在什么时间、依据什么条件、发出哪些有关的微操作控制信号。

1. 模型机的工作周期

模型机中设置了 6 种工作周期——取指令周期、源周期、目的周期、执行周期、中断周期及 DMA 周期，以满足各类指令的需要和一些特殊工作状态的需要，其中前 4 个工作周期用于指令的正常执行，后两个工作周期用于 I/O 传送控制。有 6 个触发器分别对应于 6 个工作周期，每个时期内只有一个周期状态触发器为"1"，用来指明 CPU 目前所处的工作周期状态，并为该阶段的工作提供时间标志和依据。

（1）取指令周期（FT）

该周期中包括从主存中取指令送入指令寄存器 IR 以及修改 PC 的操作，由于这些操作与指令的操作码无关，是每条指令都必须经历的，所以称之为公共性操作。应注意的是，取指令周期结束后将进入哪个工作周期，与指令的类型及所涉及的寻址方式有关。

（2）源周期（ST）

若需要从主存中读取源操作数，则需要进入源周期 ST。也就是说，源操作数是寄存器寻址时，不需要进入该周期。在源周期 ST 中，将依据源地址字段的信息进行操作，形成源地址，再根据得到的地址取出操作数，将操作数暂存于暂存器 C 中。

（3）目的周期（DT）

如需要从主存中读取目的操作数或目的地址时（即寻址方式为非寄存器寻址），则要进入目的周期。在该周期将依据目的地址字段的信息进行操作,形成目的地址放在 MAR 中(如传送类指令中只需要形成目的地址即可),或者根据得到的地址取出目的操作数并存放于暂存器 D 中(如双操作数指令中需要取出目的操作数)。

(4) 执行周期(ET)

执行周期 ET 是各指令都需要进入的最后一个工作阶段,在该阶段依据指令的操作码进行相应的操作。此外,为下一个指令周期读取新指令做准备,在 ET 中还要将后续指令地址送入 MAR 中。

(5) 中断周期(IT)

当外部有请求时,在响应中断请求之后,到执行中断服务程序之前,需要一个过渡阶段,该阶段即为中断周期 IT。在该周期将直接依靠硬件进行关中断、保存断点、转服务子程序入口等操作。

(6) DMA 周期(DMAT)

CPU 在相应 DMA 请求之后进入 DMA 周期 DMAT。在该周期中,CPU 将交出系统总线的控制权,由 DMA 控制器控制系统总线,以此实现主存与外设之间的数据传送。因此,对于 CPU 来说,DMA 周期是一个空操作周期。

在每个周期结束前,都要判断将要进入的周期状态,并准备进入下一个周期的条件,到本周期结束的时刻,再实现周期状态的定时转换。图 4-15 给出了各工作周期状态之间的转换情况及 CPU 控制流程图。

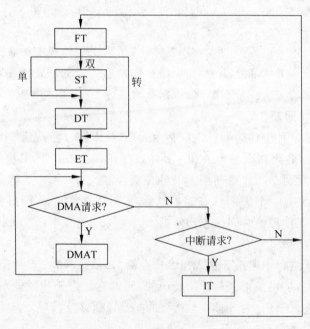

图 4-15　CPU 控制流程图

对图 4-15 解释如下:当 FT 结束后,对于双操作数指令,若数均在主存单元中,则依次进入 ST,DT 及 ET 中;若操作数均在寄存器中,则进入 ET 中。对于单操作数指令,若数在主存中,则进入 DT 及 ET 中;若数在寄存器中,则进入 ET 中。对于转移指令,则在 FT 之后直接进入 ET 中。由于 DMA 周期实现的是高速的数据传送,所以 DMA 请求高于中断请求。在一条指令将要结束时,先判断有无 DMA 请求,如果有 DMA 请求,则插入 DMAT;如果没有 DMA 请求,则判断有无中断请求,若有中断请求则进入 IT 中,完成相应操作后,转向新的 FT,开始中断服务程序的执行;若没有中断请求则返回 FT,从主存中读取后续指令。

2. 指令流程与操作时间表

由于取指周期与指令类型无关,是各类指令都必须有的,所以可以先拟定取指周期的流程,然后再拟定各类指令的流程。下面以取指令为例,较为细致地讲述用寄存器级传送语句描述的指令流程及用操作时间表形式描述的微命令序列,其他各类指令的叙述将会粗略一些。

(1) 取指令周期 FT

图 4-16 给出了以寄存器传送语句形式描述的取指令的流程图。在一个时钟周期中,CPU 完成了两步操作——从主存中取出指令放入 IR 中,以及修改程序计数器 PC 的内容使其指向现行指令的下一个单元。因为读取指令经由数据总线,而修改 PC(即 PC+1)经由 ALU 与内部总线,所以这两步操作在数据

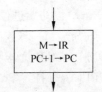

图 4-16 取指令流程图

通路上没有冲突、在时间上不矛盾,因而可以在一个时钟周期内并行执行。

操作时间表中给出实现取指流程所需要的微命令序列,包括电位型微命令和脉冲型微命令。注意在操作时间表只列出在本节拍内有效的微命令即可,无效的微命令或者"0"信号不必列出。取指令周期的操作时间表见表 4-2。

表 4-2 取指令周期操作时间表

左栏(节拍序号)	中栏(电位型微命令)	右栏(脉冲型微命令)	
FT_0	EMAR		
	R		
	SIR		
	PC→A		
	$S_3 \bar{S_2} \bar{S_1} S_0 \overline{M} C_0$		
	DM	P	
	1→ST(逻辑表达式1)		
	1→DT(逻辑表达式2)		CPPC
	1→ET(逻辑表达式3)		CPT($\bar{P}$)
			CPFT($\bar{P}$)
			CPST($\bar{P}$)
			CPDT($\bar{P}$)
			CPET($\bar{P}$)

表 4-2 中左栏可将工作周期与节拍序号综合标注,可标为 T_0,T_1 等形式,或者 FT_0 形式;中栏所给的电位型微命令同时发出,维持一个时钟周期。右栏所给的脉冲型微命令示意性地表明脉冲是在时钟周期的末尾发出的,由工作脉冲 P(或 $\bar{P}$ 进行定时)。注意有些微命令只在某些逻辑条件下才发出,所以要进一步标注其补充逻辑条件。可以先注明逻辑式的序号,当能够完全确定全部的逻辑条件时再补充相应的逻辑式。在操作表中有 3 种操作

受微命令的控制——访存操作、CPU 内部数据通路操作及时序转换操作。

① 控制访存操作的微命令。

EMAR——地址使能命令,使 MAR 输出有效,经地址总线送往主存。

R——读命令,送至存储器,读取指令。

SIR——置入命令,指令寄存器 IR 置入的开门命令,若读出的信息为 1,则 IR 中对应的位被置为"1"。注意只有在取指令周期 FT 中才会发出 SIR 命令,将读出的指令代码直接送往 IR。

② 控制 CPU 内部数据通路操作的微命令。

PC→A——选择命令,使多路选择器 A 选择 PC 送至 ALU,封锁 B 选择器。

C0——以初始进位形式提供数值"1"。

$S_3\overline{S_2}\overline{S_1}S_0\overline{M}$——控制 ALU 实现带进位加法功能,由于 B=0,所以实际操作为 A+1。

DM——对移位器所发的直传命令。

CPPC——打入 PC 的同步定时命令,只有当该脉冲前沿到来时,PC 内容才会被修改。

③ 控制时序切换的微命令。由于 FT 只占用一个时钟周期,所以完成 FT 操作之后,依据 FT 中读取的指令,决定应该进入哪个新的工作周期状态,节拍状态又从"0"开始。因此,在操作时间表中列出了 1→ST(逻辑表达式 1)、1→DT(逻辑表达式 2)、1→ET(逻辑表达式 3)这 3 种可能建立的状态,待拟定完全部的指令流程后再对以上 3 个逻辑表达式作补充。

在 FT 的末尾同时发出了 4 个打入脉冲 CPFT,CPST,CPDT,CPET,以 $\overline{P}$ 脉冲同步定时。由于 1→ST,1→DT,1→ET 中只有一个为"1",所以在取指令周期 FT 结束后,只有一个工作周期状态触发器会为"1",而 FT=0,从而实现了周期切换。在操作时间表中未发出 T 计数器的计数命令,即 T+1=0,所以维持 T_0 状态。

(2) MOV 指令

MOV 指令的流程图如图 4-17 所示,该指令流程图中包含了各种寻址方式的组合,流程分支的逻辑依据就是寻址方式字段编码。其中,X 表示变址寻址,寻址方式字段代码为 101;SR 表示源操作数采用寄存器方式寻址;DR 表示目的地址采用寄存器方式寻址;$\overline{SR}$ 表示源操作数采用非寄存器寻址方式;$\overline{DR}$ 表示目的地址采用非寄存器方式寻址。下面通过对 MOV 指令流程进行分析,能够了解各种寻址方式的具体实现过程,以此作为剖析整个指令系统执行流程的突破口。

① 取指令周期 FT。FT 周期中的操作为公操作。在 FT 结束时根据源寻址方式作出判别与分支,决定是否进入源周期 ST。如果源寻址方式为非寄存器寻址,则进入源周期 ST。

② 源周期 ST。在源周期 ST 中,根据源寻址方式来决定在该周期中的分支情况。注意在 ST 中需要暂存的信息,一般都暂存于 C 中。

R 型:源操作数采用寄存器寻址,即源操作数存放在指定寄存器中,在执行周期 ET 中直接送往 ALU 即可,所以不需要经过源周期 ST 取源操作数。

(R)型:源操作数采用寄存器间址寻址,即操作数地址存放在指定的寄存器中,操作数存放在该地址所指示的存储单元中,所以要先按照寄存器的内容进行访存,再从主存单元读取操作数。

该分支中包括两个节拍:第一拍 ST_0 从指定的寄存器 R_i 中取得地址;第二拍 ST_1 访

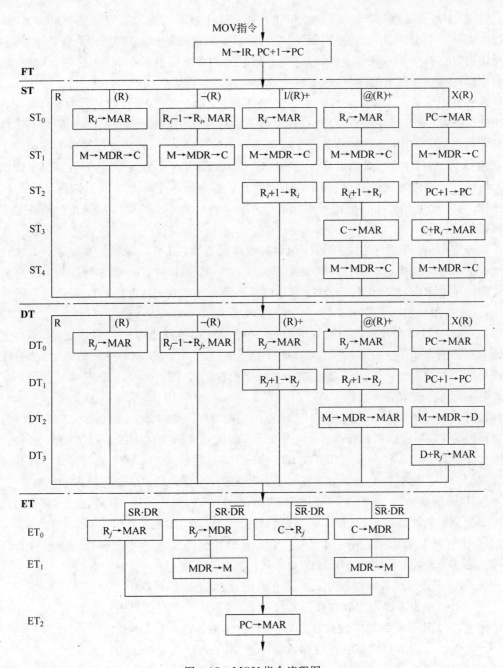

图 4-17　MOV 指令流程图

存读取操作数,经过 MDR 送入暂存器 C 中暂存。

　　一(R)型:源操作数采用自减型寄存器间址寻址,该寻址方式中将指定寄存器的内容减 "1"后作为操作数地址,再按照地址进行访存,从主存中读取操作数。

　　该分支中包括两个节拍:第一拍 ST_0 先修改地址指针内容,即指定寄存器 R_i 的内容减 "1",所得结果同时打入该寄存器 R_i 中与 MAR 中,形成源地址;第二拍 ST_1 访存读取操作数并暂存于暂存器 C 中。

I/(R)＋型：立即/自增型寄存器间址寻址。操作数采用自增型寄存器间址寻址时，操作数地址在指定寄存器中，访存取得操作数，然后将寄存器的内容加"1"作为新的地址指针。若指定的寄存器是 PC，则为立即寻址，立即数存放在紧跟指令的单元中，取指令后修改 PC 的内容即可得到立即数的地址，根据该地址访存读取操作数。

该分支中包括 3 个节拍：第 1 拍 ST_0 取得地址；第 2 拍 ST_1 读取操作数；第 3 拍 ST_2 修改地址指针（即 R_i 的内容加"1"）。其中第 2 拍与第 3 拍的操作可交换，但是为了使各种寻址方式在第 2 拍中的操作相同，便于简化微命令的逻辑条件，采用流程图中的安排。

@(R)＋型：自增型双间址寻址是将指定寄存器的内容作为操作数的间接地址（即间址单元地址），根据该地址访存后寄存器的内容加 1，指向下一个间址单元。双间址需两次访存操作，第一次访存是从间址单元中读取操作数地址；第二次访存再从操作数地址单元中取得操作数。

该分支中包括 5 个节拍：在 ST_0 取得间址单元地址；在 ST_1 从间址单元中读取操作数地址；在 ST_2 修改指针；在 ST_3 将操作数地址送往 MAR；在 ST_4 读取操作数。注意从时间优化的角度考虑，可将 ST_1 和 ST_3 操作合并在一拍中完成；从保持 ST_1 操作统一的角度考虑，在流程图分成两个节拍。

X(R)型：源操作数采用变址寻址，形式地址存放在紧跟指令的存储单元中，所指定的变址寄存器内容作为变址量，将形式地址与变址量相加，其结果即为操作数地址，然后在根据该地址访存读取操作数。该寻址方式中需要两次访存，第一次在 PC 指示下读取形式地址；第二次访存读取操作数。

该分支中包括 5 个节拍：在 ST_0 将 PC 中的内容送入 MAR（因为取指后 PC 已经修改，所以此时的 PC 指向紧跟现行指令的下一单元，即形式地址的存放单元）；在 ST_1 进行访存读取形式地址并将其暂存于 C 中；在 ST_2 修改 PC 指针；在 ST_3 将变址寄存器中的变址量与暂存器 C 中的形式地址相加完成变址计算，获得操作数地址；在 ST_4 读取操作数。

③ 目的周期 DT。各分支与源周期 ST 的操作相似，但是对于 MOV 指令，在目的周期只需要找到目的地址即可，所以不需要取目的操作数这个步骤。

④ 执行周期 ET。在执行周期 ET 中实现操作码所要求的传送操作。进入执行周期 ET 时，根据 SR 和 DR 的状态可形成 4 个分支。

- $SR \cdot DR$ 表示源操作数存放在寄存器中、结果送往寄存器中。
- $SR \cdot \overline{DR}$ 表示源操作数存放在寄存器中、结果送往主存单元中。
- $\overline{SR} \cdot DR$ 表示源操作数存放在暂存器中、结果送往寄存器中。
- $\overline{SR} \cdot \overline{DR}$ 表示源操作数存放在暂存器中、结果送往主存单元中。

当现行指令结束后，在 ET_2 中执行 PC→MAR，即将后续指令地址送入 MAR 中，以便下一个指令周期的 FT 中可以直接读取指令。

在指令流程图中所反映的是正常执行程序的情况，实际在最后一拍还需要判别是否响应 DMA 请求与中断请求，即是否发 1→DMAT 或 1→IT 命令。若不发上述命令，则建立 1→FT，从而转入后续指令的执行过程。

（3）双操作数指令

双操作数指令流程图如图 4-18 所示。OP 表示操作运算符，有 ADD(加)、SUB(减)、AND(与)、OR(或)及异或(EOR)5 条双操作数指令。双操作数指令的取指令周期 FT 和源周期 ST 与 MOV 指令相同,但是其目的周期 DT 比 MOV 指令多一步操作——访存读取目的操作数并将操作数送入暂存器 D 中。

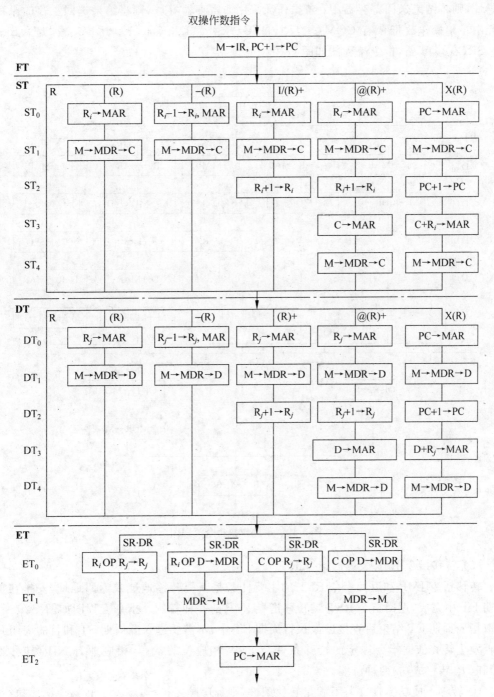

图 4-18 双操作数指令流程图

（4）单操作数指令

单操作数指令只有一个操作数,所以不需要进入源周期 ST,取指令 FT 周期之后直接进入目的周期 DT 中,在执行周期 ET 中将得到的结果送回原处。对于单操作数指令的目的周期 DT 情况与双操作数中的相同,执行周期 ET 分为两类情况——若操作数采用寄存器寻址,则将结果送回寄存器中;若操作数采用非寄存器寻址,则将结果送回主存的原存储单元中。单操作数指令有 COM(求反)、NEG(求补)、INC(加"1")、DEC(减"1")、SL(左移)、SR(右移)6 条,指令流程图如图 4-19 所示。

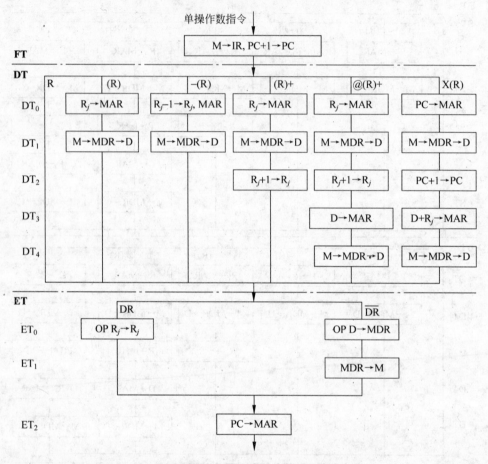

图 4-19　单操作数指令流程图

(5) 转移指令 JMP 及返回指令 RST

转移指令 JMP 和返回指令 RST 的主要任务是获得转移地址或返回地址,安排在执行周期 ET 中完成,返回指令 RST 是转移指令 JMP 的一种特例。指令流程图如图 4-20 所示。在取指令周期 FT 结束后直接进入执行周期 ET 中,不需要进入源周期 ST 和目的周期 DT。是否发生转移依据指令规定的转移条件与 PSW 相应位的状态,相应地有 NJP(转移不成功)和 JP(转移成功)两种可能。

① 转移不成功 NJP。若不满足转移条件,则程序顺序执行,不发生转移。顺序执行时,决定后续指令地址有以下 2 种情况。

- $\overline{PC}$ 型,转移地址中没有指明 PC,则现行转移指令后紧跟着后续地址,取指令周期 FT 中修改后的 PC 内容即为后续指令地址,所以在执行周期 ET 中执行 PC→MAR

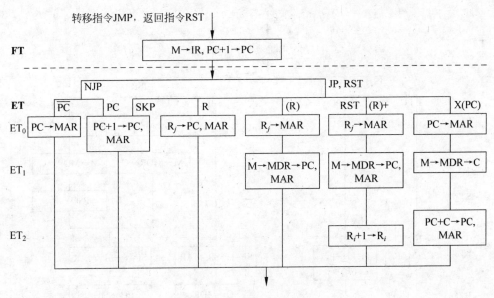

图 4-20 转移指令流程图

即可。

- PC 型,转移地址中指明了 PC,则现行指令后紧跟的单元中存放着转移地址,再下一个存储单元的内容才是后续指令,因此在执行周期 ET 中要再次修改 PC。

② 转移成功 JP。若满足转移条件,则按照寻址方式获得转移地址,常用的寻址方式有如下 6 种。

- SKP(跳步执行),在执行周期 ET 中要再次修改 PC。
- R(寄存器寻址),从指定寄存器中读取转移地址。
- (R)(寄存器间址),从指定的寄存器中读取间址单元地址,然后再从间址单元中读取转移地址。
- (R)+(自增型寄存器间址),从指定的寄存器中读取间址单元地址,再从间址单元中读取转移地址,最后修改指针 R。
- (SP)+(堆栈寻址),用于返回指令 RST,即从堆栈中读取返回地址,然后修改指针 SP。
- X(PC)(相对寻址),以 PC 的内容为基准计算转移地址。

(6) 转子指令

模型机中转子指令只采用了 3 种有关的寻址方式——R,(R)和(R)+,允许将子程序的入口地址存放在寄存器、主存以及堆栈中,所指定的寄存器可以是通用寄存器、堆栈指针 SP 或是程序计数器 PC,其中前两种归为 $\overline{PC}$ 型,后一种称为 PC 型。返回地址需要压栈保存,指令流程图如图 4-21 所示。

① 转子不成功 NJSR。若转子条件不满足,则不转入子程序,程序顺序执行。在执行周期 ET 中获得后续指令地址的情况与转移指令 JMP 中的 NJP 相同。对于 $\overline{PC}$ 型,程序顺序执行;对于 PC 型,由于现行指令后紧跟的单元中存放的是子程序的入口地址,再下一个单元中存放的才是后续指令,所以要跳步执行。

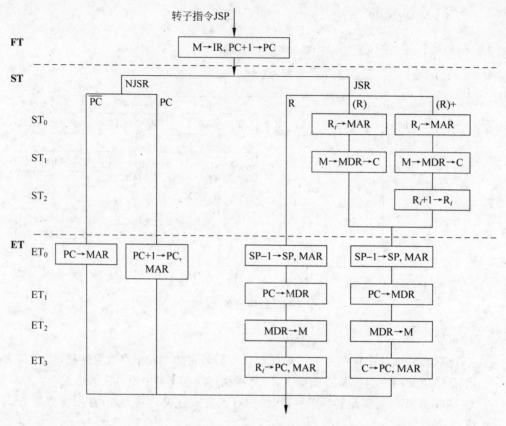

图 4-21　转子指令流程图

② 转子成功 JSR。若转子指令采用 R 型，则直接进入执行周期 ET 中；若是（R）和（R）＋型，则要进入源周期 ST，从主存中读取转移地址（即子程序入口地址），将获得的子程序入口地址暂存于暂存器 C 中。在执行周期 ET 中，要先保存返回地址，即修改堆栈指针，将 PC 的内容（即返回地址）经过 MDR 压栈保存。然后将子程序入口地址送入 PC 和 MAR 中。

（7）中断周期 IT

中断周期 IT 是程序切换过程中的一个过渡阶段，若 CPU 在主程序第 k 条指令中接到中断请求信号 INT，且满足响应中断的条件，则在该指令周期的最后一拍 ET_i 中向请求源发出中断响应信号 INTA，形成 $1 \rightarrow IT$，在周期切换时发出 CPIT。当 CPU 在执行完第 k 条指令后，转入中断周期 IT 中。有关中断的介绍详见后面有关章节。图 4-22 给出了该周期的流程图。

中断周期中 CPU 暂停程序指令的执行，IT 操作

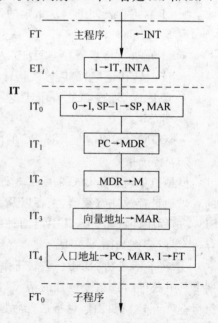

图 4-22　中断周期流程图

依靠硬件实现,这类操作常被称为隐指令操作。在模型机中,只让 CPU 在 IT 中保存断点、转向服务子程序入口,其他关于程序状态字的更换及现场信息的保护等操作则放在中断服务子程序中完成,这样可以简化模型机的硬件结构。对于 IT 流程分析如下。

① IT_0 中分为两步操作:$0 \rightarrow I$,关中断,即让"允许中断"触发器为"0",在响应中断后的过渡阶段暂不响应新的中断请求;$SP-1 \rightarrow SP,MAR$,修改堆栈指针 SP,为保存断点作准备。

② IT_1 和 IT_2 中压栈保存断点,将 PC 中后续指令地址写入主存单元。

③ IT_3 中将向量地址送往 MAR,以便控制中断向量表。

④ 在 IT_4 中访问中断向量表,从中读取对应的中断服务程序入口地址,送入 PC 及 MAR,并且形成 $1 \rightarrow FT$,在中断周期 IT 结束时转入取指周期 FT,以便读取中断服务子程序。

(8)DMA 周期

早期的计算机中,在一个指令周期结束时才响应 DMA 请求,现代大多数计算机中,允许一个总线周期结束时响应 DMA 请求,并且插入 DMA 周期。模型机中采用前一种做法,若 CPU 在执行第 k 条指令时,接收到 DMA 请求,则在 ET 最后一拍向外发出批准信号 DACK,建立 $1 \rightarrow DMAT$。在周期与节拍切换时,由 CPDMAT 使 DMAT 触发器为"1",进入 DMA 周期。有关 DMA 的介绍详见后面章节。图 4-23 给出了响应 DMA 请求、进入 DMA 周期实现 DMA 传送的过程。

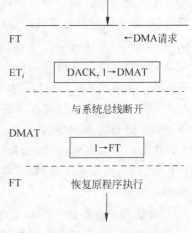

图 4-23　DMA 周期流程图

在 DMA 周期 DMAT 中,CPU 放弃对总线的控制权,即有关输出端呈高阻态,与系统总线断开,同时 DMA 控制器接管系统总线,向总线发出有关地址码与控制信息,实现 DMA 传送。在 DMAT 中,CPU 不做实质性的操作,只是空出一个系统总线周期,让主存与外设之间进行数据传送。在 DMAT 结束时,建立 $1 \rightarrow FT$,以便能转入取指周期,恢复原程序的执行。注意只要由 DMAT 转入 FT,程序就能恢复执行,因为 DMAT 只是暂停执行程序,并不影响程序计数器 PC 的内容以及有关现场信息。

(9)启动与复位

同大多数计算机一样,模型机可以通过键盘进行启动和复位。上电和按复位键时会产生总清信号,使 CPU 开始执行监控程序(监控程序可以使全机初始化,接收键盘的命令)。为此在 0 号单元存放一条转移指令,其后紧跟的 1 号单元中存放着转移地址,即监控程序的入口地址。总清信号可以使 PC=0,MAR=0 及 FT=1,所以在总清信号结束后 CPU 将从取指周期开始工作:首先从 0 号单元读取 JMP 指令,从 1 号单元读取监控程序的入口地址,然后无条件转向监控程序入口,开始执行监控程序。

4.4　微程序控制器

微程序控制的概念最早是由英国剑桥大学的 WLEKES 教授于 1951 年提出的,微程序控制是将程序设计的思想引入硬件逻辑控制,把控制信号进行编码并有序地存储起来,将一条指令的执行过程替换为多条微指令的执行过程,从而使控制器的结构变得十分规整,当要扩充指令功能或增添新的指令时,只需要修改被扩充的指令的微程序或重新设计一段微程序即可。

本节中将介绍有关微程序控制的基本思想、微程序控制器的逻辑组成、微程序的执行过程,以及有关模型机中微程序的设计问题。

4.4.1 微程序控制概述

1. 基本思想

在组合逻辑控制器中一条指令的执行要经过取指令、取操作数、执行等几个工作周期,每个工作周期中要经过几个时钟周期,在每个时钟周期内由控制信号来控制指令执行各个步骤,即指令的执行具有很强的阶段性。现在可以依据这种阶段性,将这些控制信号以二进制编码的形式存储在存储器中,然后按顺序逐一读出、逐一控制,最终完成一条指令的执行。也就是说可将一步操作所需的微命令以编码的形式编在一条微指令中,且将微指令事先存放在由 ROM 构成的控制存储器中,在 CPU 执行程序时,从控制存储器中取出微指令,译码后产生所需的微命令来控制相应的操作。一条机器指令需要执行若干步操作,每步操作用一条微指令进行控制,相应地对于一条机器指令就需要编制若干条微指令。这些微指令组成一段微程序,当执行完一段微程序也就意味着完成了一条机器指令的执行。以上即为微程序控制思想,简单地讲,微程序控制就是控制信号的软件化。注意一下几个与微程序控制有关的术语。

① 微操作:由微命令控制实现的最基本的操作称为微操作。

② 微指令:体现微操作控制信号及执行顺序的一串二进制编码称为微指令。其中将体现微操作控制信号的部分称为微命令字段,另一部分体现微指令的执行顺序称为微地址字段。

③ 微程序:用以控制一条指令执行的一系列排列有序的微指令,称为微程序。

2. 微程序控制器逻辑组成

微程序控制器与组合逻辑控制器相比,不同之处就在于其微命令的产生方式不同。微程序控制器的核心部件是微命令形成部件,包括用来存放微程序的存储器及其配套逻辑,其他逻辑(如 IR,PC,PSW 等)与组合逻辑控制器并无区别。微程序控制器的原理框图如图 4-24 所示。

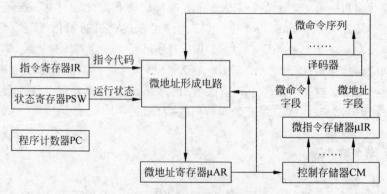

图 4-24　微程序控制器基本框图

其中各部件功能有如下几个方面。

（1）控制存储器 CM

CM 是微程序控制器的核心，用以存放与所有指令对应的微程序。由于微程序执行时不能写入，只需要读出，所以采用只读存储器 ROM。为了弥补微程序控制器速度慢的缺点，CM 通常选用高速器件。

（2）微地址寄存器 μAR

读取微指令时，用来存放其地址（相当于 MAR）。从 CM 中读取微指令时，μAR 中保存微地址，指向相应的 CM 单元。当读出微指令后或者完成一个微指令周期操作后，微地址形成电路将后续微地址打入 μAR 中，以便做好取下一条微指令的准备。

（3）微指令寄存器 μIR

用来存放由 CM 中读出的微指令（相当于控制器中的 IR）。微指令可分为两部分：一部分是提供微命令的微命令字段（也称为微操作控制字段），这部分可以不经过译码直接作为微命令，或者分成若干小字段经过译码后产生微命令；另一部分给出后续微指令地址的有关信息，用以指明后续微指令地址的形成方式，用以控制微程序的连续执行，这部分被称为微地址字段（也称为顺序控制字段）。微指令寄存器 μIR 将微命令字段送往译码器，产生相应的微命令；将微地址字段送往微地址形成电路，以便产生后续微地址。

（4）微地址形成电路

依据指令寄存器 IR 中的操作码和寻址方式、微指令寄存器 μIR 的微地址字段、程序状态字 PSW 等有关信息产生微指令的地址。在逻辑实现时采用 PLA 电路较为理想。

3. 微程序的执行过程

微程序的执行过程实际上是读取微指令并由微指令控制计算机工作的过程。下面给出微程序的执行过程：

（1）取指令阶段

取指令是公操作，任何指令的执行都是从取指令开始的。因此与所有指令对应的微程序的首地址都相同，都是从 CM 的固定单元读取"取指微指令"（即第一条用于取指令的微指令）。

（2）取数阶段

大多数指令会涉及操作数，而操作数的寻址方式不同，相应地获取操作数所需要的微操作不同，所需的微指令也不同。因此在微程序的取数阶段要依据寻址方式来确定微程序的流向。

（3）执行阶段

因为指令的操作码不同，所以执行阶段所需要的微操作不同，微指令也随之不同。因此在微程序的执行阶段，应该根据操作码通过微地址形成电路，确定与该指令所对应的微程序的入口地址，逐条取出并执行对应的微指令。当执行完一条微指令时，根据微地址形成方法产生后续微地址，读取下条微指令。

经过上述几个阶段的操作，对应于一条机器指令的一段微程序执行结束后，返回至"取指微指令"，开始新的机器指令的执行。也就是说，微程序的最后一条微指令的微地址字段指向 CM 固定的取指令单元，又开始下一段微程序（对应于新的机器指令）的执行。

4.4.2　微指令的编码方式

微指令的编码方式是指如何对微指令的操作控制字段进行编码以表示各个微命令,以及如何把编码译成相应的微命令。微指令编码设计是在总体性能和价格的要求下,在机器指令系统和 CPU 数据通路的基础上进行的,要求微指令的宽度和微程序的长度都要尽量短。微指令的宽度短可以减少 CM 的容量;微程序的长度短可以提高指令的执行速度,而且可以减少 CM 的容量。微指令编码可以采用以下几种方式。

1．直接控制方式

直接控制方式指微指令中控制字段的每一个二进制位就是一个微命令,直接对应于一种微操作。如读/写微命令,可用一位二进制表示,若命令为"1"则表示读,为"0"则表示写。这种方式具有简单直观的优点,只要读出微指令,即可得到微命令,不需要译码(也称为不译法),此外由于多个微命令位可以同时有效,所以并行性好。但是这种方式最致命的一个缺点就是信息效率太低,若不采取补充措施,将会使微指令变得过宽,造成资源浪费。因而这种不译法只能在微指令编码中被部分采用。示意图如图 4-25 所示。

为了提高信息的表示效率,可以将操作控制字段的二进制位进行组合和编码,用不同组合的码点定义各个微命令的含义,下面介绍两种有关的编码方式。

2．分段直接编码方式

分段直接编码方式也称为显式编码、单重定义方式,将整个操作控制字段分成若干个小字段(组),每个字段的编码定义相应一组微命令,每个字段经过译码给出该组的一个微命令。采用该方式时,应遵循基本的分段原则:在组合微命令时,须将相斥性微命令组合在同一字段内;将相容性命令组合在不同字段内。所谓相斥性微命令是指在同一个微周期中不能同时出现的微命令;相容性微命令是指同一微周期中可以同时出现的微命令。所谓微周期是指从 CM 中读取一条微指令并执行相应的微操作所需的时间。应注意,将相斥性微命令集中起来进行同时译码,只能有一个入选,才符合互斥的要求,即在某一时刻只有一个微命令有效,而相容性微命令要分别进行译码。示意图如图 4-26 所示。

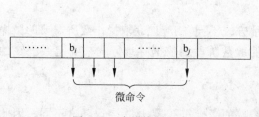

图 4-25　直接控制方式

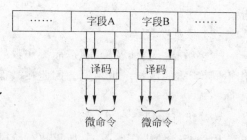

图 4-26　分段直接编码方式

如可用一个 3 位的小字段 A 表示运算器 A 输入端的选择,编码 000 表示发送微命令 $R_0 \rightarrow A$,编码 001 表示发送微命令 $R_1 \rightarrow A$,等等;用另外一个 2 位的小字段 B 表示移位功能的选择,编码 00 表示直传,编码 01 表示左移,等等。可以看出在这两个字段中各自所包含的微命令均为互斥的,不会在微指令中同时出现;而它们各表示的是同一类型的操作,这两个字段的命令可以同时出现。

采用分段直接编码方式可以有效地缩短微指令的字长,而且可以根据需要保证微命令间相互配合和一定的并行控制能力,是一种最基本、应用最广泛的微命令编码方式。

3. 分段间接编码方式

分段间接编码法是指在分段直接编码的基础上,进一步压缩微指令宽度的一种编码方式。这种编码方式中,一个字段的含义不仅取决于本字段的编码,还需由其他字段来加以解释才能形成最终的微命令(这就是间接的含义),即一种字段编码具有多重定义,也被称为隐式编码或多重定义方式。示意图如图 4-27 所示。

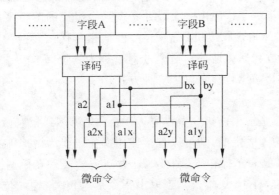

图 4-27 分段间接编码方式

如图 4-27 所示,字段 A 中发出微命令 a1,其确切含义经字段 B 的 bx 解释为 a1x,经 by 解释为 a1y,分别代表两个不同的微操作命令。同理,字段 A 中发出微命令 a2,其确切含义经字段 B 的 bx 解释为 a2x,经 by 解释为 a2y,又分别代表两个不同的微操作命令,这些微命令之间都是互斥的。

分段间接编码方式常用来将属于不同部件或不同类型但是互斥的微命令编入同一字段中,这样可以有效减少微指令字长的宽度,使得微指令中的字段进一步减少,编码的效率进一步得到提高。但是采用这种方式可能会使微指令的并行能力下降,并增加译码线路的复杂性,这将会导致执行速度的降低。因此,分段间接编码方式通常用作分段直接编码的一种辅助手段,对那些使用频率不高的微指令采用此方式。

4. 其他编码方式

除了以上几种基本编码方式外,还有一些编码方式,如在微指令中设置常数字段,为某个寄存器或某个操作提供常数;由机器指令的操作码对微命令作出解释或由寻址方式编码对微命令进行解释;由微地址参与微命令的解释等。

无论采用何种编码方式,微指令在设计时追求的目标应有以下几个方面:提高编码效率,有利于缩短微指令的宽度;有利于减少控制存储器的容量;保持微命令必须的并行性,有利于提高微程序的执行速度;有利于对微指令进行修改;有利于微程序设计的灵活性;硬件线路应尽可能简单。

4.4.3 微地址的形成方式

在微程序控制的计算机中,机器指令通过一段微程序解释执行,每一条指令都对应一段微程序,不同指令的微程序存放在 CM 的不同存储区域中。通常把指令所对应的微程序的第一条微指令在 CM 中的单元地址称为微程序的初始微地址(或者称为微程序的入口地址)。执行微程序的过程中,当前正在执行的微指令被称为现行微指令,现行微指令在 CM 中的单元地址为现行微地址。现行微指令执行完毕后,下一条要执行的微指令被称为后续微指令,后续微指令在 CM 中的单元地址被称为后续微地址。本小节中将主要讨论初始微地址及后续微地址的各种形成方法。

1. 初始微地址的形成

由于每条机器指令的执行都必须首先从取指令操作开始,所以要有"取指令"微操作控制,从主存中取出一条指令。这段由一条或几条微指令组成的微程序是公用的,一般可以从 0 号或其他特定的单元开始。取出机器指令后,根据指令代码转换为该指令所对应的微程序段的入口地址(即形成初始微地址),这个过程被称为功能转移。由于机器指令的结构以及采取的实现方法不同,功能转移有以下 3 种方式。

(1) 一级功能转移

所谓一级功能转移是指根据指令操作码,直接一次转移到相应微程序的入口。当指令操作码的位置与位数均为固定的,则可以直接使用操作码作为微地址的低位段,这样的功能转移很容易实现。如 OP 表示操作码,则微地址为 00…0OP。在模型机中,操作码对应指令的第 15~12 位(共 4 位,有 16 条指令),当取出指令后,直接将这 4 位作为微地址的低 4 位即可。

由于指令操作码是一组连续的代码组合(如模型机中为 0000~1111),所形成的初始微地址也将是一段连续的区间(如 000H~00FH),所以这些单元被用来存放转移微指令,通过微指令中的转移地址再无条件地转移到真正实现指令功能的微程序段。采用这种方式在微程序中会存在较多的转移。早期微程序设计中常采用一级功能转移。

(2) 二级功能转移

由于指令功能不仅与操作码有关,而且可能与寻址方式有关,这时可能需要进行分级转移,如先根据操作码进行第一次功能转移,再根据寻址方式进行第二次功能转移。若采用扩展操作码方式时,操作码的位置与位数不固定,也可能要进行分级转移,即先按照指令类型标志转移,区分出是哪一类指令。由于每一类指令中操作码的位置与位数一般是固定的,所以第二级即可按照操作码区分出具体是哪条指令,以便转移到相应的微程序入口。

(3) 用 PLA 电路实现功能转移

可编程逻辑阵列 PLA 实质上是一种译码—编码阵列,具有多个输入和输出,可将各种转移依据(如操作码、寻址方式等)作为其输入代码,对应的输出即为相应的微程序入口地址。采用 PLA 电路实现功能转移时,虽然在原理上常需要多级转移才能找到相应的微程序段,但是在 PLA 技术成熟后,就可实现快速的一级转移。因此,对于变长度、变位置的操作码来说,采用这种方式尤为有效,且转移速度较快。

2. 后续微地址的形成

在找到微程序入口之后,开始执行相应的微程序。每条微指令执行完毕后,都要依据其顺序控制字段的规定形成后续微地址。后续微地址的形成方式对于微程序编制的灵活性影响极大,主要有增量方式和断定方式两种。

(1) 增量方式

微地址的控制方式和程序地址控制方式相似,以顺序执行为主,配合各种常规转移方式。所谓增量方式是指当微程序按地址递增顺序一条条地执行微指令时,后续微地址是现行微地址加上一个增量得到；当微程序转移或调用微子程序时，由微指令地址控制字段产生转移微地址。常见形态包括如下几种。

- 顺序执行：微地址增量为 1。
- 跳步执行：微地址增量为 2。
- 无条件转移：由现行微指令给出转移微地址，或者给出全字长的微地址，或者给出微地址的低位部分，而高位部分与现行微地址相同。
- 条件转移：现行微指令的顺序控制字段以编码方式表明转移条件，以及现行微指令的哪些位是转移微地址。
- 转微子程序与返回：常将微程序中可公用的部分（如读取源操作数、目的地址等）编制成微子程序，相应地在微程序中就存在有转子和返回等形态。当执行转微子程序的转子微指令时，把现行微指令的下一微地址送入返回地址寄存器中，然后将转移地址字段送入微程序计数器中；当执行返回微指令时，将返回地址寄存器中的返回地址送入微程序计数器中，返回微主程序。

采用增量方式具有直观、与常规工作程序形态相似、容易编制调试的优点，但是不易直接实现多路转移。当需要进行多路转移时，通常采用断定方式。

(2) 断定方式

断定方式是一种直接给定微地址与测试判定微地址相结合的方式，后续微地址可由设计者指定或由设计者指定的测试判定字段控制产生。

在微指令中给出的有两部分信息：直接给定的微地址高位部分和断定条件（即形成低位微地址的方法）。注意断定条件只是指明低位微地址的形成条件，而不是低位微地址本身。所形成的后续微地址一般也由两个部分构成：非因变分量——由设计者直接指定的部分，一般是微地址的高位部分；因变分量——根据判定条件产生的部分，一般对应微地址的低位部分。所依据的指令代码不同，或者依据的运行状态不同，断定形成的低位微地址则会不同，相应地分支也不同。微指令与微地址的组成如图 4-28 所示。

微指令	给定部分D	断定条件A
微地址	高位部分	低位部分

图 4-28 微指令与微地址的组成示意图

如微地址有 10 位，微指令的断定条件 A 字段有两位，给定部分 D 字段的位数由断定条件确定（可变的）。下面给出不同断定条件下可实现分支的情况。

① A＝01 时，若微地址低位段为 4 位操作码，则给定的高位部分有 6 位，可实现 16 路（2^4）分支。

② A＝10 时，若微地址低位段为 3 位源寻址方式码，则给定的高位部分有 7 位，可实现 8 路（2^3）分支。

③ A＝11 时，若微地址低位段为 3 位目的寻址方式码，则给定的高位部分有 7 位，可实现 8 路（2^3）分支。

采用断定方式可以实现快速多路分支，适合于功能转移的需要，但是在编制微程序中，地址安排比较复杂，微程序执行顺序不直观。因此在实际的机器中，常将增量方式和断定方式混合使用,以便使微程序的顺序控制更加灵活。

4.4.4 微指令格式

微指令格式的设计直接影响微程序控制器的结构和微程序的编址,也影响着机器的处理速度及控制存储器 CM 的容量,所以是微程序设计的主要部分。微指令格式设计除了要实现计算机的整个指令系统外,还要考虑具体的数据通路、CM 的速度以及微程序编制等因素。在进行微程序设计的时候,为提高微程序的执行速度,应尽量缩短微指令字长,减少微程序的长度。微指令的编址方式是决定微指令格式的主要因素,微指令格式有水平型微指令和垂直型微指令两种,但是考虑到速度和成本等因素,也会将两种方式相结合。

1. 水平型微指令

水平型微指令是指一次能定义并执行多个操作微命令的微指令,一般由控制字段、判别测试字段及下地址字段构成,格式如下:

控制字段	判别测试字段	下地址字段

一般来说水平型微指令具有以下特点:微指令字长较长;微操作并行能力强;微指令编码简单;一般采用直接控制方式和分段直接编码方式,微命令与数据通路各控制点间有较直接的对应关系。因为这种微指令格式的字长较长,明显增长了 CM 的横向容量,又由于微指令中定义的微命令较多,所以使得微程序的编制较困难、复杂,也不易实现设计自动化。

采用水平型微指令来编制微程序称为水平型微程序设计。这种设计方法由于微指令的并行能力强,效率高,编制的微程序短,所以微程序的执行速度快,CM 的纵向容量小。一般水平型微程序设计面向的是微处理器内部逻辑控制的描述,所以也被称为硬方法。

2. 垂直型微指令

在微指令中设置微操作码字段,采用微操作码编译法,由微操作码规定微指令的功能,这类微指令被称为垂直型微指令。垂直型微指令与机器指令格式类似,即每条机器指令有操作码 OP,而每条微指令有微操作码 μOP,通过微操作码字段译码,一次只能控制从源部件到目的部件的一两种信息的传送过程。也就是说垂直型微指令不强调实现微指令的并行处理能力,通常一条微指令只要求实现一两种控制即可。

如垂直型运算操作的微指令格式为:

μOP	源寄存器 I	源寄存器 II	目的寄存器	其他

垂直型微指令具有如下特点:微指令字长较短;并行处理能力弱;采用微操作码规定微指令的基本功能和信息传送路径;微指令编码复杂,微操作码字段需要经过完全译码产生微命令,微命令的各个二进制位与数据通路的各个控制点之间不存在直接对应关系。因为微指令字短,含有的微命令少,所以微指令并行操作能力弱,编制的微程序较长,要求 CM 的纵向容量较大。另外,采用垂直型微指令的执行效率较低,执行速度慢。

采用垂直型微指令来编制微程序称为垂直型微程序设计,具有直观、规整、易于编制微程序和实现设计自动化的优点,又由于微指令字短,所以 CM 的横向容量少。垂直型微程序设计主要是面向算法的描述,所以也被称为软方法。

3. 毫微程序设计

所谓毫微程序设计就是用水平型的毫微指令来解释垂直型微指令的微程序设计,采用两级微程序设计方法:第一级采用垂直型微程序设计,第二级采用水平型微程序设计。当执行一条指令的时候,首先进入第一级微程序,由于是垂直型微指令,并行能力较弱,当需要时可由它调用第二级微程序(即毫微程序),执行完毕后再返回至第一级微程序。毫微程序控制器中有两个控制存储器,一个用来存放垂直微程序,被称为微程序控制存储器 μCM,另一个用来存放毫微程序,被称为毫微程序控制存储器 nCM。

在毫微程序控制的计算机中,垂直型微程序是根据指令系统和其他处理过程的需要而编制的,具有严格的顺序结构。水平型微程序由垂直型微指令调用,具有较强的并行操作能力,若干条垂直微指令可以调用同一条毫微指令,因此在 nCM 中的每条毫微指令都不相同,也无顺序关系。当从 μCM 中读出一条微指令,除了可以完成自己的操作外,还可以给出一个 nCM 地址,以便调用一条毫微指令来解释该微指令的操作,实现数据通路和其他处理过程的控制。

毫微程序设计具有以下优点:利用较少的 CM 空间可达到高度的操作并行性;用垂直型微指令编制微程序易于实现微程序设计自动化;并行能力强,效率高,可充分利用数据通路;独立性强,毫微程序间没有顺序关系,对毫微指令作修改不会影响毫微程序的控制结构;若改变机器指令的功能,只需修改垂直微程序,无需改变毫微程序,所以具有很好的灵活性,便于指令系统的修改和扩充。采用毫微程序设计时,由于在一个微周期中要访问 μCM 和 nCM,即需要两次访问控制存储器,所以速度将受到影响。此外,增加了硬件成本,所以一般不在微、小型机中使用。

4.5 模型机 CPU 的设计

设计 CPU 需要考虑指令系统、总体结构、时序系统等问题,最终形成有效的控制逻辑。现给出有关 CPU 的设计步骤,并设计一台采用微程序控制器的模型机。

4.5.1 模型机设计步骤

一台模型机的设计大致要经过以下几个步骤:

1. 指令系统的设计

计算机的指令系统表明了该机器所具备的硬件功能,如一个机器的指令系统中如果没有乘法和除法指令,则表明乘法和除法运算不能由硬件直接完成,需要通过执行程序来实现。指令系统是软硬件的界面,在计算机的设计过程中必须要首先考虑,且在设计时要依据其设计原则来实现。在设计 CPU 时,首先要明确硬件应该具备哪些功能,依据这些功能设置指令系统,包括指令格式、寻址方式及指令类型。

2. 总体结构的设计

根据上一步设计的指令系统,为了达到速度快、性价比高等目标,需要确定 CPU 硬件线路,即设计数据通路,包括运算部件的设置、寄存器的设置、CPU 内部通路结构及信息传送路径的确定等。模型机设计中有关运算部件的设置见第 2 章中运算器部分;所采用的数据通路结构及信息传送路径见 4.2.2 节和 4.2.3 节。

3. 时序系统的设计

由于 CPU 的工作需要严格的定时控制,所以要设置相应的时序信号,以便能够在不同的时间发出不同的微命令来控制完成不同的操作。采用的控制方式不同,时序安排不同。若采用组合逻辑控制方式,采用三级时序划分;若采用微程序控制方式,则采用两级时序。

4. 指令流程的设计

在这个环节,根据 CPU 的硬件设置和结构,确定各类指令的指令流程,并考虑各类指令的共有特性,在不影响功能和速度的原则下,将其共同部分尽量统一。该步骤是整个 CPU 设计中最关键的一步,因为要根据该步骤的设计结果形成最后的控制逻辑。有关指令流程和微命令序列的拟定详见 4.3.4 节。

5. 控制逻辑的设计

控制器有组合逻辑控制器和微程序控制器两种。若采用组合逻辑控制方式设计控制器,需要将产生微命令的条件进行综合、化简形成有关的逻辑表达式,再依据表达式构造逻辑电路得到控制器的核心部件。若采用微程序控制方式设计控制器,则需要根据微命令编写微指令组成微程序,从而构造出以控制存储器为核心的控制逻辑。

4.5.2　模型机的设计

前面有关小节中已经详细介绍了数据通路结构、信息传送路径及指令流程的知识,本小节主要介绍模型机设计中所涉及的指令系统的拟定、微程序控制中的时序安排及微程序的编制。

1. 模型机的指令系统

（1）指令格式

模型机采用 16 位字长的定长指令格式。由于指令字长有限,采用寄存器型寻址,即在指令格式中给出寄存器号,然后根据不同寻址方式形成相应的地址。模型机的指令格式分为双操作数指令、单操作数指令及转移指令 3 类。

双操作数指令格式如下:

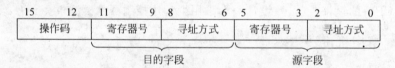

单操作数指令格式如下:

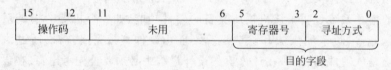

转移指令格式如下:

在转移条件字段中,若第 5 位～第 0 位均为"0",则表明无条件转移。第 5 位表明转移方式,若为"0",表示相关标志位为"0"时发生转移;若为"1",则表示相关标志位为"1"时发

生转移。第 3 位～第 0 位中某一位为"1"表明以 PSW 中的某个特征位作为转移条件。因此转移指令中的最后 4 位与 PSW 中的相对应,如 PSW 的第 1 位是溢出位 V,转移指令的第 1 位 V′若为"1",则表明以溢出状态作为转移条件。转移条件的设置如表 4-3 所示,$IR_5 \sim IR_0$ 分别表示指令中的第 5 位～第 0 位。

表 4-3　转移条件设置表

IR_5	IR_3	IR_2	IR_1	IR_0	转 移 条 件
0	0	0	0	0	无条件转移
0	0	0	0	1	无进位转移(C=0)
1	0	0	0	1	有进位转移(C=1)
0	0	0	1	0	无溢出转移(V=0)
1	0	0	1	0	有溢出转移(V=1)
0	0	1	0	0	结果不为零时转移(Z=0)
1	0	1	0	0	结果为零时转移(Z=1)
0	1	0	0	0	结果为正时转移(N=0)
1	1	0	0	0	结果为负时转移(N=1)

(2) 寻址方式

表 4-4 中给出了模型机中常用的寻址方式,其中涉及的可编程寄存器有 4 个通用寄存器 $R_0 \sim R_3$、堆栈寄存器 SP、程序计数器 PC 及程序状态寄存器 PSW。指令中直接给出了这些寄存器的编号,以便 CPU 能编程访问。对于同一个寻址方式编码,指定不同的寄存器就可以衍生出多种不同的寻址方式。

表 4-4　模型机常用的寻址方式

编码	寻址方式	助记符	指定寄存器	说　明
000	寄存器寻址	R	$R_0 \sim R_3$、SP、PC、PSW	寄存器的内容即为操作数
001	寄存器间址	(R)	$R_0 \sim R_3$	寄存器的内容为操作数的地址
010	自减型寄存器间址	−(R)	$R_0 \sim R_3$	寄存器的内容减"1"后为操作数的地址
010		−(SP)		SP 的内容减"1"后为栈顶单元地址
011	自增型寄存器间址/立即寻址	(R)+	$R_0 \sim R_3$	寄存器的内容为操作数地址,取出操作数后将寄存器的内容加"1"
011		(SP)+		SP 内容为栈顶地址,出栈后 SP 内容加"1"
011		(PC)+		PC 内容为立即数地址,取立即数后 PC 内容加"1"
100	直接/自增型双间址	@(R)+	$R_0 \sim R_3$	寄存器内容为间接地址,根据该地址访存后寄存器内容加"1",指向下个间址单元
100		@(PC)+		PC 内容为间接地址,访问后 PC 内容加"1"
101	变址/相对寻址	X(R)	$R_0 \sim R_3$	变址寄存器内容加形式地址为操作数地址
101		X(PC)		PC 内容与位移量之和为有效地址
110	跳步	SKP		执行再下一条指令

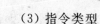

（3）指令类型

依据前面所设定的模型机的指令格式（4 位操作码），现设置了 15 种指令，其中转移指令与返回指令共用一个操作码，所以采用了 14 组编码，另外两种编码用作扩展。模型机中按照操作数分为双操作指令和单操作数指令两类，按指令本身的功能，又分为传送类指令、运算类指令、转移类指令。表 4-5 中给出了各指令的编码、助记符及操作码含义。

表 4-5　模型机中的指令类型

分　类		操作码编码	助记符	说　明
传送类指令		0000	MOV	传送
双操作数算逻指令	算术运算	0001	ADD	加
		0010	SUB	减
	逻辑运算	0011	AND	与
		0100	OR	或
		0101	EOR	异或
单操作数算逻指令	逻辑运算	0110	COM	求反
		0111	NEG	求补
	算术运算	1000	INC	加"1"
		1001	DEC	减"1"
	移位指令	1010	SL	左移
		1011	SR	右移
程序控制类指令		1100	JMP	转移
		1100	RST	返回
		1101	JSR	转子

2．时序安排

与组合逻辑控制方式相比，微程序控制方式的时序较为简单且非常规范，采用统一规整的微指令周期，而不再按阶段设置不同的工作周期。微程序控制器是通过一条一条地执行微指令来实现指令控制的，执行一条微指令的过程基本可以分为两步：第一步取微指令——将微指令从 CM 中取出；第二步执行微指令——执行微指令所规定的各个微操作。根据去后续微指令和执行现行微指令之间的时间关系，可将微指令的执行方式分为两种——串行执行和并行执行。

（1）串行执行方式

这种方式中，取微指令和执行微指令是顺序、串行执行的，在一条微指令取出并执行完毕后，再取下一条微指令。在一个微指令周期内的取微指令阶段，控制存储器工作，数据通路等待；在执行微指令阶段，数据通路工作，控制存储器空闲。因而执行速度慢，设备效率低。又由于每个微指令周期中，总要等到所有微操作结束并建立运算结果状态之后，才确定后续微指令地址，所以串行执行方式的控制简单，容易实现。

模型机的微程序时序图如图 4-29 所示。

P 为工作脉冲，反相后产生打入脉冲 CPμIR。工作脉冲 P 相邻的两个前沿构成一个微指令周期，也称为一次数据通路周期。在一个微指令周期中，P 的前沿到后沿读取微指令；P 的后沿（即下降沿）至下一个前沿（即上升沿）完成一次数据通路操作。在 P 的下降沿，也就是打入脉冲 CPμIR 的上升沿，将从 CM 中取出的微指令打入至微指令寄存器 μIR 中。

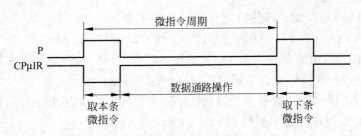

图 4-29 模型机的微程序时序图

μIR 直接或分段译码产生一组微命令,开始数据通路操作。在获得稳定的运算结果后,在 P 的前沿将结果打入目的地,并将新的微地址打入到微地址寄存器 μAR 中,读取下一条微指令。由于 CM 的容量较小,工作速度快,且与 μIR 和 μAR 的连线很短,所以读取微指令所需的时间很短,P 的宽度足以读取一条微指令。

(2) 并行执行方式

为了提高微指令的执行速度,可以将取指令操作和执行微指令操作重叠起来,即微指令并行执行。在这种方式中,将读取微指令安排在两个数据通路操作周期之间,在执行本条微指令的同时,预取下一条微指令。也就是说,当第一次数据通路操作尚未结束就开始读取新的微指令,一旦将新的微指令打入 μIR 中,就开始新的一次数据通路操作。因为取微指令和执行微指令操作分别是在两个不同的部件中执行的,所以这种重叠是完全可行的。

由于并行方式中取微指令与执行微指令在时间上有重叠,所以其执行速度比串行方式快,设备效率也高。但是采用并行执行方式时,微指令的预取也会带来一些控制上的问题,如需要根据运算结果特征实现微程序的转移,而结果产生是在微指令周期的末尾,此时预取的微指令已经取出,若转移成功的话,预取的微指令则无效。通常会采用延迟周期法、猜测法、预取多条转向微指令等方法来处理并行方式中的微程序转移问题。

3. 模型机微指令格式

针对该模型机数据通路结构的需要,模型机的微指令字长 27 位,采用了直接控制和分段编码相结合的方式,将微控制信号划分为 11 个小字段,设定其格式如图 4-30 所示。

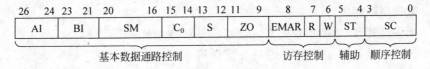

图 4-30 模型机微指令格式

由图 4-30 可以看到,微命令字段被分为基本数据通路控制字段、访问主存控制字段、辅助操作控制字段及顺序控制字段几个部分。各字段编码及意义如下:

(1) 基本数据通路控制字段

① AI——ALU 的 A 输入端选择字段(3 位)。

000:无输入; 001:R_i→A; 010:C→A; 011:D→A; 100:PC→A

其中 001 编码时,由指令中的寄存器号具体指明 R_i 是哪个寄存器(R_0～R_3,SP,PC),100 编码的命令用于取指、变址中对 PC 的选取,是专用命令。而 001 编码中的 PC→A 是用于指定的寄存器为 PC 的寻址时。

② BI——ALU 的 B 输入端选择字段(3 位)。

000：无输入； 001：$R_i \rightarrow$B； 010：C$\rightarrow$B； 011：D$\rightarrow$B； 100：MDR$\rightarrow$B

其中 001 编码时，由指令中的寄存器号具体指明 R_i 是哪个寄存器($R_0 \sim R_3$,SP,PSW)。注意 AI 和 BI 中有一些编码组合未被定义，可用来扩充微命令。

③ SM——ALU 功能选择信号字段($S_3 S_2 S_1 S_0 M$)，共 5 位，采用直接控制法。

④ C_0——初始进位设置字段(2 位)。

00：$0 \rightarrow C_0$； 01：$1 \rightarrow C_0$； 10：PSW_0(进位位)$\rightarrow C_0$

⑤ S——移位器控制字段(2 位)。

00：DM(直传)；01：SL(左移)；10：SR(右移)；11：EX(高低字节交换)

⑥ ZO——内总线输出分配字段(3 位)。

000：无输出,不发打入脉冲； 001：CPR_i； 010：CPC； 011：CPD；
100：CPIR； 101：CPMAR； 110：CPMDR； 111：CPPC

(2) 访问主存控制字段

该控制字段包括 3 个一位的小字段,均采用直接控制方式。

EMAR——地址使能信号字段,为"0"时 MAR 与地址总线断开;为"1"时由 MAR 向地址总线提供有效的地址;若 EMAR 为"0"时,CPU 不访存,但是可以由 DMA 控制器提供地址。

R——读控制信号字段,为"1"时读主存,同时作为 SMDR。

W——写控制信号字段,为"1"时写入主存,为"0"时 MDR 与数据总线断开。

注意,当 R 和 W 均为"0"时,主存不工作。

(3) 辅助操作控制字段 ST(2 位)

将前面基本操作中未能包含的其他操作归为一类,称之为辅助操作,如开中断、关中断等。

00：无操作； 01：开中断； 10：关中断； 11：SIR

(4) 顺序控制字段 SC(4 位)

顺序控制字段 SC 中只是指出了形成后续微地址的方法,其本身并不是微地址。本模型机中确定了 9 种方式,所以相应地 SC 字段需要 4 位,其他编码可用作扩充。

0000：微程序顺序执行。

0001：无条件转移,由微指令的高 8 位提供转移微地址。

0010：按指令操作码 OP 断定,进行分支转移。

0011：按 OP 与 DR(目的寻址方式是寄存器型或非寄存器型)断定,分支转移。

0100：按 J(是否转移成功)与 PC(指令中指定的寄存器是否为 PC)断定,分支转移。

0101：按源寻址方式断定,分支转移。

0110：按目的寻址方式断定,分支转移。

0111：转微子程序,将返回微地址存入一个专设的返回微地址寄存器中,由微指令的高 8 位提供微子程序入口。

1000：从微子程序返回,由返回微地址寄存器提供返回地址。

4. 微程序的编制

编制微程序时,要注意编写顺序、实现微程序分支转移等问题。依照前面所指定的指令流程可以进行微程序的编制,根据模型机微程序的长度,需要 8 位微地址就能满足要求,也留有较多的空间以便进行扩展微程序的功能。在编制微程序时,采取的编制顺序如下:先编写取指段;然后按机器指令系统中各类指令的需要,分别编写其相对应的微程序;后面编写压栈、取源操作数、取目的地址等可公用的微子程序。

表 4-6 中列举了一部分微程序,其他的读者可自行拟定。表中第一栏提供有关微程序段含义的标注;第二栏是微地址;第三栏给出该微指令所实现的指令流程操作;第四栏中标明该微指令所包含的微命令,包括电平型微命令和脉冲型微命令、顺序控制字段代码等。为了便于阅读和理解,采用文字方式对微程序转移和分支情况进行说明。

表 4-6　模型机中部分微程序

	微地址	操　作	微　命　令
取指	00H	M→IR	EMAR,R,SIR,SC=0000
	01H	PC+1→PC	PC→A,$S_3S_2S_1S_0\overline{M}$,$C_0=1$,DM,CPPC,SC=0000
	02H		按操作码 OP 分支,SC=0010
MOV	03H		转"取源操作数"微程序入口 4CH,SC=0111
	04H		转"取目的地址"微程序入口 60H,SC=0111
	05H		按 OP·DR 分支,SC=0011
MOV·$\overline{DR}$	06H	C→MDR	C→A,$S_3S_2S_1S_0$M,DM,CPMDR,SC=0000
	07H	MDR→M	EMAR,W,SC=0000
	08H	PC→MAR	PC→A,$S_3S_2S_1S_0$M,DM,CPMAR,SC=0000
	09H		转"取指"入口 00H,SC=0001
MOV·DR	0AH	C→R_j	C→A,$S_3S_2S_1S_0$M,DM,CPR_j,SC=0000
	0BH		转 08H,SC=0001
双操作数	0CH		转"取源操作数"微程序入口 4C H,SC=0111
	0DH		转"取目的地址"微程序入口 60 H,SC=0111
	0EH	M→MDR→D	EMAR, R, MDR→B, $S_3\overline{S_2}S_1\overline{S_0}$M, DM, CPD, SC=0000
	0FH		按 OP·DR 分支,SC=0011
ADD·$\overline{DR}$	10H	C+D→MDR	C→A, D→B, $S_3\overline{S_2}\overline{S_1}S_0\overline{M}$, PSW_0→C_0, DM, CPMDR,SC=0000
	11H		转 07H,SC=0001
ADD·DR	12H	C+R_j→R_j	C→A,R_j→B,$S_3\overline{S_2}\overline{S_1}S_0\overline{M}$,$PSW_0$→$C_0$,DM,CP$R_j$,SC=0000
	13H		转 08H,SC=0001
SUB·$\overline{DR}$	14H	C−D→MDR	C→A, D→B, $\overline{S_3}S_2S_1\overline{S_0}\overline{M}$, 1→$C_0$, DM, CPMDR,SC=0000
	15H		转 07H,SC=0001
SUB·DR	16H	C−R_j→R_j	C→A, R_j→B, $\overline{S_3}S_2S_1\overline{S_0}\overline{M}$, 1→$C_0$, CP$R_j$,SC=0000
	17H		转 08H,SC=0001
AND·$\overline{DR}$	18H	C∧D→MDR	C→A,D→B,$S_3S_2S_1\overline{S_0}$M,DM,CPMDR,SC=0000
	19H		转 07H,SC=0001
AND·DR	1AH	C∧R_j→R_j	C→A,R_j→B,$S_3S_2S_1\overline{S_0}$M,DM,CPR_j,SC=0000
	1BH		转 08H,SC=0001

	微地址	操 作	微 命 令
OR·$\overline{DR}$	1CH	$C \vee D \rightarrow MDR$	$C \rightarrow A, D \rightarrow B, S_3\,\overline{S_2}\,S_1 S_0 M, DM, CPMDR, SC=0000$
	1DH		转 07H,SC=0001
OR·DR	1EH	$C \vee R_j \rightarrow R_j$	$C \rightarrow A, R_j \rightarrow B, S_3\,\overline{S_2}\,S_1 S_0 M, DM, CPR_j, SC=0000$
	1FH		转 08H,SC=0001
EOR·$\overline{DR}$	20H	$C \oplus D \rightarrow MDR$	$C \rightarrow A, D \rightarrow B, S_3\,\overline{S_2}\,S_1 S_0 M, DM, CPMDR, SC=0000$
	21H		转 07H,SC=0001
EOR·DR	22H	$C \oplus R_j \rightarrow R_j$	$C \rightarrow A, R_j \rightarrow B, S_3\,\overline{S_2}\,S_1 S_0 M, DM, CPR_j, SC=0000$
	23H		转 08H,SC=0001
单操作数	24H		转"取目的地址"微程序入口 60 H,SC=0111
	25H	$M \rightarrow MDR \rightarrow D$	$EMAR, R, MDR \rightarrow B, S_3\,\overline{S_2}S_1\,\overline{S_0}M, DM, CPD, SC=0000$
	26H		按操作码 OP 分支,SC=0010
COM·$\overline{DR}$	27H	$\overline{D} \rightarrow MDR$	$D \rightarrow A, \overline{S_3}\,\overline{S_2}\,\overline{S_1}\,\overline{S_0}M, DM, CPMDR, SC=0000$
	28H		转 07H,SC=0001
COM·DR	29H	$\overline{R_j} \rightarrow R_j$	$R_j \rightarrow A, \overline{S_3}\,\overline{S_2}\,\overline{S_1}\,\overline{S_0}M, DM, CPR_j, SC=0000$
	2AH		转 08H,SC=0001
NEG·$\overline{DR}$	2BH	$\overline{D}+1 \rightarrow MDR$	$D \rightarrow B, \overline{S_3}S_2 S_1\,\overline{S_0}M\overline{C_0}, DM, CPMDR, SC=0000$
	2CH		转 07H,SC=0001
NEG·DR	2DH	$\overline{R_j}+1 \rightarrow R_j$	$R_j \rightarrow B, \overline{S_3}S_2 S_1\,\overline{S_0}M\overline{C_0}, DM, CPR_j, SC=0000$
	2EH		转 08H,SC=0001
INC·$\overline{DR}$	2FH	$D+1 \rightarrow MDR$	$D \rightarrow A, S_3 S_2 S_1 S_0 M\overline{C_0}, DM, CPMDR, SC=0000$
	30H		转 07H,SC=0001
INC·DR	31H	$R_j+1 \rightarrow R_j$	$R_j \rightarrow A, S_3 S_2 S_1 S_0 M\overline{C_0}, DM, CPR_j, SC=0000$
	32H		转 08H,SC=0001
DEC·$\overline{DR}$	33H	$D-1 \rightarrow MDR$	$D \rightarrow A, \overline{S_3}\,\overline{S_2}\,\overline{S_1}\,\overline{S_0}\overline{M}, DM, CPMDR, SC=0000$
	34H		转 07H,SC=0001
DEC·DR	35H	$R_j-1 \rightarrow R_j$	$R_j \rightarrow A, \overline{S_3}\,\overline{S_2}\,\overline{S_1}\,\overline{S_0}\overline{M}, DM, CPR_j, SC=0000$
	36H		转 08H,SC=0001
SL·$\overline{DR}$	37H	D 左移后$\rightarrow MDR$	$D \rightarrow A, S_3 S_2 S_1 S_0 M, SL, CPMDR, SC=0000$
	38H		转 07H,SC=0001
SL·DR	39H	R_j 左移后$\rightarrow R_j$	$R_j \rightarrow A, S_3 S_2 S_1 S_0 M, SL, CPR_j, SC=0000$
	3AH		转 08H,SC=0001
SR·$\overline{DR}$	3BH	D 右移后$\rightarrow MDR$	$D \rightarrow A, S_3 S_2 S_1 S_0 M, SR, CPMDR, SC=0000$
	3CH		转 07H,SC=0001
SR·DR	3DH	R_j 右移后$\rightarrow R_j$	$R_j \rightarrow A, S_3 S_2 S_1 S_0 M, SR, CPR_j, SC=0000$
	3EH		转 08H,SC=0001
JMP 或 JSR	3FH		按 J 和 PC 分支,SC=0100
NJ·$\overline{PC}$	40H		转 08H,SC=0001
	41H	$PC+1 \rightarrow PC$	$PC \rightarrow A, S_3 S_2 S_1 S_0 M\overline{C_0}, DM, CPPC, SC=0000$
NJ·PC	42H		转 08H,SC=0001
JP	43H		转"取源操作数"微程序入口 4C H,SC=0111
	44H	$C \rightarrow PC$	$C \rightarrow A, S_3 S_2 S_1 S_0 M, DM, CPPC, SC=0000$
	45H		转 08H,SC=0001

续表

	微地址	操 作	微 命 令
JSR	46H		转"压栈"微子程序入口48H,SC=0111
	47H		转43H,SC=0001
压栈	48H	$SP-1 \to SP$	$SP \to A, \bar{S}_3 \bar{S}_2 \bar{S}_1 \bar{S}_0 \bar{M}, DM, CPSP, SC=0000$
	49H	$SP \to MAR$	$SP \to A, S_3 S_2 S_1 S_0 M, DM, CPMAR, SC=0000$
	4AH	$PC \to MDR$	$PC \to A, S_3 S_2 S_1 S_0 M, DM, CPMDR, SC=0000$
	4BH	$MDR \to M$	$EMAR, W, 返回, SC=1000$
取源操作数	4CH		按源寻址方式分支,SC=0101
R	4DH	$R_i \to C$	$R_i \to A, S_3 S_2 S_1 S_0 M, DM, CPC, 返回, SC=1000$
(R)	4EH	$R_i \to MAR$	$R_i \to A, S_3 S_2 S_1 S_0 M, DM, CPMAR, SC=0000$
	4FH	$M \to MDR \to C$	$EMAR, R, MDR \to B, S_3 \bar{S}_2 S_1 \bar{S}_0 M, DM, CPC, 返回,$ $SC=1000$
$-(R)$	50H	$R_i-1 \to R_i$	$R_i \to A, \bar{S}_3 \bar{S}_2 \bar{S}_1 \bar{S}_0 \bar{M}, DM, CPR_i, SC=0000$
	51H		转4EH,SC=0001
$(R)+$	52H	$R_i \to MAR$	$R_i \to A, S_3 S_2 S_1 S_0 M, DM, CPMAR, 返回, SC=0000$
	53H	$R_i+1 \to R_i$	$R_i \to A, S_3 S_2 S_1 S_0 \bar{M} C_0, DM, CPR_i, SC=0000$
	54H		转4FH,SC=0001
$@(R)+$	55H	$R_i \to MAR$	$R_i \to A, S_3 S_2 S_1 S_0 M, DM, CPMAR, SC=0000$
	56H	$R_i+1 \to R_i$	$R_i \to A, S_3 S_2 S_1 S_0 \bar{M} C_0, DM, CPR_i, SC=0000$
	57H	$M \to MDR \to MAR$	$EMAR, R, MDR \to B, S_3 \bar{S}_2 S_1 \bar{S}_0 M, DM, CPMAR,$ $SC=0000$
	58H		转4FH,SC=0001
X(R)	59H	$PC \to MAR$	$PC \to A, S_3 S_2 S_1 S_0 M, DM, CPMAR, SC=0000$
	……	……	……
取目的地址	60H	……	……

例如,"取指微指令"的微程序段中包含有 3 条微指令,分别存放在 CM 的 00 号、01 号和 02 号单元中。按照模型机的微指令格式,用代码表示为:

微指令

分步操作	微地址	26 24 AI	23 21 BI	20　　16 SM	15 14 C_0	13 12 S	11 9 ZO	8 EMAR	7 R	6 W	5 4 ST	3　　0 SC
$M \to IR$	00H	000	000	00000	00	00	00	1	1	0	11	0000
$PC+1 \to PC$	01H	100	000	10010	01	00	111	0	0	0	00	0000
按OP分支	02H	000	000	00000	00	00	000	1	1	0	11	0010

以上代码分析如下。

第一条微指令存放在 00 号单元中,用来控制完成 M→IR 操作,因为是访存操作,所以数据通路操作字段编码均为"0";ST 字段为"11",表示将读出的指令置入 IR 中;SC 字段为"0000"表示顺序执行微程序,即顺序执行 01 号单元的微指令。

第二条微指令在 01 号单元中,AI 字段编码为"100"表示选择 PC,BI 字段为"000",C_0 为"1",SM 字段为"10010",实现 PC+1 操作;ZO 字段编码为"111",表示将结果送至 PC 中;因为完成的是一次内部数据通路操作,所以访存操作字段均为"0"。

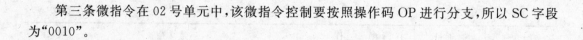

第三条微指令在 02 号单元中,该微指令控制要按照操作码 OP 进行分支,所以 SC 字段为"0010"。

4.6 CPU 技术的发展与变革

本节中以 Intel 公司的 CPU 为例,以指令集和微体系构架的发展为线索简单给出 CPU 的发展。

4.6.1 指令集

CPU 是依靠指令来计算和控制系统的,每款 CPU 在设计时就规定了一系列与其硬件电路相匹配的指令系统。从现阶段的主流体系结构讲,指令系统可分为复杂指令系统 CISC 和精简指令系统 RISC 两类。而从具体运用看,为增强 CPU 的多媒体及 Internet 等的处理能力,还提出了有扩展指令集如 Intel 的 MMX、SSE、SSE2、SSE3 及 SSE4 等。我们通常将 CPU 的扩展指令集称为"CPU 的指令集"。

1. 精简指令系统

RISC 的提出是计算机系统架构的一次深刻革命,解决了 CISC 指令种类太多、指令格式不规范、寻址方式太多的缺点,通过减少指令种类、规范指令格式和简化寻址方式,方便处理器内部的并行处理,提高 VLSI 器件的使用效率,从而大幅度地提高处理器的性能。RISC 具有以下重要特征。

(1)指令种类少,指令格式规范。RISC 通常只使用一种或少数几种格式。指令长度单一(一般 4 个字节),并且在字边界上对齐,字段位置、特别是操作码的位置是固定的。

(2)寻址方式简化。几乎所有指令都使用寄存器寻址方式,寻址方式总数一般不超过 5 个。其他更为复杂的寻址方式,如间接寻址等则由软件利用简单的寻址方式来合成。

(3)大量利用寄存器间操作。RISC 指令集中大多数操作都是寄存器到寄存器操作,只以简单的 Load 和 Store 操作访问内存。因此,每条指令中访问的内存地址不会超过 1 个,访问内存的操作不会与算术操作混在一起。

(4)简化处理器结构。使用 RISC 指令集,可以大大简化处理器的控制器和其他功能单元的设计,不必使用大量专用寄存器,特别是允许以硬件线路来实现指令操作,而不必像 CISC 处理器那样使用微程序来实现指令操作。因此 RISC 处理器不必像 CISC 处理器那样设置微程序控制存储器,就能够快速地直接执行指令。

(5)便于使用 VLSI 技术。随着 LSI 和 VLSI 技术的发展,整个处理器(甚至多个处理器)都可以放在一个芯片上。RISC 体系结构可以给设计单芯片处理器带来很多好处,有利于提高性能,简化 VLSI 芯片的设计和实现。基于 VLSI 技术,制造 RISC 处理器要比 CISC 处理器工作量小得多,成本也低得多。

(6)加强了处理器并行能力。RISC 指令集能够非常有效地适合于采用流水线、超流水线和超标量技术,从而实现指令级并行操作,提高处理器的性能。目前常用的处理器内部并行操作技术基本上是基于 RISC 体系结构发展和走向成熟的。

2. CPU 的扩展指令集

对于 CPU 来讲,在基本功能方面差别并不太大,所以基本的指令系统也都类似,但是为了提升性能,又开发了扩展指令集。扩展指令集中定义了新的数据和指令,能够大大提高某方面数据处理能力,但必须要有软件支持。

(1) MMX 指令集

MMX(Multi Media eXtension,多媒体扩展指令集)指令技术是 Intel 公司于 1996 年推出的一项多媒体指令增强技术,该指令集中包括有 57 条多媒体指令,包括有算术指令、比较指令、转换指令、逻辑指令、移位指令、数据传送指令及清除 MMX 状态指令等。通过这些指令可以一次处理多个数据,在处理结果超过实际处理能力的时候也能进行正常处理,在软件的配合下,可以得到更高的性能。MMX 指令通过共享浮点运算部件完成多媒体信息的处理,通过使用别名的办法借用浮点运算单元的 8 个 64 位宽的浮点寄存器来存放多媒体数据,有效地增强了 CPU 处理音频、图像和通信等多媒体应用的能力。但是 MMX 指令集与 x87 浮点运算指令不能够同时执行,必须做密集式的交错切换才可以正常执行,这种情况会造成整个系统运行质量的下降。

(2) SSE 指令集

SSE(Streaming SIMD Extensions,单指令多数据流扩展)指令集是 Intel 在 Pentium Ⅲ 处理器中率先推出的。SSE 指令集中包括了 70 条指令,其中包含提高 3D 图形运算效率的 50 条 SIMD(单指令多数据技术)浮点运算指令、12 条 MMX 整数运算增强指令、8 条优化内存中连续数据块传输指令。理论上这些指令对图像处理、浮点运算、3D 运算、视频处理、音频处理等诸多多媒体应用起到全面强化的作用。SSE 指令与 AMD 的 3DNow! 指令彼此互不兼容,但 SSE 包含了 3DNow! 技术的绝大部分功能,只是实现的方法不同。SSE 兼容 MMX 指令,它可以通过 SIMD 和单时钟周期并行处理多个浮点数据来有效地提高浮点运算速度。

(3) SSE2 指令集

SSE2(Streaming SIMD Extensions 2,SIMD 流技术扩展 2 或数据流单指令多数据扩展指令集 2)指令集是 Intel 公司在 SSE 指令集的基础上发展起来的。相比于 SSE,SSE2 使用了 144 个新增指令,扩展了 MMX 技术和 SSE 技术,这些指令提高了广大应用程序的运行性能。随 MMX 技术引进的 SIMD 整数指令从 64 位扩展到了 128 位,使 SIMD 整数类型操作的有效执行率成倍提高。双倍精度浮点 SIMD 指令允许以 SIMD 格式同时执行两个浮点操作,提供双倍精度操作支持有助于加速内容创建、财务、工程和科学应用。除 SSE2 指令之外,最初的 SSE 指令也得到增强,通过支持多种数据类型(例如,双字和四字)的算术运算,支持灵活且动态范围更广的计算功能。SSE2 指令可让软件开发员极其灵活的实施算法,并在运行诸如 MPEG-2、MP3、3D 图形等相关软件时增强性能。Intel 是从 Willamette 核心的 Pentium 4 开始支持 SSE2 指令集,而 AMD 则是从 K8 架构的 SledgeHammer 核心的 Opteron 才开始支持 SSE2 指令集。

(4) SSE3 指令集

SSE3(Streaming SIMD Extensions 3,SIMD 流技术扩展 3 或数据流单指令多数据扩展指令集 3)指令集是 Intel 公司在 SSE2 指令集的基础上发展起来的。相比于 SSE2,SSE3 在 SSE2 的基础上又增加了 13 个额外的 SIMD 指令,主要是对水平式暂存器整数的运算,可对多笔数值同时进行加法或减法运算,令处理器能大量执行 DSP 及 3D 性质的运算。此外,SSE3 更针对多线程应用进行最佳化,使处理器原有的 Hyper-Theading 功能获得更佳的发挥。这些新增指令强化了处理器在浮点数转换至整数、复杂算法、视频编码、SIMD 浮点寄存器操作以及线程同步等 5 个方面的表现,最终达到提升多媒体和游戏性能的目的。Intel 是从 Prescott 核心的 Pentium 4 开始支持 SSE3 指令集的,而 AMD 则是从 2005 年下半年 Troy 核心的 Opteron 开始才支持 SSE3 的。但是需要注意的是,AMD 所支持的 SSE3 删除了针对 Intel 超线程技术优化的部分指令。

(5) SSE4 指令集

SSE4 指令集是自最初 SSE 指令集架构(ISA)推出以来添加的最大指令集,扩展了 Intel64 指令集架构,提升了 Intel 处理器架构的性能和能力,被视为自 2001 年以来最重要的媒体指令集架构改进。SSE4 指令集除了将延续多年的 32 位架构升级至 64 位之外,还加入了图形、视频编码、处理、三维成像及游戏应用等众多指令,使得处理器在音频、图像、数据压缩算法等多方面性能大幅度提升。与以往不同的是,Intel 将 SSE4 分为了 4.1 和 4.2 两个版本。

SSE 4.1 版本的指令集新增加了 47 条指令,主要针对向量绘图运算、3D 游戏加速、视频编码加速及协同处理的加速。在应用 SSE4 指令集后,45nm Penryn 核心额外提供了 2 个不同的 32 位向量整数乘法运算支持,并且在此基础上还引入了 8 位无符号最小值和最大值以及 16 位、32 位有符号和无符号的运算,能够有效地改善编译器编译效率,同时提高向量化整数和单精度运算的能力。另外,SSE4.1 还改良了插入、提取、寻找、离散、跨步负载及存储等动作,保证了向量运算的专一化。SSE4.1 还加入了 6 条浮点型运算指令,支援单、双精度地浮点运算及浮点产生操作。其中 IEEE 754 指令可实现立即转换运算路径模式,大大减少延迟,保证数据运算通道的畅通。而这些改变,对于进行 3D 游戏和相关的图形制作是具有相当深远的意义。除此之外,SSE4.1 指令集还加入了串流式负载指令,可提高图形帧缓冲区的读取数据频宽,理论上可获取完整的缓存行,即单次性读取 64 位而非原来的 8 位,并可保持在临时缓冲区内让指令最多带来 8 倍的读取频宽效能提升。对于图形处理器与中央处理器之间的数据共享起到重要作用。

Intel 从 LGA 1366 平台的 Core i7-900 系列处理器开始支持 SSE4.2 指令集,主要针对字符串和文本处理指令应用。新增的 7 条指令中有面向 CRC-32 和 POP Counts,也有特别针对 XML 的流式指令。SSE4.2 指令集可以将 256 条指令合并在一起执行,让类似 XML 的工作性能得到数倍的性能提升。SSE 4.2 指令集可再细分为 STTNI 及 ATA 2 个组别: STTNI 主要是加速字符串及文本处理,例如 XML 应用进行高速查找及对比,相较以软件运算,SSE 4.2 提供约 3.8 倍的速度,提升及节省 2.7 倍指令周期,对服务器应用有显著效能改善。而 ATA 则是用作数据库中加速搜索和识别,其中 POPCNT 指令对于提高快速匹配和数据挖掘上有很大帮助,能应用于 DNA 基因配对及语音辨识等,此外 ATA 亦提供硬件的 CRC32 硬件加速可用于通讯应用上,支持 32b 及 64b,较软件运算高出至少 6x 以上。Intel 发布的 Lynnfield 核心 i7、i5 处理器依然保留了完整的 SSE4.2 指令集,使 CPU 在多媒体应用上和 XML 文本的字符串操作、存储校验 CRC32 等方面有明显性能提升,并没有因为市场定位而对指令集进行缩减。

4.6.2　微体系架构

众所周知,Intel 的 CPU 先后经历了 8086,80286,80386,80486 及此后的奔腾系列(包括奔腾 1、奔腾 2、奔腾 3、奔腾 4)、赛扬系列和至强系列,其中具有里程碑性质的是 8086、80486 和奔腾。1993 年,Intel 公司推出"奔腾"(Pentium)芯片,被称为 586,含有 310 万个晶体管,速度达 60MHz。1995 年 11 月,Intel 推出"新奔腾"(Pentium PRO),即至强的前身,目标直接定位于商业用高性能计算机、服务器等企业级计算领域。这是自从 1979 年以来的芯片家族的第六代,代号为 P6,有 550 万个晶体管,第一批芯片运行速度为 150～200MHz。

经过了 Pentium 3(奔腾 3)、Netburst(奔腾 4)、酷睿、Nehalem 等几代微架构的变迁,至强处理器的制造工艺从最早的 250nm 提升到现在的 32nm,CPU 内核数量从单核发展到了 8 核,主频从 400MHz 提升到 3.8GHz,前端总线带宽从 100MHz 发展到了 1.6GHz,并最终转换到了全新的 QPI 直联架构,指令集和诸如超线程、智能节能、虚拟化等功能不断地被推出。按照处理器微架构的不同,可将处理器的发展历程分为四个阶段。

1. 奔腾 3 微架构时代（1998 年—2000 年）

该架构包括有 250nm 的奔腾 II 至强 Drake、奔腾 III 至强 Tanner 以及 180nm 工艺的奔腾 III 至强 Cascades,共 20 多款处理器,插座接口为 Slot 2,采用的指令集只有 MMX 和 SSE。

P6 处理器的主频都很低,直到 2000 年的 8 月 22 日出现的"奔腾 III 至强 1000"主频为 1GHz,而且前端总线带宽也很低,只有 100MT/s 或 133MT/s。但是 P6 处理器的功耗非常低(23～46.7W)。由此看来,从 250nm 到 180nm 制造工艺的进步对于 P6 主频提升和功耗降低都非常明显,如 250nm 处理器主频为 400～550MHz,而到了 180nm 的奔腾 III 至强 Cascades,主频已经跃升至 1GHz,功耗则下降了 10W 左右。

2. NetBurst 微架构时代（2001 年—2006 年）

NetBurst 是 Intel 沿用时间最长的一代构架,包括有 180nm 的至强 Foster,130nm 的至强 Prestonia 和 Gallatin,90nm 的至强 Nocona,Irwindale,Paxville,Cranford,Potomac,以及 65nm 的 Dempsey 和 Tulsa 等共 70 多款处理器,CPU 插座有 LGA 771,Socket 603。NetBurst 架构的 Pentium4 在提高流水线长度之后令执行效率大幅度降低,采用大容量二级缓存与高主频进行弥补,该架构具有以下特点:具有较快的系统总线(Faster System Bus)、采用高级传输缓存(Advanced Transfer Cache)、高级动态执行(Advanced Dynamic Execution) 技术、超长管道处理技术(Hyper Pipelined Technology)、快速执行引擎(Rapid Execution Engine)及 SSE2 指令集等。

在这个时期至强已经开始逐渐摆脱 PC 的影响,型号前面也不在加上"奔腾 III"、"奔腾 4"的标称,正在朝面向企业计算的独立平台转化,企业计算的特征越来越明显,出现了按 UP(单路系统)、DP(双路系统)和 MP(多路系统)的划分方式。该时期内至强的主要特性变化特点有如下 7 点。

(1) 能效计算

制造工艺从 180nm 提升到了 65nm;伴随着制造工艺的进步,主频和功耗之间的关系变得微妙起来,"要获得高主频往往得付出高功耗的代价"——180nm(1.4～2GHz,48～77W)、130nm(1.5～3.2GHz,30～90W)、90nm(2.6～3.8GHz,55～165W)、65nm(2.5～3.7GHz,95～150W),比如主频 3GHz 的双核至强 7040(Paxville MP)的 TDP 功耗就高达 165W,"每瓦特性能"的概念开始出现并广泛流行。同时,Intel 也开始通过一系列技术创新如制造工艺改进、低功耗版处理器、EIST 等，来保证平台更新时"在功耗不变的条件下提升性能"。Intel 甚至在 2006 年还尝试动用了用于笔记本电脑的处理器微架构，推出基于 Pentium M（Yonah）架构的双核至强 DP 处理器（Sossaman），TDP 功耗为 31W，使用 Socket M 插座，主频最大仅 2.166GHz。

（2）唯主频论过时

由于唯主频论开始过时，至强的命名型号也发生了大的变化，从 2006 年开始，Intel 不再用"至强 UP/DP/MP＋主频"来的方式来命名、区别不同型号，而是分为针对双路平台的至强 5000 系列和针对多路平台的至强 7000 系列，如至强 50XX（Dempsey）、至强 70XX（Paxville MP）、至强 71XX（Tulsa），后面两位数用来标识 CPU 的不同，一般数字越大，表示性能越高。而且，由于这一阶段开始出现核心数量、功耗的区别，所以有些产品前面也开始加上 Dual Core（双核）、后面加上 Low-voltage（低功耗）等字样。

（3）64 位计算

2004 年 6 月，在 AMD64 位皓龙的竞争推动下，Intel 放弃过去单纯依靠安腾主打 64 位计算市场的策略，推出 EMT64 的 Nocano，走上 32 位/64 位兼容型计算道路。

（4）多核计算

2005 年开始出现双核芯，多核计算开始走上快车道。

（5）多功能

指令集和 CPU 的功能得到了频繁更新，跟 P6 架构相比，新增了 SSE2，SSE3 指令集，以及超线程、EIST（Enhanced Intel SpeedStep Technology）智能降频节电技术、EMT64 兼容 32 位和 64 位计算、XD bit（No eXecute）防病毒防恶意攻击技术、Intel-VT 硬件辅助虚拟化技术等新技术。

（6）均衡计算

随着处理器的性能越来越强，但前端总线的带宽提升幅度却不大，从 400，533，667，800 提升到 1066MT/s，I/O 瓶颈也越来越突出，尤其是对于四路以上的系统。为了提高 CPU 效率，Intel 不断进行大容量 L2 缓存设计，甚至开始引入大容量 L3 缓存，如针对多路系统、FSB 带宽仅有 667 MT/s 的双核至强 7150N（Tulsa）就拥有 2x1MB 二级缓存和高达 16MB 的三级缓存。

（7）虚拟化

随着 x86 服务器虚拟化的流行，Intel 在 2006 年 5 月份发布的 Dempsey 处理器中开始引入其硬件辅助虚拟化技术 Intel-VT，以缓解 VMware 等虚拟化软件的性能损耗，提高虚拟化的效率，此后，Intel-VT 得到了长足的发展，直至今天。

3. 酷睿（Core）微架构时代（2006 年—2008 年）

2006 年其实是 Netburst 和酷睿两种架构并存的一年。Core 架构尽管历时才 3 年左右，但 Intel 一共推出了近 90 款 CPU，包括 65nm 针对单路平台的双核 Allendale（至强 3000 系列）、双核 Conroe（至强 3000 系列）、四核 Kentsfield（至强 3200 系列），针对双路平台的双核 Woodcrest（至强 5100 系列）和四核 Clovertown（至强 5300 系列），针对四路以上平台的 Tigerton（双核至强 7200 系列、四核至强 7300 系列），以及 45nm 针对单路平台的双核 Wolfdale（至强 3100 系列）和四核 Yorkfield（至强 3300 系列），针对双路平台的双核 Wolfdale-DP（至强 5200 系列）、四核 Harpertown（至强 5400 系列），还有针对四路平台的四核/六核 Dunnington(至强 7400 系列)等。Core 微体系架构内含众多创新特性,将高能效表现推向了新的高度。它们包括以下 5 个方面。

(1) 宽位动态执行技术。

首先应用于 P6 微体系架构,综合了多项技术(数据流分析、预测执行、乱序执行和超标量技术),能够加快处理器对指令的并行执行速度,在更短时间内完成任务。宽位动态执行技术可有效提升处理器功能,在每时钟周期内执行更多指令,改善执行速度和能效表现。与上一代架构相比,新架构中每枚执行内核的执行宽度增加 33%,可支持每枚内核同时获取、分配、执行和撤销多达 4 条完整指令。此外,新架构还拥有更精确的分支预测能力和更大的指令缓冲深度(增加执行灵活性),以及更多其他特性,可有效加快处理器的执行速度,进一步提升效率。

(2) 高级智能高速缓存。

高级智能高速缓存专门针对多核处理器进行了特别优化,能够显著降低常用数据的延迟,通过提高多核处理器中每枚执行内核从高性能、高效率的高速缓存子系统中获取数据的能力,因而显著改善处理器的性能和效率。

(3) 智能内存访问技术。

智能内存访问内含一项被称为"内存消歧"的全新功能,通过为执行内核提供内建智能,它可在执行所有先前存储的指令前随机为即将执行的指令装载数据,进而提高乱序处理的效率。

(4) 高级数字媒体增强特性。

能够显著增强 SMID 扩展指令集(SSE/SSE2/SSE3)的执行性能。这项技术加快了一系列应用程序的运行速度,其中包括视频、语音、图像、图片处理、加密、财务、工程和科研应用。支持高级数字媒体增强特性的处理器可在每时钟周期内完整执行 128 位指令,这个速度是上一代处理器的整整两倍。

(5) 增强用户体验。

该微体系架构具有更强的性能和更高的能效,以及更为快速的多任务处理能力,能够在各种环境下提升用户体验。

与 Netburst 微架构相比,Core 时代至强处理器有以下特点。

① 制造工艺从 65nm 提升到了 45nm(统称为 Penryn),使用了高 K 材料,这一工艺的进步为 Intel 在 CPU 中集成更多的晶体管、提高主频、降低功耗、进行下一代微架构创新等提供了基础。

② 多核计算得到进一步发展,推出了四核(最早出现在 Clovertown 至强 5300 系列中)产品与六核(最早出现在 Dunnington 至强 7400 系列中)产品。

③ 指令集得到进一步发展,新增 SSE4.1,在虚拟化、智能节能等方面也得到了进一步增强。

④ 针对单路服务器的处理器统一到至强 3000 系列名下。

⑤ 为了将 CPU 功耗控制在可接受的范围以内,Intel 一方面通过多核设计来提升性能,另一方面通过工艺进步来实现主频与功耗的平衡,与 Netburst 相比,Core 主频甚至有所降低,但功耗基本得到了有效控制,如 65nm(1.6~3GHz,35~150W)、45nm(1.866~3.5GHz,20~150W)。

⑥ 由于 Core 时代仍然采用前端总线结构，为了提升 I/O 带宽，降低 I/O 延迟，Intel 一方面提升总线带宽（1066,1333,1600MT/s），另一方面继续采用大容量 L2 和 L3 缓存设计，如六核心的至强 7460 主频为 2.667GHz，FSB 为 1066MT/s，L2 缓存为 3x3MB，L3 缓存为 16MB。

⑦ 这一时期的 CPU 插座主要有 LGA 771，LGA 775 和 Socket 604。

4. Nehalem 微架构时代（2009 年至今）

虽然 Nehalem 微架构在 2008 年已经在个人计算机的 i7 处理器上得到应用，但在服务器上的应用却是 2009 年 3 月 30 日 Nehalem-EP 至强处理器的发布——包括 45nm 的针对单路系统的双核/四核 Bloomfield（至强 3500 系列）以及针对双路系统的双核/四核 Gainestown（至强 5500 系列）。基于 45nm 的 Nehalem 构架放弃传统前端总线架构，转向 QPI 直连架构，打破了传统 I/O 瓶颈的束缚，QPI 带宽高达 4.8～6.4GT/s，远远高于 FSB 时代的 1.6 GT/s，代表了一个全新时代的到来。至强 5500 是 15 年来处理器性能提升幅度最显著的一代，其性能是 2005 年单核至强的 9 倍，是上一代至强 5400 的 2.5 倍，同时空闲状态下的平台功耗降低了 50%，其背后采用了包括 45 纳米工艺、全新内存子系统、快速通道互联技术（QPI）、智能节能技术、全新 I/O 子系统等一系列新技术。在性能方面，智能加速技术可以满足对 CPU 主频比较敏感的应用需求，超线程技术则可以满足高度并行的应用需求，针对能耗方面，则有集成功率门限、自动低功耗、节点管理器等。这些创新技术使得我们"可以在需要的时候提高性能，也可以在不需要性能的时候自动降低功耗"。

2010 年 3 月 30 日下午（美国当地时间），在旧金山举行的英特尔至强 7500 系列处理器全球发布会上，浪潮作为唯一的中国服务器厂商，第一时间发布了全新的基于 Nehalem-EX 平台的两款四路服务器。Nehalem-EX 不仅仅是首个 8 核心的 x86 处理器，具有和普通 Nehalem 很不相同的架构，还拥有 x86 上最强的 RAS 特性（可靠性 Reliability，可用性 Availability，稳定性 Serviceability）。Nehalem-EX 采用英特尔 45nm 高 K 金属栅极制程工艺和 Nehalem 微体系架构。每个处理器集成了 23 亿只晶体管，最多集成 8 个内核，每个核心支持双线程，每个处理器最多可支持 16 个线程并行处理；配合 Intel 的睿频技术，CPU 的主频可以动态调整；每处理器最多带有 4 条 QPI 高速互联，可轻松扩展至 8 路系统，如果加入第三方节点控制器则可扩展至更多路系统；每处理器最大共享 24MB L3 缓存，借助可扩展内存缓冲和可扩展内存互连技术，每个处理器可支持 16 个内存插槽，四路服务器最大内存容量可达到 512GB DDR3。而且，Nehalem-EX 引入了 22 条 RAS 特性，并首次在至强平台上实现了 IA64 上才有的 MCA 恢复功能，提供更强的可靠性。此外，Nehalem-EX 核心的处理能力为每个循环最高可达 4 个指令，可以是复杂指令也可以是简单指令，每个循环的处理能力为 4 浮点计算。可以说它是 x86 处理器在可靠性上的巅峰作品，理论上也应该是 x86 中最强的处理器，目前商业领域功能最强大的 x86 核心。因此，Nehalem-EX 将定位于服务器整合、虚拟化、数据处理需求庞大的企业应用以及高性能技术计算等环境，同时吸引使用 RISC 小型机的用户迁移到至强平台上来。

按照 Intel 每一年更新现有微架构、每两年更换全新微架构的计划，2010 年下半年全新微架构 SANDY BRIDGE 将紧接上场。

习题

1. 名词术语解释。

CPU 控制器 通用寄存器 专用寄存器 MDR IR PC MAR PSW CM 组合逻辑控制器 微程序控制器 时序系统 微命令 微操作 微指令 微程序 指令周期 工作周期 时钟周期 工作脉冲 指令流程图 操作时间表 直接控制方式 分段直接编码方式 分段间接编码方式 功能转移 增量方式 断定方式

2. 试比较组合逻辑控制器和微程序控制器的优缺点及应用场合。

3. 试比较同步控制方式和异步控制方式的特点及应用场合。

4. 试述指令周期、工作周期、时钟周期及工作脉冲之间的关系。

5. 什么是微命令间的相容和互斥？微命令主要有哪几种编码方式？各有什么特点？

6. 试述水平型微命令与垂直型微命令的含义及特点。

7. 试拟出中断周期 IT 中各拍的操作时间表。

8. 试拟出下列指令的流程。

(1) MOV (R0)+，X(R1)；

(2) ADD R0，X(R1)；

(3) AND −(R0)，R1；

(4) EOR (R0)，(R1)；

(5) DEC (R1)；

(6) COM (R1)+；

(7) JMP R1；

(8) JSR (R1)；

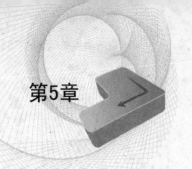

主存储器系统

【总体要求】

- 了解存储系统的层次结构、存储器的分类，以及主存储器的性能指标及发展。
- 掌握有关存储器的相关概念，包括物理存储器、虚拟存储器、数据传输率、内存的数据带宽、内存的总线频率、随机存取、直接存取、顺序存取等。
- 了解双极型半导体存储器的原理，包括双极型存储单元电路结构、读写原理以及双极型存储器芯片的引脚功能。
- 掌握静态 MOS 半导体存储器的原理，包括静态 MOS 存储单元的电路结构、读写原理以及静态 MOS 存储器芯片的内部结构、读写时序和工作过程。
- 掌握动态 MOS 半导体存储器的原理，包括四管和单管动态 MOS 存储单元的电路结构、读写原理以及动态 MOS 存储器芯片的内部结构、读写时序和引脚功能。
- 理解动态存储器需要动态刷新的原因，掌握动态刷新的实现方法。
- 了解半导体只读存储器的特性，包括 MROM,PROM,EPROM,FLASH 等。
- 理解主存器的设计原则，初步掌握主存器的逻辑设计方法、DMA 的硬件组织和 DMA 控制器的设计方法。
- 了解虚拟存储技术及其实现方法。

【相关知识点】

- 熟悉半导体、二极管、三极管的概念和特性。
- 熟悉 MOS 管、MOS 反相器的概念和特性。
- 熟悉微机中常用的硬件产品及其连接。

【学习重点】

- 理解与存储器有关的基本概念。
- 掌握动态存储器的工作原理。
- 初步掌握主存储器系统设计方法。

　　存储器系统是计算机系统的重要资源，为保存信息和 CPU 执行指令提供了必不可少的存储空间。计算机的存储器系统一般分为主存储器和辅存储器。通常，人们把主存储器称为内存，而把辅存储器称为外存。主存储器通常安装在系统主板上，由只读存储器（ROM）和随机存储器（RAM）组成。外存包括软盘、硬盘、磁带、光盘、U 盘等。内存是计算机系统的主要部件，而平常使用的操作系统、应用软件等主要是安装在外存（硬盘）上的，需要运行时才从外存调入内存。内存的容量和工作速度对计算机系统的性能影响很大。

本章将重点介绍主存储器的存储原理和逻辑组成。有关外部存储器的内容将本书第 8 章详细介绍。

5.1 存储器概述

从不同的角度来分析计算机系统中的存储器,可以得到不同是特性。从物理构成的角度看,则着重点是整个存储器系统的分级组成;如果从用户的角度来看,则是需了解存储器有几种存取方式;如果从存储原理(物理机制)的角度看,则需要讨论各类存储器的工作原理。

5.1.1 存储系统的层次结构

存储系统特别是主存储器是与 CPU 之间有大量的信息输入输出操作。这就要求存储器的存储容量大、存取速度快、成本低。因为存储器的容量越大,可存储的信息就越多,计算机的处理能力就越强。由于计算机系统的大量处理功能都是通过执行指令完成的。因此,CPU 需要频繁地从主存储器中读取指令和数据,并存放所处理的结果。如果存储器不具备快速存取的特性,是必会影响计算机系统的整体性能。所以,一般都要求计算机系统的主存储器容量要大。

通常,在同样的技术条件下,存储器在价格、容量、存取时间上存在如下关系。

- 存取速度越快,则每位的价格越高。
- 存储容量越大,则每位的价格就越低。
- 存储容量越大,则存取速度越慢。

因此存储器技术的发展分为两个方向:一是努力改进制造工艺,寻找新的存储机理,以提高存储器的性能;二是采用分层结构来满足计算机系统中各部件对存储器的不同要求,而不只是依靠单一的存储部件或技术。

如图 5-1 所示的是一个非常典型的三级存储体系结构,分为高速缓冲存储器(Cache)、主存储器、外存储器 3 个层次。在这种分层存储体系结构中,对于 CPU 直接访问的存储器,其速度尽可能高,而容量相对有限;作为后援的一级则容量要大,而其速度就可能慢些。这样的合理搭配,对用户来讲,整个存储器系统既可提供大容量的存储空间,又可有较快的存取速度。

注意,在单片机中,仅有一级半导体存储器与 CPU 相配,而在早期的 Intel 80286,Intel 80386 机,只有主存储器与外存储器两个层次。

目前,计算机存储技术还在不断飞速发展中,主要呈现如下特征。

- 存储器每位的价格逐渐降低。
- 存储容量逐渐增大。
- 存取速度增加。

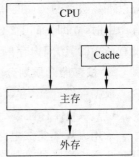

图 5-1 分层存储体系结构示意图

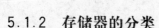

5.1.2 存储器的分类

1. 按存储器的功能划分

根据存储器的功能,可分为主存储器、辅助存储器和高速缓存。

（1）主存储器

主存储器是 CPU 能编程访问的存储器,它存放当前 CPU 需要执行的程序和需要处理的数据。主存储器与 CPU 共同组成计算机的主机系统,因为通常安装在主机箱之中,故又称内存储器,简称主存或内存。

主存储器由随机存储器 RAM、只读存储器 ROM 构成。由于 RAM 的容量远远比 ROM 的容量大,CPU 需要执行的程序和数据主要存放 RAM 之中,因此人们经常用由 RAM 构成的"内存条"来代表主存。

（2）辅助存储器

由于主存储器容量有限（主要受地址线位数、成本和存取速度等因素制约）,在计算机系统中通过配置更大容量的磁盘、光盘等存储器,作为对主存储器容量不足的补充和后援。这些存储器就统称为辅助存储器,因为位于主机的逻辑范畴之外,故又称为外存储器,简称为辅存或外存。

外存主要用来存放主机暂时不使用或需要永久保存的程序和数据。例如,计算机的操作系统、语言编译系统、应用软件等安装之后存储于硬盘之中,需要时再调入内存执行。

（3）高速缓存

由于 CPU 与主存储器之间存在巨大的速度差异,使得 CPU 发出访问主存储器的请求后,可能需要等待多个时钟周期才能读取存储器的内容。为了解决速度匹配问题,可以在 CPU 中设置高速缓存（Cache）。Cache 的速度基本上接近 CPU 的工作速度,专门存放 CPU 即将使用的程序和数据,这些程序和数据是主存中正在运行或处理的程序和数据的副本。

当 CPU 访问主存时,同时访问 Cache 和主存。通过对地址码的分析,可以判断所访问物理地址区间的内容是否已复制在 Cache 中。如果所要访问的内容已经复制在 Cache 中（称为 Cache 命中）,则直接从 Cache 中快速地读取;否则,从主存中读取。

Cache 通常由存取速度较高的同步突发静态随机存储器（BSRAM）或者由最先进的 DRAM 组成。出于兼顾成本和性能的考虑,现代微机的 Cache 通常采用分级设计。例如,主频为 2.93GHz、采用 45nm 制造工艺和 4 核技术的 Intel Core i7 940 CPU 的 Cache 就为分以下三级：L1 Cache 4×64KB,L2 Cache 4×256KB,L3 Cache 4×2MB。当 L1 Cache 没有命中时,立即访问 L2 Cache,当 L2 Cache 没有命中时,立即访问 L3 Cache。当 L3 Cache 没有命中时,访问内存单元。

2. 按存储介质划分

根据存储介质,存储器可分为半导体存储器、磁表面存储器和光盘存储器。

（1）半导体存储器

采用大规模集成电路或超大规模集成电路（VLSI）技术,把数百万只晶体管集成在一个只有几平方毫米的晶片之上,构造存储芯片,这就是现代计算机系统的内存储器。半导体存储器的速度非常高,既可以用作高速缓存和主存,还可以在外部设备中发挥重要作用。例如,在微机中,为了提高计算机系统的整体速度,就经常把半导体存储器用作磁盘、显卡等外设的缓冲存储器,并置于外设与主存储器之间。采用缓冲存储器结构后,可以大大降低外部设备的平均响应时间。

根据制造工艺来或集成电路类型,半导体存储器可以分为双极型和 MOS 型两大类。其中,双极型又可以分为 TTL 型和 ECL 电路。由于双极型的电路具有速度快、容量小、功耗大等特点,适合于小容量快速存储器,如用作寄存器组或高速缓存 Cache。MOS 型按电路结构又可划分为 PMOS,NMOS,CMOS 三种。它们具有功耗小、容量大(除静态 MOS 外)等特点,适合于作为主存储器。

(2) 磁表面存储器

磁表面存储器就是利用磁层上不同方向的磁化区域来存储信息。磁表面存储器在金属或塑料基体上涂抹或电镀一层很薄的矩磁材料,构成连续的记录信息的磁介质,也称为记录载体,在磁头的作用下使记录介质的各局部区域产生相应的磁化状态或形成相应的磁化状态变化规律,用以记录信息 0 或 1。由于磁记录介质是连续的磁层,在磁头的作用下才划分为若干磁化区,所以称为磁表面存储器。

磁表面存储器作为程序和数据的永久性存储器。通常,它以文件的形式存储程序或数据,实际存储时通常以块为单位,块的大小一般为 512B。一个文件根据大小可分为若干个数据块。在磁盘存储器中,一个数据块称为一个扇区。CPU 在调用外存的程序或数据时,可以数据块为单位进行调用。

根据形状,磁表面存储器可分为磁卡、磁鼓、磁盘、磁带等。目前,在微机中,主要使用磁盘存储器。相关详细内容请阅读本书第 8 章。

(3) 光盘存储器

顾名思义,光盘就是利用光来存储信息。基本原理是用激光束对记录膜进行扫描,让介质材料发生相应的光效应或热效应,通过激光照射使一个微小区域的光反射率发生变化,或者出现烧孔(也称为融坑)、或者结晶状态发生变化、或磁化方向反转等,用以表示 0 或 1。

根据读写方式,光盘又可分为只读光盘、只能写入一次的光盘和可擦除/可重写型光盘等。相关详细内容请读者阅读本书第 8 章。

3. 按存取方式分

根据存取方式,存储器还可以分为随机存储器(RAM)、只读存储器(ROM)、顺序存储器(SAM)和直接存取存储器(DAM)。

(1) 随机存储器(RAM)

随机存取有两种含义。第一,可按地址随机访问任一存储单元(例如,可直接访问 11223 单元,也可访问 FF8890 单元的内容),CPU 可以按字或字节读写数据,进行处理;第二,访问各存储单元所需的读/写时间相同,与地址无关,可用读/写周期(存取周期)表明 RAM 的工作速度。

内存和高速缓存是 CPU 可以直接编址访问的存储器,通常以随机存取方式工作。随机存储器又分为静态随机存储器(SRAM)、动态随机存储器(DRAM)。

① 静态存储器(SRAM)。静态存储器是利用双稳态触发器的两个稳定状态保存信息。每个双稳态电路存储一位二进制代码 0 或 1,一块存储芯片包含许多个这样的双稳态电路。双稳态电路是有源器件,需要电源才能工作。只要电源正常,就能长期稳定地保存信息,所以称为静态存储器。如果断电,保存在该存储芯片中的信息就会丢失,这种存储器属于挥发

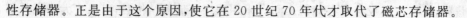

性存储器。正是由于这个原因,使它在 20 世纪 70 年代才取代了磁芯存储器。

② 动态存储器(DRAM)。动态存储器依靠电容上所存储的电荷来暂存信息。存储单元的基本工作方式是通过 MOS 管向电容充/放电完成信息的读/写。充有电荷的状态为 1,放电后的状态为 0。虽然电容上的电荷泄漏很小,但生产工艺无法完全避免泄漏,时间一长电荷就会泄漏,依靠电荷表示的信息就可能要发生变化,因而就需要定期向电容充电(也称为定时刷新内容),即对存 1 的电容补充电荷。由于需要动态刷新,所以称为动态存储器。动态存储器结构简单,在各类半导体存储器中它的集成度最高,适合于做大容量的主存储器。

(2) 只读存储器(ROM)

只读存储器在正常工作中只能读出而不能写入。只读存储器即可用作主存,又可用在 CPU 和其他外部设备中。ROM 用作主存时,通常固化在主板上,可以存放操作系统的核心部分(例如,不能被普通用户轻易改变的汉字库、DOS 操作系统中的 BIOS 程序、UNIX 操作系统的内核程序等)。ROM 用在 CPU 中时,可以存放用来解释执行机器指令的微程序。ROM 用在外部设备中时,通常用来固化控制外部设备操作的程序。注意,ROM 虽然也采用了随机访问的方式,但只能进行读操作、不能进行写操作。

只读存储器可划分为掩膜型只读存储器(MROM)、可编程只读存储器(PROM)、紫外线擦除可编程只读存储器(EPROM)、电擦除可编程只读存储器($E^2 PROM$)、闪速存储器(Flash Memory)等。

(3) 顺序存储器(SAM)

顺序存取存储器的信息事实按记录块组织、顺序存放的,访问时间与信息的存放位置有关。磁带存储器就是顺序存储器。

(4) 直接存取存储器(DAM)

直接存取存储器在读/写信息时先将读/写部件直接指向某个小存储区域,再对该区域进行顺序查找,访问时间与数据所在的位置有关。磁盘就是直接存取方式的存储器。

4. 按系统组织划分

根据计算机操作系统组织管理方式,存储器还可以分为物理存储器和虚拟存储器。

其中,虚拟存储器是依靠操作系统提供的存储器管理功能的支持而实现的。使用虚拟存储器技术的计算机系统的内存让用户感觉比实际要大很多。虚拟存储的主要思想是把地址空间和物理内存区域分开,即可寻址的字的数量只依赖于地址位的数量,而实际可用的内存字的数量可能远远小于实际可寻址的空间。例如,PC 的地址线多为 32 位,其实际寻址空间可高达 4GB,而多数 PC 的主存储器容量为 512MB 或 1GB,还有很大的寻址空间可以利用。这样,在操作系统的支持下,通过某种技术,可使用户访问存储器的编址范围远比实际的主存物理地址大很多。用户感到自己可编程访问一个很大的存储器,但实际的内存容量并没有这么大。通常,把这个提供给用户编程的存储器,即在软件编程上使用的存储器称为虚拟存储器。它的存储容量(即虚拟存储空间)被称为虚拟空间,而面向虚拟存储器的编程地址称为虚拟地址,也称为逻辑地址。在物理上存在的主存储器被称为物理存储器,其地址称为物理地址。

除了可寻址空间远大于实际内存容量外,在物理实现上,还需要磁盘存储器提供硬件支持,这样就可将暂不用的信息存放在磁盘上。在软件方面,是靠操作系统提供的功能来实现内存与磁盘之间的信息更换,只让当前要运行的信息调入内存。这一更换过程对用户是透明的,所以,用户感觉到所使用的编程空间很大。为了实现虚拟存储器,需要将虚拟存储空间与物理存储空间按一定格式分区组织,例如页式管理、段式管理、段页式管理等。计算机系统提供虚拟地址与物理地址的自动转换,即将用户编程中提供的虚地址(逻辑地址)自动快速地转换为物理地址,根据此物理地址去访问内存储器,完成对内存的读/写操作。

现代操作系统(例如 UNIX,Windows)都具有管理存储器、支持虚拟存储器的功能。都支持大程序在小内存中运行(例如,用户所要运行的程序大于计算机系统的实际内存容量)。所完成的就是把内存中暂不运行的信息(程序和数据)以“页”为单位换出到硬盘上,再把要运行(指还没有装入内存)的信息调入内存,实现信息的换进换出(UNIX 系统中设置一专服务于对换操作的对换进程)。由于计算机系统的运行速度非常高,用户对换进换出操作非常快,用户运行的程序又远远大于内存实际容量,也就说,大程序装在小内存中。所以用户感觉计算机系统运行程序的存储器容量远比实际配置的存储器容量大很多。

虚拟存储器是从用户界面上可见的和可用的编程空间,并不是真实物理结构中的一体,也不是磁盘与内存的简单拼合。从编程的角度看,用户使用虚拟存储空间来编程就如同使用内存一样,而计算机系统中的信息调度和管理则是由操作系统来实现的。

5.1.3　主存储器的发展

主存储器又称为内存,是计算机系统非常重要的部件。随着计算机系统的发展,存储器也从早期的普通内存发展到现在的同步动态内存,以及广泛应用于多媒体的 RDRAM 和 SDRAM Ⅱ,DDRRAM 等。下面对各种内存技术作简单介绍。

1. FPM

FPM(Fast Page Mode,快页模式)是较早的 PC 使用的内存,它每隔 3 个时钟周期传送一次数据。现在已经淘汰。

2. EDO

EDO(Extended Data Out,扩展数据输出)是普通的 DRAM 的改进型,取消了与主存两个存储周期之间的时间间隔,每隔两个时钟脉冲周期传输一次数据,大大地缩短了存取时间,使存取速度提高 30%,可以达到 60ns。EDO 内存主要用于 72 线的 SIMM 内存条,以及采用 EDO 内存芯片的 PCI 显示卡。EDO 主要用于 486 芯片及以前的 PC 中。EDO 采用 5 伏电压。

3. SDRAM

SDRAM(Synchronous DRAM,同步动态随机存储器)是 Intel Pentium 机普遍使用的内存。SDRAM 将 CPU 与 RAM 通过一个相同的时钟锁在一起,使 RAM 和 CPU 能够共享一个时钟周期,以相同的速度同步工作。比 EDO 内存速度提高 50%。SDRAM 与系统总线速度同步,也就是与系统时钟同步,这样就避免了不必要的等待时间,减少了数据存储时间。SDRAM 内存条采用 64 位数据读/写形式,其引脚为 168 线,采用双列直插式的 DIMM 内存条,其读/写速度最高可达 10ns,是 PⅡ,PⅢ CPU 的首选内存条。SDRAM 不仅可以做内存用,还可以用于显示卡的缓冲存储器。

4. DDR SDRAM

DDR(Double Data Rage,双数据率)又称 SDRAM Ⅱ,是 SDRAM 的更新换代产品。它允许在时钟脉冲的上升沿和下降沿传输数据,这样就可以不需要提高时钟脉冲的频率就可加倍提高 SDRAM 的速度。例如，266MHz DDR SDRAM 内存条带宽达 2.12GB/s。

通常，是按内存接口的标准来划分，目前 DDR 内存芯片分别 DDR，DDR Ⅱ 和 DDR Ⅲ 三种内存，基本上都使用 4～6 层印制电路板，实际上都是在早期 SDRAM 内存的基础上发展起来的。

（1）DDR 内存

DDR SDRAM 内存就是平常说的 DDR 内存，它最早是由三星公司提出，最终得到了 AMD，VIA 和 SiS 等主要芯片组厂商的支持。它是 SDRAM 的升级版本，也称为 SDRAM Ⅱ。

在接口方面，DDR 内存与 SDRAM 内存相比，DDR 内存改为 184 针，内存电压为 2.5V 的 SSTL2 标准，仍采用 TSOP/TSOP Ⅱ 封装。DDR 是以数据传输量为命名原则，例如 PC2100，单位为 MB/s。数据传输量为 $64b \times 133MHz \times 2/8 = 2128MB/s$。目前的 DDR 内存的主要规格有 DDR 266，DDR333 和 DDR400 三种。每一种都保持向下兼容。

（2）DDR Ⅱ 内存

DDR Ⅱ 的速度比 DDR 快两倍。从技术上讲，DDR Ⅱ 仍然是一个 DRAM 核心，可以并行存取。在每次存取中处理 4 个数据。DDR Ⅱ 的引脚为 240。内存电压为 1.8 伏。这样比 DDR 降低了能耗和散热等棘手问题。DDR Ⅱ 采用 FBDA 封装，与 TSOP 封装相比，FB 提供了更好的电气性能和散热性。DDR Ⅱ 与 DDR 的物理规格上不兼容。目前，DDR Ⅱ 内存的主要规格有 DDR Ⅱ 533，DDR Ⅱ 667，DDR Ⅱ 800 三种。高频率向下兼容。

（3）DDR Ⅲ 内存

DDR Ⅲ 保持与 DDR 的引脚 240 的特点，但电压降为 1.5V，其数据传输率和散热性进一步增加。目前，DDR Ⅲ 内存的主要规格有 DDR Ⅲ 1066，DDR Ⅲ 1333，DDR Ⅲ 1600，DDR Ⅲ 2000 四种。图 5-2 所示为金邦 2GB DDR3 1333 内存芯片。

图 5-2   金邦 2GB DDR3 1333

5. RDRAM

RDRAM（Rambus DRAM，存储器总线式动态随机存储器）是 Rambus 公司开发的具有系统带宽、芯片到芯片接口设计的新型 DRAM，它能在很高的频率范围下通过一个简单的总线传输数据，同时使用低电压信号，在高速同步时钟脉冲的两边沿传输数据。

6. Flash Memory

Flash Memory（闪速存储器）是一种新型半导体存储器，其主要特点就是在不加电的情况下，可以长期保存信息。Flash Memory 属于 E^2PROM（电擦除可编程只读存储器）类型，既有 ROM 的特点，又有很高的存取速度，而且可以擦除和重写，功耗很小。由于这一特点，在较新的主板上普遍采用以使 BIOS 升级方便。

7. Shadow RAM

Shadow RAM(影子内存),是为了提高计算机系统效率而采用的一种新技术。所使用的物理芯片仍然是 CMOS DRAM(动态随机存取存储器)芯片。Shadow RAM 占用系统主存一部分地址空间。其编址范围是 C0000～FFFFFH,即 1MB 主存的 768KB～1024KB 区域。通常,这个区域被称为内存保留区,用户程序不能直接访问。Shadow RAM 主要存放各种 ROM BIOS 的内容,也就是复制 ROM BIOS 的内容。故把 Shadow RAM 称为影子内存。对 PC 来说,只要一开机,BIOS 的内容就会被装入到 Shadow RAM 中指定的区域内。由于 Shadow RAM 的物理地址与对应的 RAM 相同,所以当需要访问 BIOS 时,只需访问 Shadow RAM 而不必再访问 ROM,这就能大大地加快计算机系统的运算时间。通常,访问 ROM 的时间约 200ns,访问 DRAM 的时间小于 60ns。

计算机工作时,调用 BIOS 中信息非常频繁,由于采用了 Shadow RAM 技术,这样就提高了计算机系统的效率。

8. ECC 内存

ECC(Error Correction Coding 或者 Error Checking and Correcting)是一种具有自动纠错功能的内存。由于该内存成本较高,一般家用计算机很少采用。

9. CDRAM

CDRAM(Cached DRAM,高速缓存动态随机存储器)是日本三菱电气公司开发的专有技术,是通过在 DRAM 芯片上集成一定数量的高速 SRAM 作为高速缓存和同步控制接口来提高存储器性能。它采用单一的＋3.3 伏电源、低压 TTL 输入输出电平。

10. DRDRAM

DRDRAM(Direct Rambus DRAM,接口动态随机存储器)是 Rambus 在 Intel 支持下制定的新一代 RDRAM 标准。与传统 DRAM 的区别在于引脚定义会随命令而变,同一组引脚可以被定义为地址也可以被定义为控制线,其引脚数量仅为正常 DRAM 的 1/3。当需要扩充芯片容量时,只需改变命令即可。

11. SLDRAM

SLDRAM(Synchnonous Link DRAM,同步链接动态存储器)是由 IBM、惠普、苹果、NEC、富士通、东芝、三星和西门子等大公司联合制定的一种原本最有希望成为标准高速 DRAM 的存储器,是在原 DDR DRAM 基础上发展起来的高速动态读写存储器。

12. VCM

VCM(Virtual Channel Memory,虚拟通道存储器)是由 NEC 公司开发的一种新的缓冲式 DRAM,可用于大容量的 SDRAM。此技术集成了"通道缓冲"功能,由高速寄存器进行配置和控制。实现高速数据传输、让带宽增大的同时还维持与传统 SDRAM 的高度兼容性,所以把 VCM 内存称为 VCM SDRAM。

13. FCRAM

FCRAM(Fast Cycle RAM,快速循环动态存储器)是由富士通、东芝联合开发的内存技术,数据传输速度超过 DRAM/SDRAM 4 倍,能应用于需要极高内存带宽的系统中。例如服务器、3D 图形、多媒体处理等。

5.1.4　内存储器性能指标

通常,采用如下的参数来衡量内存储器的性能。

1. 总线频率

平常我们所说的 DDR 333,DDR 400,其中的数值含义就是指它的内存总线频率是333MHz,400MHz。内存总线频率是选择内存的重要参数之一。因为,内存总线频率与主板的前端总线频率直接相关。主板前端总线是指它的总线频率最高能达到多少,而它的大小是根据内存的频率来决定的。也就是说,主板的前端总线频率应该与内存相同。

例如,要用 DDR 333 内存,那么主板的前端总线也只能到 333MHz,如果是双通道,那就是两条内存频率之和,主板前端的总线频率应该是 666MHz。

2. 内存速度

内存的速度一般取决于存取一次数据所需的时间(单位为纳秒,记为 ns)作为性能指标,时间越短,速度越快。只有当内存、主板和 CPU 三者速度匹配时,计算机的效率最大。目前,DDR 内存的存取时间为 6ns,而用于诸如显示卡上的显存更快,有 5ns、4ns、3.3ns、2.8ns 等。

3. 内存的数据带宽

内存容量的大小决定了计算机工作时存放信息的多少,而内存的数据带宽决定了进、出内存的数据的快慢。

一般在选购内存时,要根据 CPU 的前端总线频率来选择,内存的带宽和 CPU 的总线带宽一致。内存带宽取决于内存的总线频率。其计算公式为,内存的数据带宽 =(总线频率×带宽位数)/8。以 DDR 400 为例,其数据带宽=(400MHz×64b)/8=3.2GB/s。双通道 DDR 400 的总线频率=3.2GB/s×2=6.4GB/s。

内存带宽的确定方式为:B 表示带宽,F 表示存储器时钟频率,D 表示存储器数据总线位数。带宽 B=F×D/8。例如,常见的 133MHz 的 SDRAM 内存的带宽为:133MHz×64b/8=1064MB/s。

4. 延迟时间(CAS)

CAS 是指从读命令有效开始,到输出端可以提供数据为止的这段时间,一般为 2～3 个时钟周期,它决定了内存的性能。在同等工作频率下,CAS 时间为 2 的芯片比 CAS 为 3 的芯片速度要快、性能更好。

5. 访问时间

把信息存入存储器的操作称为写入,从存储器中取出信息的操作称为读出。读/写统称为"访问"或"存取"。从存储器收到读/写申请命令后,再从存储器中读出/写入信息所需的时间称为存储器访问时间(Memory Access Time),用 TA 表示。存取时间 TA 反映了存储器的读/写速度指标。TA 的大小取决于存储介质的物理特性和访问机制的类型。TA 决定了 CPU 进行一次读/写操作必须等待的时间。

6. 存取周期

与"存取时间"相近的速度指标是"存取周期"(Memory Cycle Time),用 TM 表示。TM 是指存储器连续访问操作过程中一次完整的存取所需的全部时间。这个特性主要是针对随机存储器的。TM 是指本次存取开始到下一次存取开始之间所需的时间。存取周期的全部时间是指存储器进行连续访问所允许的最小时间间隔。TM＞TA。

TM 是反映存储器的一个重要参数。这个参数通常被印制在 IC 芯片上。例如"－7"、"－15"、"－45"，表示 7ns、15ns、45ns。这个数值越小，表示内存芯片的存取速度越快。

7. 内存容量

内存容量用字节来表示。目前，常用到的单个内存条的容量为 128MB、256MB、512MB 和 1GB 等。例如，DDR Ⅱ 的单条容量最小为 512MB，也有 2GB 的 DDR Ⅱ 内存条。在选配内存时，可尽量使用单条容量大的内存芯片，这样有利于内存的扩展。

注意，与容量有关另一个概念就是传输单位，内存的传输单位是指每次读出/写入存储器的"位数"，就是字长，而外存储器(如磁盘)的传输单位是"块"。

5.2　双极型半导体存储原理及存储芯片

半导体存储器具有非常高的存取速度和较大存储容量的显著特点，因此现代计算机系统中的主存储器都是利用半导体存储器芯片组成。本节重点介绍双极型半导体存储器的存储原理。

5.2.1　双极型存储单元

双极型存储器有 TTL 型(Transistor-Transistor Logic，晶体管-晶体管逻辑电路)、ECL 型(Emitter-Coupled Logic，发射极耦合逻辑电路)两种。这两种存储器具有工作速度快、功耗大、集成度低等特点，适合于组成小容量快速存储器，例如高速缓冲存储器或集成化通用寄存器组。TTL 型存储单元用两只双射极晶体管交叉反馈，构成双稳态电路；也可以用两只单射极晶体管构成双稳态电路。在电路中，肖特基二极管控制双稳电路与位线的通/断。这种电路构成的存储器速度较快，约为 25ns。ECL 存储速度更快，可达 10ns。

1. TTL 型存储单元电路

图 5-3 给出了二极管集电极耦合式的双极型单元电路。

这种电路的结构和工作原理如下：

晶体管 V_1，V_2 通过相互交叉反馈构成一个双稳态电路。发射极接字线 Z，如果字线为低电平，可进行读/写；如果字线为高电平，则存储单元处于保持状态，即保持原信息不变。双稳态电路通过一对肖特基抗饱和二极管 D_1 和 D_2，与一对位线 W 和 $\overline{W}$ 相连接；读/写时，D_1 和 D_2 导通，位线与双稳态电路连通，通过改变位线的状态即可改变双稳电路的状态(写入)，或者检测输出到位线上的信号即可获得双稳态电路的状态(读出)；当保持状态时，位线与双稳态电路断开，双稳态电路依靠自身的交叉反馈维持原有状态。

可见，该双稳态电路在工作时只有两种状态，即要么 V_1 导通、V_2 截止；要么 V_1 截止、V_2 导通。因此，我们规定：当 V_1 导通而 V_2 截止时，存储信息为 0；当 V_1 截止而

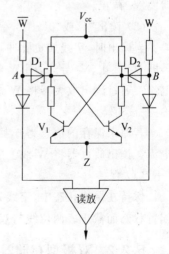

图 5-3　二极管集电极耦合式的双极型单元电路

V_2 导通时,存储信息为 1。

　　由于这种存储单元的读/写都是通过位线 W 和 $\overline{W}$ 进行的,具有两种读/写方式:一种是单边读/写方式,让一根位线电平不变,通过另一根位线电平变化,完成写入信息;另一种是双边读/写方式,根据写 0 还写 1,分别改变位线 W 或 $\overline{W}$ 电平,以改变双稳电路的状态。因此,位线又被称为写驱动/读出线。

　　2. 双极型存储单元的工作过程

　　(1) 写入"1"或"0"

　　图 5-4 给出了双边读/写方式的有关电平设置。

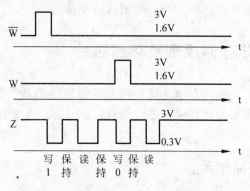

图 5-4　双边读/写方式的有关电平设置

　　当需要写入时,字线 Z 加负脉冲,其电平从 3V 下降至 0.3V。若要写入 1,则位线 $\overline{W}$ 电平上升至高电平 3V,而 W 维持 1.6V 不变。这样二极管 D_1 处于正向导通,写入电流从 $\overline{W}$ 经 D_1 流入 V_2 的基极,使 V_2 导通。W 与 Z 之间的电平差小于 $\overline{W}$ 与 Z 之间的电平差值,且 V_2 导通,信号经交叉反馈将使 V_1 截止。

　　若要写入 0 时,字线加负脉冲,电平为 0.3V,位线 W 的电平上升为 3V,$\overline{W}$ 维持 1.6V 电平不变。这样二极管 D_2 导通,写入电流从 W 经 D_2 流入 V_1 基极,V_1 导通,通过交叉反馈使 V_2 截止。

　　(2) 读出"1"或"0"

　　当读出时,字线加负脉冲,电平为 0.3V,而两根位线保持 1.6V。如果原保存的信息为 1,即 V_1 截止、V_2 导通,则 W 经 D_2 到 V_2 有较大的电流流过;而 V_1 不通,$\overline{W}$ 线上基本上无电流。通过读出放大器将 W 线上的信息放大,可检测出原来保存信息,这个过程提出通常称为"读 1"。

　　若原来保存的信息为 0,则 V_1 导通,$\overline{W}$ 经 D_1 到 V_1 有较大电流流过,而 W 线基本上无电流。读出放大器将 $\overline{W}$ 线上的信号放大,称为 0 信号,也称为读"0"。

　　(3) 保持

　　保持在保持状态中,字线为高电平 3V,W、$\overline{W}$ 两根位线均为 1.6V。则 D_1、D_2 均处于反偏置状态而截止。两位线与双稳电路隔离不通,V_1、V_2 通过交叉反馈维持原状态不变。

5.2.2　双极型存储器芯片

　　为了便于对 TTL 型存储芯片的理解,现通过对 IC74 系列中的 SN74189 芯片为例,介绍有关功能和特性。

1. 引脚功能

如图 5-5 所示，SN74189 为 16 脚双列直插式封装芯片，其存储容量为 16 单元 × 4 位。各引脚功能如下。

- 电源 V_{cc} 接 +5V。
- 第 8 脚接地（GND）。
- 片选信号脚 $\overline{S}$，在低电平时选中芯片，使其能工作。
- 地址 4 位 $A_3 \sim A_0$，可以选择片内 16 个单元中的任一个。
- 数据输入 $DI_4 \sim DI_1$，数据输出 $DO_4 \sim DO_1$。
- 写命令 $\overline{W}$，低电平写入，高电平读出。

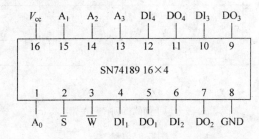

图 5-5　SN74189 芯片的引脚图

2. SN74189 的内部结构

如何将图 5-3 所示的存储单元组织成一个存储芯片，使其具有图 5-5 的外部特性？显然，SN74189 芯片中含有 $16 \times 4 = 64$ 个物理存储单元。由于每个编址单元有 4 位，所以将 64 个单元组成 4 个位平面。每个位平面包含一个 $4 \times 4 = 16$ 的矩阵，对应于 16 个编址单元。如图 5-6 所示，给出了 4 个位平面的行列存译码结构示意（a）和一个位平面的行列译码逻辑结构示意（b）。

在一个位平面中，16 个存储单元排列成 4×4 矩阵，即 4 行×4 列。高位地址 A_3、A_2 送

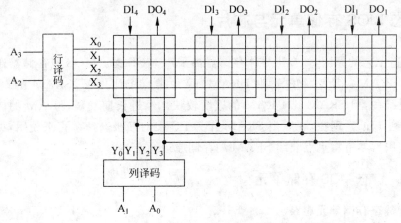

(a) 4个位平面的行列译码结构示意

图 5-6　存储芯片内部译码结构图

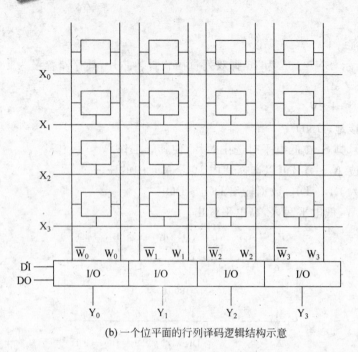

(b) 一个位平面的行列译码逻辑结构示意

图 5-6　(续)

入行地址寄存器,经过译码驱动后形成 4 根行线 X_0、X_1、X_2、X_3,分别与 4 行中的各个单元的字线相连接。对于某个地址码,有一行被选中,该行字线电平为 0.3 伏。低位地址 A_1、A_0送入列地址寄存器,经过译码驱动后形成 4 根列线 Y_0、Y_1、Y_2、Y_3,用来选择 4 组位线。对于某个地址码,有一组位线被选中。

每组位线有 $\overline{W}$、W 两根。写入时根据这一位的输入 DI 的状态,分别决定 $\overline{W}$、W 的电平状态(如图 5-4 所示)。读出时根据在 $\overline{W}$ 或 W 上检测到电流形成输出信号 0 或 1。相应在位线与数据 I/O 之间,有读/写控制电路及读出放大器(如图 5-6 中的 I/O)。

5.3　静态 MOS 存储单元与芯片

由于制造工艺的原因,如今半导体存储器都采用 MOS 型。MOS 型存储器通常分为静态 MOS 型(SRAM)、动态 MOS 型(DRAM)等种类。相比之下,SRAM 的制造工艺比DRAM 要复杂些,但 SRAM 比 DRAM 的速度较快。经过长期发展,SRAM 的访问时间现在已经降低到 15ns。现在,一般把 SRAM 作为 PC 中的二级高速缓存来使用,可与最快的CPU 匹配使用。本节将重点介绍 SRAM 的存储原理。

5.3.1　静态 MOS 存储单元

1. 六管静态存储单元电路

图 5-7 给出了 NMOS 六管静态存储单元电路。

该存储单元的结构和工作原理如下:

V_1 与 V_3、V_2 与 V_4 分别构成两个 MOS 反相器,其中 V_3 与 V_4 分别是反相器中的负载

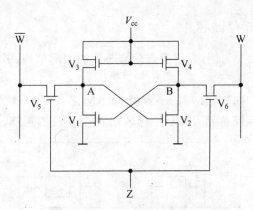

图 5-7 NMOS 六管静态存储单元电路

管。这两个反相器通过彼此交叉反馈,构成一个双稳态电路。V_5 与 V_6 是两个控制门管。它们的栅极与字线 Z 相连。Z 是字线,用来选择存储单元。$\overline{W}$ 和 W 是位线,用来完成读/写操作。

当字线 Z 为低电平时,V_5、V_6 断开,双稳态电路进入保持状态。当字线为高电平时,如果位线 $\overline{W}$ 加低电平、W 加高电平,则 $\overline{W}$ 通过 V_5 使 A 点的结电容放电,A 点变为低电平,使 V_2 截止,而 W 通过 V_6 对 B 点结电容充电到高电平,使 V_1 导通。反之,位线 $\overline{W}$ 加高电平、W 加低电平,则通过 V_5 和 V_6 之后,使得 V_2 导通和 V_1 截止。

可见,该双稳态电路在工作时只有两种状态,即要么 V_1 导通、V_2 截止;要么 V_1 截止、V_2 导通。因此,我们规定:当 V_1 导通而 V_2 截止时,存储信息为 0;当 V_1 截止而 V_2 导通时,存储信息为 1。

2. 静态存储单元的工作过程

(1) 写入"1"或"0"

当需要写入时,字线 Z 加高电平,选中该存储单元。如果要写入"1",则 $\overline{W}$ 加高电平、W 加低电平。$\overline{W}$ 通过 V_5 使 V_2 导通,W 通过 V_6 使用 V_1 截止。而 W 通过 V_5 对 A 点结电容充电到高电平,使 V_2 导通。如果要写入"0",则位线 $\overline{W}$ 加低电平、W 加高电平,最终使得 V_1 导通和 V_2 截止。

(2) 读出"1"或"0"

当需要读出时,首先 $\overline{W}$ 与 W 预充电到高电平,充电所形成的电平是可浮动的,可随充放电而变。然后,字线 Z 加高脉冲,以选中该存储单元,门管 V_5、V_6 导通。如果原来保存的信息为 0(即 V_1 导通、V_2 截止),则 $\overline{W}$ 将通过 V_5、V_1 到地形成放电回路,有电流经 $\overline{W}$ 流入 V_1,经放大为"0"信号,表明原来所存信息为 0。此时,因 V_2 截止,所以 W 上无电流。

如果原来保存的信息为 1(即 V_2 导通、V_1 截止),则 W 将通过 V_6、V_2 对地放电,W 上有电流,经放大为"1"信号,表明原来所存信息为 1。此时,因 V_1 截止,所以 W 上无电流。

(3) 保持

当需要电路保持原来状态不变时,就必须在字线 Z 加低电平,使 V_5、V_6 截止,表示未选中该存储单元,使位线与双稳态电路断开。只要系统电源 V_{cc} 正常,双稳态电路依靠自身的交叉反馈,保持原状态为变,即维持维持一管导通、另一管截止的状态不变,也称为静态。这种存储单元称为静态存储单元。

5.3.2　静态 MOS 存储芯片

下面以 Intel 2114 芯片为例,介绍静态存储芯片的内部结构、引脚功能和时序关系。

1. 内部结构

Intel 2114 芯片是早期广泛使用的小容量 SRAM 芯片,其容量为 1KB×4 位,即一共包含了 1024×4=4096 个存储单元,排成 64 行×16 列 ×4 位的矩阵,内部结构如图 5-8 所示。

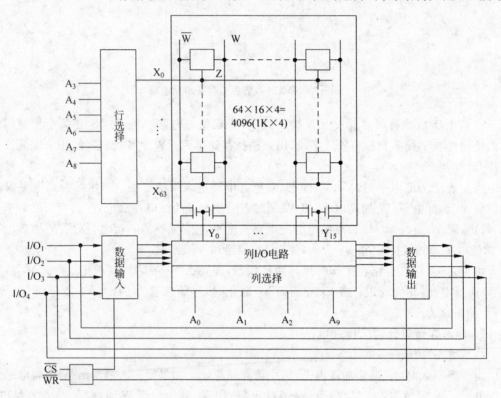

图 5-8　2114 SRAM 芯片内部结构

Intel 2114 芯片的 6 位地址 $A_3 \sim A_8$ 经过行译码,选中 64 根行线中的一根;4 位地址 A_0、A_1、A_2、A_9 经过列译码产生 16 根列选择线,每根列选择线同时连接 4 位列线,对应于并行的 4 位,每位列线包含一组 $\overline{W}$ 与 W。因此这种矩阵结构也可理解为 4 个位平面,每个位平面由 64 行× 16 列构成,将 16 列×4 看作 64 根列线。

当选片 $\overline{CS}$=0 且 $\overline{WE}$=0 时,数据输入三态门打开,列 I/O 电路对被选中的位平面(即 1 列×4 位)进行写入。当 $\overline{CS}$=0 而 $\overline{WE}$=1 时,数据输入三态门关闭,而数据输出三态门打开,列 I/O 电路将从被选中的位平面(即 1 列×4 位)读出信号送到数据线。

2. 引脚及功能

Intel 2114 芯片是 18 脚封装,如图 5-9 所示。

各引脚的功能说明如下。

- $\overline{CS}$:表示选片逻辑线,为低电位时选中本芯片。
- $\overline{WE}$:表示功能控制线,低电平时写入;高电平时读出。
- $A_0 \sim A_9$:10 根地址线,对应的存储容量 1KB。

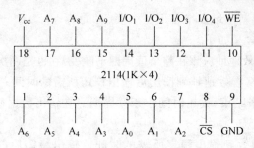

图 5-9 Intel 2114 芯片引脚及功能

- I/O$_4$～I/O$_1$：4 根双向数据线，对应于每个编址单元的 4 位。可直接与数据总线连接，输出数据可维持一定时间，供同步打入有关寄存器。当 $\overline{\text{CS}}=1$ 时，数据输出呈高阻抗，与数据总线隔离。

3. 读写时序

图 5-10 展示了 Intel 2114 在工作时的时序控制关系。

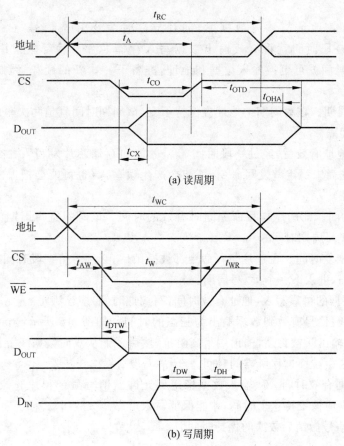

图 5-10 2114 芯片的读/写周期波形

（1）读周期

在准备好有效地址后，向存储芯片发出片选脉冲（$\overline{\text{CS}}=0$）和读命令（$\overline{\text{WE}}$），经过一段时间数据输出有效。当读出数据送到目的地后（如 CPU 或某个寄存器），就可撤销片选信号和读命令,然后允许更换新地址以准备下一个读/写周期。

有关时间的参数及含义如下。

- t_{RC}:读周期。有效地址应该在整个读周期不改变,它也是两次读出的最小时间间隔。
- t_A:读出时间。从有效地址到读出后输出稳定所需的时间。此时可以使用读取的数据,但读周期尚未结束,读出时间小于读周期。在输出数据稳定后,允许撤销片选信号和读命令。
- t_{CO}:从片选$\overline{CS}$有效到输出稳定所需的时间。输出稳定后,允许撤销片选信号和读命令。
- t_{CX}:从片选$\overline{CS}$有效到数据有效所需的时间。但此时数据尚未稳定,仅仅开始出现有效数据而已。
- t_{OTD}:从片选信号无效后到数据输出变为高阻抗状态所需时间。也就是片选无效后输出数据还能维持的时间,在此时间后数据信号的输出将为无效。
- t_{OHA}:地址更新后数据输出的维持时间。

(2) 写周期

在准备好有效地址与输入数据后,向存储芯片发出片选信号($\overline{CS}=0$)和写命令($\overline{WE}=0$),经过一段时间就将有效输出数据写入存储芯片。然后撤销片选信号和写命令,再经过一段时间就可更换输入数据和地址,准备下一次新的读/写周期。写周期的时间参数如下。

- t_{WC}:写周期。在写周期中地址应保持不变,该周期时间就是两次写入操作之间的最小时间间隔。
- t_{AW}:在地址有效后,经过一段时间t_{AW},才能向存储芯片发写入命令。如果存储芯片内地址尚未稳定就发写命令,可能会产生误写入(也可能会把上次未更新的有用数据覆盖)。
- t_W:写时间。即选片与写命令同时有效的时间。该时间是写周期的主要时间。该时间小于写周期时间。
- t_{WR}:写恢复时间。在选片与写命令都被撤销后,必须等待一段时间(t_{WR}),才允许改变地址码,进入下一个读/写周期。

为了保证数据的可靠写入,地址有效时间(写周期时间)应该满足 $t_{WC}=t_{AW}+t_W+t_{WR}$。

- t_{DTW}:从写信号有效到数据输出为三态的时间。如图 5-8 所示,当读命令 WE 为低后,数据输出门被封锁,输出端呈高阻抗,然后才能从双向数据线上输入写数据。该时间是这一转换过程所需的时间。
- t_{DW}:数据有效时间。从输入数据稳定到允许撤销写命令和片选控制信号的时间。数据至少应该维持这个时间,才能保证写入可靠。
- t_{DH}:写信号撤销后数据的保持时间。

5.4　动态 MOS 存储单元与芯片

静态 MOS 存储器依靠双稳态电路的两种不同状态来存储 1 或 0,其电路结构本身就决定它的不足,生产成本高、芯片集成度低。为了能有效地降低成本和提高芯片集成度,人们不得不想办法简化其电路结构,寻找新的存储方法。动态 MOS 存储器(简称 DRAM)就是基于这样的目的而设计的。本节将详细介绍动态 MOS 存储器的存储原理。

5.4.1 动态 MOS 存储单元

1. 动态 MOS 四管单元

早期的动态 MOS 存储器是从静态六管单元电路简化而来的,采用四管单元电路结构,如图 5-11 所示。T_1 和 T_2 组成了存储单元的记忆管,T_3 和 T_4 组成控制门管,C_1 和 C_2 组成栅极电容,Z 为字线,$\overline{W}$ 和 W 是位线。

动态 MOS 四管存储单元依靠 T_1、T_2 的栅极电容存储电荷来保存信息。若 C_1 充电到高电平使 T_1 导通,而 C_2 放电到低电平使 T_2 截止,存储信息为 0;若 C_1 放电到低电平使 T_1 截止,而 C_2 充电到高电平使 T_2 导通,存储信息为 1。

控制门管 T_3、T_4 由字线 Z 控制其通断。读/写时,字线加高电平,T_3、T_4 导通,存储单元与位线 $\overline{W}$、W 连接。保存信息时,字线加低电平,T_3、T_4 断开,位线与存储单元隔离,依靠 C_1 或 C_2 存储电荷暂存信息。刷新时,T_3、T_4 导通。

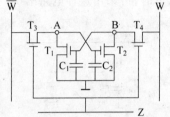

图 5-11 动态 MOS 四管存储单元

可见,在这种电路结构中,当信号为"0"时,T_1 导通,T_2 截止(C_1 有电荷,C_2 无电荷);当信号为"1"时,T_1 截止,T_2 导通(C_1 无电荷,C_2 有电荷)。与静态六管 MOS 存储单元电路比较,四管存储单元少了两个负载管。当 T_3、T_4 断开后,T_1、T_2 之间并无交叉反馈,因此这种电路结构并非双稳态电路。

这种电路结构的工作过程如下:

(1) 写入信号

当写入时,字线 Z 加高电平,选中该单元,使 T_3、T_4 导通。

如果要写 0,则在 $\overline{W}$ 上加低电平,W 加高电平。W 通过 T_4 对 C_1 充电到高电平,使 T_1 导通。而 C_2 通过两条放电回路放电。一条是 C_2 通过 T_2 放电,另一条则是 C_2 通过 T_3 对 $\overline{W}$ 放电。C_2 放电到低电平,T_2 截止。

如果要写 1,则在 $\overline{W}$ 上加高电平,W 加低电平。$\overline{W}$ 通过 T_3 对 C_2 充电到高电平,使 T_2 导通。而 C_1 通过两条放电回路放电。一条是 C_1 通过 T_2 放电,另一条则是 C_1 通过 T_4 对 W 放电。C_1 放电到低电平,T_1 截止。

(2) 保持信息

字线 Z 加低电平,表示该单元未选中,使 T_3、T_4 截止,由于仅存在泄漏电路,基本上无放电回路,保持原状态。但信息可暂存数毫秒,需定期向电容补充电荷,称为动态刷新,此种存储器也因此称动态 MOS 存储器。

(3) 读出

读出时,先对位线 $\overline{W}$ 和 W 预充电,也就是对位线的分布电容充电到高电平,然后断开充电回路,使 $\overline{W}$ 和 W 处于可浮动状态。再对字线 Z 加高电平,使 T_3、T_4 导通,$\overline{W}$ 和 W 此时成为读出线。

如果原先所保存的信息为 0,即 C_1 上有电荷、为高电平,T_1 导通。这样 $\overline{W}$ 通过 T_3、T_1 对地放电,$\overline{W}$ 电平下降,$\overline{W}$ 上有电流流过,经过放大后作为 0 信号,称为"读 0"。与此同时,

W 通过 T_4 对 C_1 充电,补充泄漏掉的电荷。

如果原先所保存的信息为 1,即 C_2 上有电荷为高电平,T_2 导通。则 W 通过 T_4、T_2 对地放电,W 电平下降,W 上将有电流流过,经过放大后作为 1 信号,称为"读 1"。与此同时,$\overline{W}$ 通过 T_3 对 C_2 充电,补充泄漏掉的电荷。

可见,四管单元电路仍然保持互补对称结构,读/写操作可靠,外围电路简单,读出过程为非破坏性读出,读出过程就是刷新过程。但是,从工艺上讲,每个单元电路所使用的元件还是较多,这样使每片的元器件集成度受限,结果是每片的容量较小。当每片容量在 4KB 以下时,可采用这种电路结构。

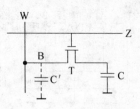

图 5-12　单管 MOS 存储电路

2. 单管电路

由于材料、制造工艺等发展,动态 MOS 电路从四管进一步简化为单管电路结构。图 5-12 给出了单管 MOS 存储电路。

该电路由记忆电容 C、控制门管 T、字线 Z 和位线 W 构成的,是最简单的存储单元电路。

当电路中的信息为"0"时,C 无电荷,电平 V_0(低);当电路中信息为"1"时,C 有电荷,电平 V_1(高)。

该电路的工作过程如下:

(1) 写入

首先字线 Z 加高电平,控制门管 T 导通。如果要写入 0,则 W 线上加低电平,电容 C 通过控制管 T 对 W 放电,电容状态为低电平 V_0。

如果要写入 1,则 W 线上加高电平,W 通过 T 对电容 C 充电,通过控制管 T 对 W 放电,电容状态为高电平 V_1。

(2) 保持信息

字线 Z 加低电平,控制门管 T 断开,使电容 C 基本上无放电回路,电容 C 上的电荷可暂时存放数毫秒或者维持无电荷的 0 状态。但由于无电源供电,时间一长电容电荷会泄放,需定期向电容补充电荷,以保持信息不变。

(3) 读出

先对位线 W 预充电,使分布电容 C' 上充电到 V_B,其浮动值为:

$$V_B = \frac{V_1 + V_0}{2}$$

然后对字线 Z 加高电平,使控制门管 T 导通。如果原来所保存的信息为 0,则 W 将通过 T 向电容 C 充电,W 本身的电平将下降,按 C 与分布电容 C' 的电容值决定新的电平值。

如果原来所保存的信息为 1,则电容 C 将通过 T 向位线 W 放电,W 本身的电平将上升,按 C 与分布电容 C' 的电容值决定新的电平值。

根据 W 线电平变化的方向和幅度,可确定原来所保存的信息是 0 还是 1。很显然,读操作后 C 上的电荷将发生变化,这是属于破坏性读出,需要读后重写。这一过程由芯片内的外围电路自动实现。

可见,单管存储电路结构简单,具有很高的集成度,但需要有片内的外围电路支持。因此,当容量大于 4KB 时,基本上都采用单管存储电路模式。

通过上面的分析可以得出,动态存储器的基本存储原理是依靠电容电荷存储信息。这种电容可以是 MOS 管栅极电容或专用的 MOS 电容。当电容充电到高电平(即有电荷时),为 1;放电到低电平(即无电荷时),为 0。

动态 MOS 存储器暂存信息时无电源供电,MOS 管断开后电容总存在泄漏电路,时间一长电容上的电荷必然会通过泄漏电路放电,这就会使电容上的电荷减少,信息是靠电荷来表示的,电荷没有了,当然信息也没有了。因此,当信息保存一定时间后,为了保持信息的稳定,就必须对存储信息为 1 的电容重新进行充电(通常把这一过程称为刷新)。

相对静态 MOS 存储器而言,动态 MOS 存储器具有以下两点优势。

(1) 因为不需要双稳态电路而简化了电路结构,尤其是采用单管结构,能够提高芯片的集成度。在相同水平的半导体芯片工艺条件下,每片 DRAM 的最大容量比 SRAM 芯片容量大约 16 倍。

(2) 在暂存信息时无需电源供电,在 MOS 管断开后电容电荷能维持数毫秒,因此又能大大降低芯片的功耗,降低芯片工作时的发热温度。

5.4.2　动态存储器的刷新

由于 DRAM 芯片是依靠电容上的存储电荷来暂时保存信息,电容上所存储的电荷会随时间而泄漏。因此就需要对电容进行定期充电,即对原来所保存信息为"1"的电容进行补充电荷,人们把这种定期补充电荷的过程称为"刷新"。电荷泄漏程度取决于 DRAM 的制造工艺。目前多数 DRAM 芯片需要在 2ms 内全部刷新一遍,即全部刷新一遍所允许的最大时间间隔为 2ms。否则,超过 2ms 就会丢失信息。

1. 动态刷新的实现方法

对于整个存储器来说,通常由多个存储芯片组成,各芯片可以同时刷新。对单个芯片来说,则是按行刷新。每次刷新一行,所需要的时间为一个刷新周期。例如,在某个存储器中,容量最大的一种芯片为 128 行,就需要在 2ms 内至少应该安排 128 个刷新周期。

我们已经知道,四管动态存储单元在读出时可以自动补充电荷,而单管动态存储单元虽然在读出时破坏性读出,但依靠外围电路而具有读后重写的再生功能。因此,无论是四管结构还是单管结构,只要按行读一次,就可实现对该行的刷新。

为了实现动态刷新,可在刷新周期中用一个刷新地址计数器来记录刷新行的行地址,然后发出行选信号和读命令,此时列选信号$\overline{CAS}$为高(无效),便可以刷新一行,这时数据输出呈高阻抗。每刷新一行后刷新地址计数器加 1。在 2ms 内,应该保证对所有行至少刷新一次。

因此,在计算机工作时,动态存储器呈现为两种基本状态。一种是读/写/保持状态,由CPU 或其他控制器提供地址进行读/写,或者不进行读/写,对存储器的读/写是随机的,有些行可能长期不被访问。另一种状态是刷新状态,由刷新地址计数器提供行地址,定时刷新,保证在 2ms 周期中不能遗漏任何一行。

2. 刷新周期的安排方式

实现动态刷新的关键是如何安排刷新周期,通常有三种刷新方式。

(1) 集中刷新

集中刷新就是 2ms 内集中安排所有刷新周期,其余的时间为正常的读/写和保持时间,如图 5-13 所示。刷新周期数为最大容量芯片的行数。在逻辑实现上,可采用一个定时器每 2ms 请求一次,然后由刷新计数器控制实现逐行刷新一遍。

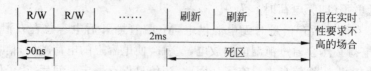

图 5-13   动态存储器中的集中刷新

集中刷新的优点是主存利用率高,控制简单,缺点是在连续、集中的这段刷新期间,不能 使用存储器,因而形成一段死区,可用在实时性要求不高的场合。

（2）分散刷新

分散刷新就是将每个存取周期分为两部分,前半部分用于正常的读/写/保持,后半周期 则用于刷新。也就是将刷新周期分散地安排在读/写周期之后,如图 5-14 所示。

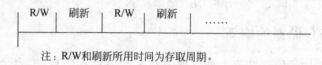

注：R/W和刷新所用时间为存取周期。

图 5-14   动态存储器的分散刷新

由于分散刷新增加了主存储器的存取周期(时间),例如 PC 中的主存储器的存取周期 约 100ms,如果采用分散刷新则需要 200ms。故分散刷新方式仅用于低速系统。

（3）异步刷新

异步刷新就是按行数来决定所需的刷新周期数,各刷新周期分散安排在 2ms 内。每隔 一段时间刷新一行。

例如：如果最大行为 128,则刷新一行的平均时间间隔为：$2ms/128 \approx 15.6\mu s$。也就是 说,每隔 $15.6\mu s$ 提出一次刷新请求,安排一个刷新周期,刷新一行,这样保证在 2ms 内刷新 完所有行,如图 5-15 所示。在提出刷新请求时,CPU 可能正在访问内存,可能会使刷新请 求稍后得到响应,再安排一个刷新周期,故称为异步刷新方式。

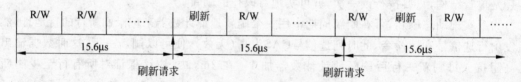

图 5-15   动态存储器中的异步刷新

异步刷新方式兼有前面两种方式的优点：对主存速度影响最小,甚至可用不访存的空 闲时间进行刷新,而且不存在死区。虽然控制上复杂一些,但可利用 DMA 控制器来控制 DRAM 的刷新。因此,大多数的计算机都采用异步刷新方式。

5.4.3   DRAM 动态存储器芯片

Intel 2164 芯片是一种 DRAM 存储芯片,每片容量为 $64K \times 1$ 位。早期的 PC 曾用该芯 片做主存储器。现在以该芯片为例,介绍 DRAM 芯片的内部结构、引脚功能以及读/写时序。

1. 内部结构

Intel 2164 芯片的容量是 64K ×1 位,本应构成一个 256×256 的矩阵,但为了提高其工作速度(需要减少行列线上的分布电容),在芯片内部分为 4 个 128×128 矩阵,每个译码矩阵配备 128 个读出放大器,各有一套 I/O 控制电路控制读/写操作,如图 5-16 所示。

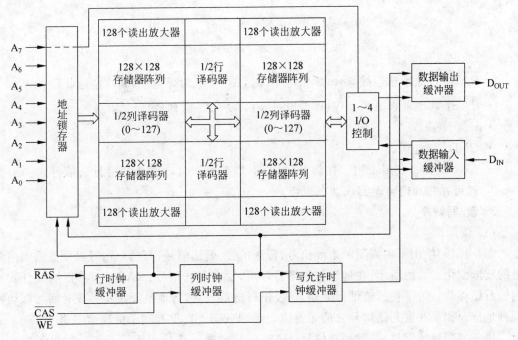

图 5-16　Intel 2164 芯片内部结构

64K 容量的存储器需要 16 根地址线来寻址,但芯片引脚只有 8 根地址线 $A_7 \sim A_0$,实际寻址操作中就需要采用分时复用。先送入 8 位行地址,在行选信号 $\overline{RAS}$ 的控制下送入行地址锁存器,锁存器提供 8 位行地址 $RA_7 \sim RA_0$,译码后产生 2 组行信号,每组 128 根。然后再送入 8 位列地址,在列选信号 $\overline{CAS}$ 控制下送到列地址锁存器,锁存器提供 8 位列地址 $CA_7 \sim CA_0$,译码后产生 2 组列信号,每组 128 根。

行地址 RA_7 与列地址 CA_7 选择 4 套 I/O 控制电路中的一套和 4 个译码矩阵中的一套。这样,16 位地址是分成两次送到芯片中的。对于某一地址码,只有一个 128×128 矩阵和它的 I/O 控制电路被选中,即可对该地址进行读/写操作。

2. 芯片引脚

Intel 2164 芯片采用 16 脚封装,如图 5-17 所示。

各引脚功能如下:

- $A_7 \sim A_0$:8 根地址线,通过分时复用提供 16 位地址。
- $\overline{D_{IN}}$:数据输入线。
- $\overline{D_{OUT}}$:数据输出线。
- $\overline{WE}$:读/写控制线,=0(即低电平)时,表示写入;=1(即高电平)时,表示读出。

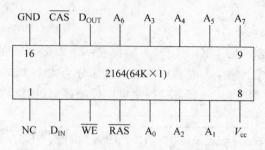

图 5-17 2164 芯片的引脚和功能

- $\overline{RAS}$：行地址选通线，$=0$（即低电平）时，$A_7 \sim A_0$ 为行地址（高八位地址）。
- $\overline{CAS}$：列地址选通线，$=0$（即低电平）时，$A_7 \sim A_0$ 为列地址（低八位地址）。
- V_{cc}：电源线。
- GND：接地线。
- NC：引脚 1 空闲未用。在新型号中，引脚 1 用作自动刷新。将行选信号送到引脚 1，可在芯片内自动实现动态刷新。

3. 读/写时序

（1）读周期

图 5-18(a)给出了读周期的地址信号、行选信号、列选信号、写命令信号以及数据输出信号的波形变化。如图所示，在地址信号准备好后，发出行选信号（$\overline{RAS}=0$）将行地址打入片内的行锁存器。为了使行地址可靠输入，发出行选信号后，行地址要维持一段时间才能切换到列地址。如果在发列选信号之前先发读命令，即 $\overline{WE}=1$，将有利于提高读的速度。

准备好列地址信号后，发列选信号（$\overline{CAS}=0$），此时行选信号不能撤销。发出列选信号后，列地址应该维持一段时间，以完成把列地址打入列地址锁存器，为一个读/写周期作准备。

读周期有如下的时间参数：

- t_{RC}：读周期时间，即两次发出行选信号之间的时间间隔。
- t_{RP}：行选信号恢复时间。
- t_{RAC}：从发出行选信号到数据输出有效的时间。
- t_{CAC}：从发出列选信号到数据输出有效的时间。
- t_{RO}：从发出行选信号到数据输出稳定的时间。

（2）写周期

在准备好行地址后，发行选信号（$\overline{RAS}=0$），此后行地在需要维持一段时间，才能切换为列地址。

如图 5-18(b)所示，虽然发出了写命令（$\overline{WE}=0$），但在发列选信号之前没有列线被选中，因而还未真正写入，只是开始做写前操作的准备工作。

在准备好列地址、输入数据后，才能发列选信号（$\overline{CAS}=0$），此后列地址、输入数据均需要维持一段时间，等待列地址打入列地址锁存器后，才能撤销列地址。等待可靠写入后，才能撤销输入数据信号。

写周期有如下的时间参数：

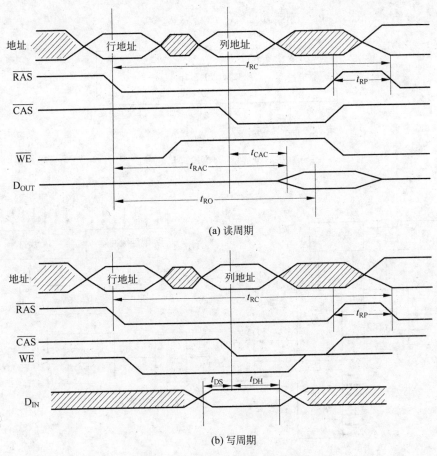

(a) 读周期

(b) 写周期

图 5-18 2164 芯片的读/写周期波形

- t_{RC}：写周期时间,在实际系统中读/写周期时间安排相同,所以 t_{RC} 又称为存取周期或读/写周期。
- t_{RP}：行信号恢复时间,行选信号宽度＝t_{RC}－t_{RP}。
- t_{DS}：从数据输入有效到列选信号、写命令均有效的时间,即写入数据建立的时间。
- t_{DH}：当写命令、列选信号均有效后,数据的保持时间。

4. 其他 DRAM 芯片

(1) 41128 芯片

如图 5-19 所示,41128 芯片是一个 128K×1 位的 DRAM 存储芯片。它将 128K×1 位分为两个 64K×1 位的模块。该芯片地址线只有 8 位,分时复用作为行地址与列地址,但行选信号为两个：$\overline{RAS_0}$ 和 $\overline{RAS_1}$。对于某个地址编码,只有一个行选信号有效,选中片中的一个模块后,再由 8 位行地址与 8 位列地址选中该模块中的某个单元。这就提供了又一种扩大芯片容量的方法,即增加行/列选信号,而可保持地址位数不变。

(2) iRAM 芯片

Intel 公司的 iRAM(Itegrated RAM)为集成化 RAM,如图 5-20 所示。

iRAM 是将一个 DRAM 系统集成在一块芯片内,它包括存储矩阵、行列译码、读/写控制、地址分时输入、数据 I/O 缓冲存储器、控制逻辑、时序发生器、刷新逻辑、访问存储/刷新

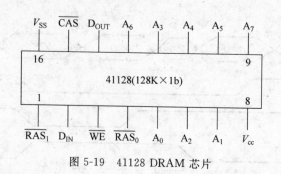

图 5-19　41128 DRAM 芯片

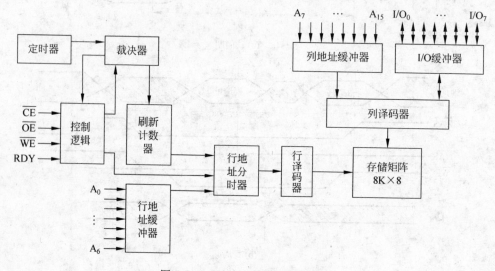

图 5-20　iRAM 芯片的逻辑结构图

裁决逻辑等。

　　这种存储器采用单管动态存储单元,但芯片内部有动态刷新逻辑。可由刷新计数器产生刷新行地址,且由裁决器来确定接收地址进行读/写或是内部刷新。这种芯片的使用特性与静态 RAM 相同,故称为准静态 RAM。

5.5　半导体只读存储器与芯片

　　只读存储器是计算机系统中的重要存储设备,通常用于存储计算机系统的核心程序和参数,可以作为主存储器使用,也可以作为其他硬件设备的局部存储器使用。本节将针对常见的只读存储器进行简明扼要的介绍。

5.5.1　掩膜型只读存储器

　　最早使用的只读存储器就是掩膜型只读存储器(MROM),这是一种只能由生产工厂将信息写入存储器中的只读存储器。在制造 MROM 芯片之前,先由用户提供所需存储的信息(以 0 或 1 表示)。芯片制造商根据此设计相应的光刻膜,以有无元件来表示 1 或 0。由于这种芯片中的信息固定而不能改变,使用时只能读出,故需要的应用场所不多,通常只应用于打印机、显示器等设备中的字符发生器。

5.5.2　可编程只读存储器

由于 MROM 对用户开发来说是很不方便的,因此生产工厂又推出一种用户可以进行一次性写入的只读存储器。芯片从工厂生产出来时内容为全 0,用户可以利用专门的 PROM 写入器将信息写入,所以称为可编程型只读存储器(PROM)。但这种写入是不能修改的,即当某存储位一旦写入 1,就不能再改变,故称为一次性可编程只读存储器。

可编程只读存储器的写入原理有两种。一种属于结破坏性,即在行列线交叉处制作一对彼此反向的二极管,由于反向,故不能导通,这时就为 0;如果该位要写入 1,则应该在相应行列线上加高电压,将反向二极管永久性击穿,而留下正向可导通的一只二极管,这时就为 1。显然这是不可逆转的。

另一种是属于熔丝型。制造该元件时,在行列交叉点连接一段熔丝,称为存入 0。如果该位要写入 1,则让它通过大电流,使熔丝断开。这显然也是不可逆转的。

图 5-21 给出了熔丝型 PROM 的内部逻辑结构图,它是一个 4×4 的只读存储器,从 0 单元到 3 单元分别存储的信息为 0110,1011,1010,0101。地址输入 A_0 和 A_1 经行译码形成行线,以选中某个存储单元(因此为字线)。列线 $D_0 \sim D_3$ 用来输出信息。

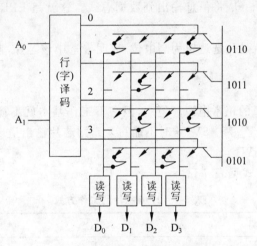

图 5-21　熔丝型 PROM 原理图

通常,用户可以购买通用的 PROM 芯片,写入前其内容为 0。根据自己的需要写入所需信息,例如可固化的程序、微程序、标准字库等。

5.5.3　可重编程的只读存储器

通常,这种存储器芯片是用专门的写入器在 +25V 的工作电压环境下写入信息的,在 +5V 的正常电压下只能读出信息而不能写入,用紫外线照射一定时间后可擦除芯片中原来所保存的信息,然后再进行重写新的信息。因此,这种芯片称为可重编程(即可改写)的只读存储器(EPROM)。目前,市场上的 EPROM 产品可以重写数十次。

例如,2176 芯片是一种 EPROM 存储芯片,其容量为 2K×8 位,如图 5-22 所示。工作方式如下。

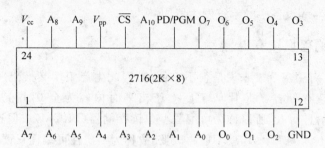

图 5-22　2176 EPROM 芯片的封装外形引脚与功能

1．编程写入

将 EPROM 芯片放置在专门的写入器中，由 V_{pp} 端加入 $+25V$ 高压，$\overline{CS}$ 为高，$A_{10} \sim A_0$ 选择写入单元，$O_0 \sim O_7$ 输入待写数据，编程端 PGM 引入一个正脉冲，该脉冲的宽度为 $45 \sim 55ms$，幅度为 TTL 高电平，按字节写入 8 位信息。如果编程端 PGM 正脉冲的宽度过窄就不能可靠写入，但太宽可能会损伤芯片。

2．读数据

芯片写入后插入存储系统，只引入 $+5V$ 电源，PD/PGM 端为低。如果片选逻辑有效，则可按地址读出，由 $O_0 \sim O_7$ 将信息输出到数据总线。这就是 EPROM 在正常工作时的方式，只读不写。

如果没有选中，也就是片选逻辑为高电位，表明未选中该芯片，输出呈现高阻抗，但这不影响数据总线的状态。

3．功耗

虽然芯片处于 $+5V$ 的正常电源环境下，但它不工作基本就不耗电能，这样芯片处于低功耗的备用状态。如果 V_{pp} 为 $+5V$（这时不能写入），则芯片输出呈现高阻抗，其功耗从原来的 525mW 下降到 132mW。

2176 芯片的工作方式见表 5-1。

表 5-1　2176 芯片的工作方式

工作方式	V_{cc}	V_{pp}	$\overline{CS}$	$O_0 \sim O_7$	PD/PGM
编程写入	$+5V$	$+25V$	高	输入	50ms 正脉冲
读	$+5V$	$+5V$	低	输出	低
未选中	$+5V$	$+5V$	高	高阻抗	无关
功耗下降	$+5V$	$+5V$	无关	高阻抗	高
程序验证	$+5V$	$+25V$	低	输出	低
禁止编程	$+5V$	$+25V$	高	高阻抗	低

EPROM 芯片需要紫外线照射才能擦除，仍嫌不够方便。随着存储芯片制造技术的进展，一种可加高压擦除的只读存储器出现，即电可改写（重编程）只读存储器（E^2PROM）。它采用金属-氮-氧化硅（NMOS）集成工艺，仍可实现正常工作中的只读不写，但在擦除时只需加高电压对指定单元产生电流，形成"电子隧道"，将该单元信息擦除，而其他未通电流的单元内容保持不变。因此，E^2PROM 使用起来比 EPROM 更为方便，但它仍需要在专用的写入器中擦除改写。

5.5.4　FLASH 只读存储器

20 世纪 80 年代中期存储器种类又增添了一种快擦写型存储器(Flash Memory)。它具备 RAM,ROM 的所有功能,而且功耗低、集成度非常高,发展前景非常好。这种器件沿用 EPROM 的简单结构和浮栅/热电子注入的编程写入方式,既可编程写入又可擦除,故称为快擦写型电可重编程(Flash E^2PROM)。

FLASH 的存储单元电路由一个 NMOS 管构成,如图 5-23 所示,其栅极分为控制栅极 CG 和浮空栅极 FG,二者之间填充氧化物-氮-氧化物材料。FLASH 存储单元利用浮空栅是否保存电荷来表示信息 0 或 1 的。如果浮空栅上保存有电荷,则在源、漏极之间形成导电沟道,为一种稳定状态,即"0"状态;如果浮空栅上没有电荷,则在源、漏极之间无法形成导电沟道,为另一种稳定状态,即"1"状态。

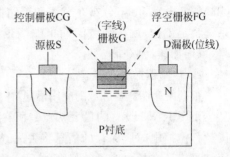

图 5-23　FLASH 存储单元结构

上述两种稳定状态可以相互转换。状态"1"到状态"0"的转换过程,就是对浮空栅上的充电荷的过程;状态"0"到状态"1"的转换过程,就是将浮空栅上的电荷移走的过程。例如,在栅极与源极之间加一个正向电压 U_{SG},在漏极与源极之间加一个正向电压 U_{SD},保证 $U_{SG} > U_{SD}$,来自源极的电荷向浮空栅扩散,使浮空栅上带上电荷,在源、漏之间形成导电沟道,完成状态"1"到状态"0"的转换。FLASH 的转换过程称为对 FLASH 编程。进行正常的读取操作时只要撤销 U_{SG},加一个适当的 U_{SD} 即可。据测定,正常情况下,在浮空栅上编程的电荷可以保存 100 年不丢失。

由于 FLASH 只需单个的 MOS 管就可以保存信息 1 或 0,因此与单管结构的 DRAM 相似,具有很高的集成度,所不同的是,供电撤销后保存在 FLASH 的信息不丢失。同时,由于只需在 FLASH 存储单元的源、栅极或漏、源极之间加一个适当的正向电压,即可通过改变其状态而实现 0 或 1 的在线擦除与编程,因此 FLASH 还具有 E^2PROM 的特性。

FLASH 是一种高集成度、低成本、高速、能够灵活使用的新一代只读存储器。目前,其应用和发展非常迅速,特别在手机和数码产品中被广泛使用。

5.6　主存储器的设计与应用

从计算机组成原理的角度讲,学习计算机硬件的人们更为关心的是如何利用存储器芯片组成一个能存储信息的存储器。本节将介绍利用 SRAM 或者 DRAM 芯片设计主存储器的基本方法。

5.6.1　主存储器设计的基本原则

涉及主存储器的组织的问题,包括以下几个方面。

① 存储器的基本逻辑结构已经封装在芯片内部,设计主存储器时首先要设计寻址逻辑,即如何按给出的地址去选择存储芯片和该芯片内的存储单元。

② 如果采用 DRAM 存储芯片,还需考虑动态刷新问题。

③ 所要设计的主存储器如何与 CPU 连接和匹配。

④ 主存储器的校验,如何保证所读/写信息的正确性。

因此,设计主存储器时,必须考虑信号线的连接、时序配合、驱动能力等问题。

1. 驱动能力

在与总线连接时先要考虑的驱动能力。因为 CPU(或总线控制器)输出线上的直流负载能力是有限的,尽管经过了驱动放大,而且现代存储器都是直流负载很小的 CMOS 或 CHMOS 电路,由于分布在总线和存储器上的负载电容的存在,所以,要保证设计的存储器系统稳定工作,就必须考虑输出端能带负载的最大能力。如果是负载太重,就必须放大信号,以增加缓冲驱动能力。

2. 存储器芯片的选型

根据主存储器各区域的应用不同,在构成主存储器系统时,就应该选择适当的存储器芯片。

由于 RAM 具有的最大特点是所存储的信息可在程序中用读/写指令以随机方式进行读/写,但掉电时所保存的信息将丢失,故 RAM 一般用于存储用户的程序、程序运行时的中间结果或是在掉电时无须保存的 I/O 数据。

ROM 芯片中的信息在掉电时不丢失,但不能随机写入,故一般用于存储系统程序、计算机系统的初始化参数、无须在线修改的应用(配置)参数。通常把 MROM 和 PROM 用于大批量生产的计算机产品中;当需要多次修改程序或用户自行编程时,应该选用 EPROM 芯片。E^2PROM 对用于保存在系统工作过程中被写入而又需要掉电后不影响信息的地方。

3. 存储器芯片与 CPU 的时序配合

存储器的读/写时间是衡量其工作速度的重要指标。在选用存储芯片时,必须考虑该芯片是读/写时间与 CPU 的工作速度是否匹配,即时序配合。

当 CPU 进行读操作时,什么时候送地址信息、什么时候从数据线上读数据,其时序是固定的。存储器芯片从外部得到的地址信息有效,至内部数据送到数据总线上的时序也是固定的。所以,把主存储器与 CPU 连接在一起就必须处理好它们之间的时序的配合问题,即当 CPU 发出读数据信息的时候,主存储器应该把数据输出并且稳定在数据总线上,CPU 的读操作才能顺利进行。

如果主存储器芯片读/写周期的工作速度不能满足 CPU 的要求,则可在主存储器的读/写周期中插入一或数个 T_W 延迟周期,也就是人为的延长 CPU 的读/写周期(时间),使它们匹配。

通常,在设计主存储器时,尽量选择与 CPU 时序相匹配的存储芯片。

4. 存储器的地址分配和片选译码

通常,在 PC 中的存储器系统选用 SRAM 类型的 Cache、只读存储器 ROM 存储永久信息和保存大量信息的 DRAM 三部分组成。

按主存储器所存放的内容可以划分为:操作系统区、系统数据区、设备配置区、主存储区和存储扩展区。因此,主存储器的地址分配是一个较为复杂而又必须搞清楚的问题。由于工厂生产的单个存储芯片的容量是有限的,其容量是小于 CPU(或总线控制器)的寻址范围,所以,在计算机系统中,其主存储器是由多片存储器芯片按一定的方式组成一个整体的存储系统。要组成一个存储系统,就必须明白诸多存储芯片之间的连接,这些芯片是如何分配芯片的存储地址、如何产生片选信号等问题。

5. 行选信号 RAS、列选信号 CAS 的产生

为了减少芯片的引脚数量,DRAM 存储器芯片的地址输入常采用分时复用,这样输入的地址就分成了两部分:高地址部分为行地址,在$\overline{RAS}$的控制下首先送到芯片;然后低地址部分在$\overline{CAS}$的控制下通过相同的引脚送入存储芯片。

CPU 发出的地址码是通过地址总线同时送到存储器的。为了达到芯片地址引脚分时复用的目的,需要专门的存储器控制单元来实现。

存储器控制单元从总线接收完整的地址码、控制信号 R/$\overline{W}$,将行、列地址存储到缓冲器中,并且产生$\overline{RAS}$,$\overline{CAS}$信号,由该控制单元提供 RAS,CAS 的时序脉冲、地址复用功能;该控制单元还向存储器发出 R/$\overline{W}$信号、$\overline{CS}$信号。

对于同步动态存储器芯片,控制单元还需提供时钟信号;对于一般的动态存储器,由于没有自动刷新的能力,该控制单元应该提供诸如地址计数等存储器刷新所需的信号。图 5-24 给出了存储器行、列地址产生的示意图。

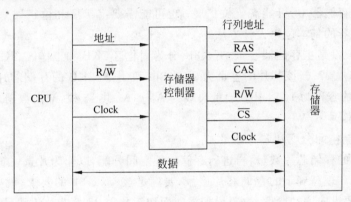

图 5-24 行列地址产生示意图

5.6.2 主存储器的逻辑设计

在设计主存储器时,首先要确定主存储器的总容量,即"字数×位数",如平常所说的内存多少 MB 或 GB。字数是指可编程的地址单元数;位数是指每个编址单元的位数。大多数的计算机系统允许按字节或按字编址。如果按字节编址,那么每个编址单元有 8 位(一个字节)。如果按字编址,那么每个编址单元为一个字长。然后确定所用的存储芯片的类型、型号和单片的容量等准备工作。由于单片存储芯片的容量小于总的存储容量,就需要将若干存储器芯片进行组合,即进行位数、字数的扩展。

1. 位扩展

例如,在早期的 PC/XT 机中,其存储器容量为 1M×8b。由于当时的存储芯片单片容量仅为 1M×1b,要满足 PC/XT 机的要求,就得用 8 片存储芯片拼接而成,即把 8 片存储芯片拼接起来,这就是位扩展。具体连接就是将各片的数据输入线相连接、输出线相连接,再将每片分别与 1 位数据线连接,拼接为 8 位。

编址空间相同的芯片,地址线与片选逻辑信号分别相同,可将它们的地址线按位并联,然后与地址总线连接,共用一个片选逻辑信号。向存储器送出某个地址码,则 8 块存储芯片的某个对应单元同时被选中,可向这 8 块芯片被选中的单元各写入 1,或各读出 1 位,再拼接成 8 位。

2. 字数(编址空间)扩展

如果每片的字数不够,就需要若干存储芯片组成能满足容量要求的主存储器,这就是字扩展。为此,将高位地址译码产生若干不同的片选信号,按各片在存储空间分配中所占的编址范围,分别送各芯片。

低位地址线直接送到各芯片,以选择片内的某个单元。而各片的数据线,则按位并联在数据总线上。向存储器送出某个地址码时,则只有一个片选信号有效,选中某个芯片而低位地址在芯片内译码选中某个单元,便可对该芯片进行读/写数据的操作。

位扩展、字扩展可以这样理解:位扩展就是纵向的增加存储器的厚度,而字扩展就是横向的扩大存储器的面积。如果计算机系统的主存储器位越长,就说明该存储器的厚度越厚,它存储数据的精度就越高(例如某大型计算机的主存储器是 64 位,这就说明一个数据可以用 64 位二进制代码表示);如果其主存储器的容量越大,表明该存储器的平面面积越大。

在实际的主存储器中,可能需要位扩展;也可能需要字扩展和位扩展。下面通过一个例子说明主存储器的基本逻辑设计方法。

【例 5-1】 假设某主存储器容量 $4K \times 8b$,分为固化区 2KB 和工作区 2KB。固化区 2KB 选用 EPROM 芯片 2716,该芯片的容量为 $2K \times 8b$;工作区 2KB 的存储芯片选用 RAM 芯片 2114,该芯片的容量为 $1K \times 4b$。地址总线为 $A_{15} \sim A_0$ 共 16 根,双向数据总线 $D_7 \sim D_0$ 共 8 根,读/写控制信号 $R/\overline{W}$。

解: (1) 存储空间分配和芯片数量

先确定需要的存储芯片数量,再进行存储地址空间分配,以作为片选逻辑的依据。根据上面给出的要求和现已确定的存储芯片型号,要满足该 $4K \times 8b$ 的要求,就要进行位扩展、字扩展,也就是要纵向增加厚度,也要增加横向面积。共需 2716 芯片 1 块(固化区),把 4 块 2114 芯片中的每 2 块拼接成 $1K \times 8b$ 的存储体,再把这两个 $1K \times 8b$ 的进行字扩展,组成 $2K \times 8b$ 的存储体作为工作区,见表 5-2。

(2) 地址分配与选片逻辑

总容量为 4KB 的存储单元,地址线就需要 12 根即 $A_{11} \sim A_0$,而我们设定的是 16 位存储器系统,其地址线为 16 根,现在只有 4KB 的存储器,也就是说,只

表 5-2　存储芯片容量和数量

2716 $2K \times 8b$	
2114 $1K \times 4b$	2114 $1K \times 4b$
2114 $1K \times 4b$	2114 $1K \times 4b$

用到 12 根地址线就可以实现 4KB 内存的寻址。地址线高 4 位 $A_{15} \sim A_{12}$ 恒为 0,可以舍去不用。对于 2176 芯片,其容量为 2K,就可以将低的 11 位地址 $A_{10} \sim A_0$ 连接到该芯片上,剩下的一高位 A_{11} 作为该芯片的片选控制线。对于两组 2114 芯片,每组(两块纵向拼接)1KB,可以将低 10 位地址 $A_9 \sim A_0$ 连接到芯片,余下的高两位 A_{11} 和 A_{10} 为片选控制线。然后根据存储空间的分配方案,确定片选逻辑,如表 5-3 所示。

表 5-3　地址分配和片选逻辑

芯片容量	芯片地址	片选信号	片选逻辑
2KB	$A_{10} \sim A_0$	CS_0	$\overline{A_{11}}$
1KB	$A_9 \sim A_0$	CS_1	$A_{11}\overline{A_{10}}$
1KB	$A_9 \sim A_0$	CS_2	$A_{11}A_{10}$

（3）存储器的逻辑图

根据上述设计方案，可画出该主存存储器的连接逻辑图，如图 5-25 所示。读写命令 $R/\overline{W}$ 送到每个 RAM 芯片上，为高电平时从芯片读出数据；为低电平时把数据写入芯片。2716 芯片输出 8 位，送到数据总线。每组 2114 芯片中的一片输入输出高 4 位，另一芯片输入输出低 4 位，然后拼接成 8 位，再送到数据总线。产生片选信号的译码电路，其逻辑关系应当满足设计时所确定的片选逻辑，片选信号是低电平有效。

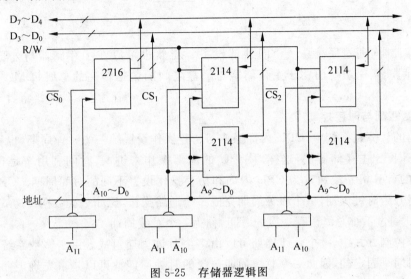

图 5-25　存储器逻辑图

5.6.3　主存储器与 CPU 的连接

通常，主存储器与 CPU 之间有多种连接方式，但从理论上讲连接应该考虑的因素有如下几个方面。

1. 系统模式

（1）最小系统模式

将微处理器与半导体存储器集成在一块插件上的 CPU 卡，可以作为模块组合式系统中的核心部件，也可以作为多处理机系统中的一个节点。还有一种就是可编程设备控制器（也称为智能型设备控制器）中包含了微处理器和半导体存储器。这些都可以使 CPU 和存储器芯片直接连接，如图 5-26 所示。

（2）较大系统模式

在较大的计算机系统中，一般都设置了一组或多组的系统总线，用来实现与外部设备的连接。系统总线包含地址总线、数据总线和一组控制信号线。CPU 通过数据收/发缓冲器、地址锁存器、总线控制器等接口芯片形成系统总线，如图 5-27 所示。如果主存储器的容量特别大，就需要有专门的存储器模块，再将此模块直接与系统总线相连接。有关系统总线的详细介绍，请阅读下一章。

（3）专用存储器总线模式

如果计算机系统所配置的外部设备较多，而且要求访问存储器的速度又特别高，就可以在 CPU 与主存储器之间配置一组专门用于数据传递的高速存储总线。CPU 通过这组专用

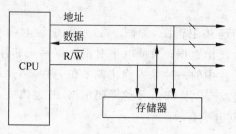

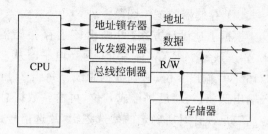

图 5-26　最小系统模式　　　　　　　　图 5-27　较大系统模式

总线访问存储器,通过系统总线访问外部设备。当然也可以在主存储器与外部设备(例如硬盘)之间配置一组专门用于主存储器与磁盘之间的数据传递的总线(DMA 就是这种访问方式)。

2. 速度匹配与时序控制

在早期的计算机系统中,CPU 内部操作与访存操作设置统一的时钟周期,也称为节拍。由于 CPU 速度比主存储器快,这样对 CPU 的内部操作来讲,其时间利用率是比较低的。为此,现在的计算机系统通常为 CPU 内部和访存操作设置不同的时间周期。CPU 内部操作的时间划分为时钟周期,每个时钟周期完成一个通路操作,比如一次数据传递或一次加法运算。CPU 通过系统总线访存一次的时间,称为一个总线周期。

在同步控制方式中,一个总线周期可以由多个时钟周期组成。由于多数系统的主存储器的存取周期是固定的,因此一个总线周期包含的时钟周期数可以是事先确定而不再改变的。当然,在一些特殊情况下,如果访存指令来不及完成读/写操作,则可以插入一个或多个延长(等待)周期。

在采用异步方式的系统中,可以根据实际需要来确定总线周期的时间长短,当存储器完成操作时就发出一个就绪信号 READY,也就是说,总线周期是可变的,它与 CPU 的时钟周期无直接关系(这种时钟安排方式也应用于主机与外部设备之间的数据交换)。

在一些非常高速的计算机系统中,采用了覆盖并行地址传送技术,就是在现行总线周期结束之前,提前送出下一总线周期的地址、操作命令(这点与操作系统中有关磁盘的“提前读、延迟写”相类似)。

3. 数据通道的匹配

数据总线一次能够并行传送的位数,也称为总线的数据通道宽度。通常有 8b,16b,32b 和 64b 几种。主存储器基本上按字节编址的,每次访问内存读/写 8 位,以适应对字符类信息的处理(因为一个 ASCII 字符用 8 位二进制代码表示)。这就存在一个主存储器与数据总线之间的宽度相匹配的问题。

例如,Intel 8086 芯片是 16 位的 CPU 芯片,该芯片的内部与外部的数据总线通路宽度均是 16 位。采用了一个周期可以读/写两个字节,即先送出偶单元地址(就是地址编码为偶数),然后同时读/写偶单元、奇单元的内容,用低 8 位数据总线传递偶单元的数据,用高 8 位数据总线传递奇单元的数据。这样的字被称为规则字。如果传递的是非规则字,即从奇单元开始的字,就需要安排两个总线周期。

为了实现 8086 中的数据传递,需将存储器分为两个存储体:一个是地址码为奇数的存储体,存放高字节,它与 CPU 的数据总线的高 8 位相连;另一个是地址码为偶数的存储体,存放低字节,它与 CPU 数据总线的低 8 位相连,如图 5-28 所示。

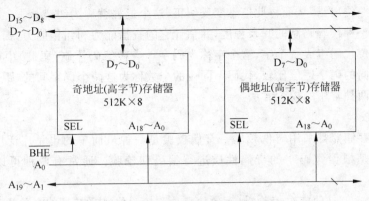

图 5-28 8086 CPU 的存储器配置方式

由于 8086 的内存寻址空间为 1MB,因此共有 20 根地址线。地址线 $A_{19} \sim A_1$ 同时将地址码送到两个存储体。每个存储体均有一个选择信号输入 SEL,当此信号为低电平时,则被选中。标志地址码为奇偶的最低位地址 A_0 送到偶地址存储体,A_0 为 0 时就选中该存储体。CPU 输出一个信号$\overline{\text{BHE}}$(高字节作用),就选择奇存储体。当存取规则字时,地址线送出偶地址,同时让$\overline{\text{BHE}}$信号有效,这样同时选中两个存储体,分别读出高、低字节(共16 位),在一个总线周期中同时传送。

这种分配方式可以用于数据通路更宽的计算机系统中,如同时读/写 4 个字节,数据总线一次传送 32 位。在 CPU 中可以按字处理或按字节处理均可。

4. 主存储器的控制信号

要实现对存储器的有序的读/写操作,就需要有相关的控制命令,例如读/写控制命令 $R/\overline{W}$、片选控制信号$\overline{CS}$,还有分时输入的片选信号$\overline{RAS}$,$\overline{CAS}$。通常,在 16 位的存储系统中,设置字节控制信号$\overline{BHE}$,当此控制信号为高电平时,就选中存储器的高字节。

主存储器的读/写周期一般是已知而且固定,因此可以用固定的时序信号完成读/写操作。如果主存储器需要与外部设备之间传送数据,其操作的时间通常是不固定的,那么就设置一个应答信号来解决控制问题,例如,就绪信号 READY。

5. 主存储器的校验

为了确保从内存中读取的信息是正确,也是提高计算机系统性能的重要环节,通常,在计算机系统中对从内存储器中读取的信息进行校验。如果发现读取的信息有错,就给出校验出错的指示信息或是再从内存中重读一次或数次所需的信息。如果重读后的信息正确,说明刚发生的错误是偶然发生(例如受干扰所致)。如果重读后的信息还是有错,说明此错是长期的,例如原保存的信息被破坏或内存储器本身有故障。

现代计算机系统中,内存的校验思想是冗余,所以也称为冗余码校验。由于待读/写的信息是二进制的代码,有各种组合,即全 0 或是全 1。人们通过实践摸索,认为可以在所需的信息中增加部分代码,即称为校验位,将待写的有效代码和增加的校验位一起按约定的校验规律进行编码,编码的代码称为校验码,全部存入内存。读出时,对所读的校验码进行校验,看所读出的信息是否还是满足约定的规律。

对计算机系统本身所需的有效代码而言,校验位是为校验所存储信息而增加的额外位,通常就称为冗余位。如果校验规律选择得当,不仅能查明信息是否有错,还可以根据出错特征来判断是哪一位出错,从而将此信息变反纠正,这个过程就称为纠错。

为了判断一种校验码制的冗余程度,并估计它的查错能力和纠错能力,提出了"码距"的概念。由若干位代码组成一个字,这个字称为码字。一种编码体制(码制)中可以有多种码字。将两个不同的码字逐位比较,代码不同位的个数称为这两个码字间的"距离"。

下面介绍两种常用的校验方法。

(1) 奇偶校验

大多数主存储器都采用奇偶校验。奇偶校验是一种最简单的也是广泛应用的校验方法。其思想就是根据代码字的奇偶性质进行编码和校验。通常有两种可以选用的校验规律。

① 奇校验。就是使整个校验码(有效信息位和校验位)中的"1"的个数为奇数。

② 偶校验。就是使整个校验码(有效信息位和校验位)中的"1"的个数为偶数。

根据内存按字节编址或是按字编址的不同,以字节或以字为单位进行编码,每个字节(字)配置一个校验位。例如用 9 片 1MB/片的 RAM 芯片组成 1MB 的内存,增设的 1 位就是校验位。有效信息本身不一定满足约定的奇偶性质,但增设了校验位后可使整个校验码字符合约定的奇偶性质。如果两个有效信息代码之间有一位不同(至少有一位不同),则它们的校验位也应该不同,因此奇偶校验码的码距 d=2。从码距来看,能发现一位错,但不能判断是哪位出错,因而没有纠错能力。从所采用的奇偶校验规则看,只要是奇数个代码出错,都将破坏约定规律,因而这种校验方法的查错能力为:能发现奇数个错。若是偶数个错,不影响字的奇偶性质,因而不能发现。

例子:

待编码有效信息	100110001
奇校验码(配备校验码后的编码)	1001100011
偶校验码(配备校验码后的编码)	1001100010

例子:

待编码有效信息	100110101
奇校验码(配备校验码后的编码)	1001100010
偶校验码(配备校验码后的编码)	1001100011

通过上面的例子可以看出,当用户对所需要校验的编码采用"奇/偶"校验时,是根据待编码信息中其"1"的个数来确定是否出错。当待编码中的"1"个数为偶数时,如果采用奇校验,结果中的"1"个数必须是奇数,否则出错。如果采用偶校验,结果中的"1"个数必须是偶数,否则出错。

(2) 海明码校验

这是由 Richard Hamming 提出的一种校验方法,故称为海明校验。它是一种多重奇偶校验,即把欲校验的代码按照一定规律组织为若干小组,分组进行奇偶校验,各组的检错信息组成一个指错字,这样,不仅能检测是否出错,且在一位出错的情况下,还可以指出哪一位出错,从而把此位自动变反纠错。

海明码校验是为了保证数据传输正确而提出的,本来就是一串要传送的数据,如:D_7,D_6,D_5,D_4,D_3,D_2,D_1,D_0,这里举的是 8 位数据,也可以是 n 位数据。就这样传送数据,不知道接收到后是不是正确的。所以,要加入校验位数据才能检查是否出错。这里涉及一个问题,要多少位校验数据才能查出错误呢?

我们只要能检测出一位出错,则对于 8 位信息数据,校验位为 4 位。满足下列条件:2 的 k 次方大于等于 $n+k+1$,其中 k 为校验位位数,n 为信息数据位数。验证一下,2 的 4 次方等于 16,$n+k+1$ 等于 $8+4+1$ 等于 13。8 位信息数据与 4 位校验位总共有 12 位数据,怎么排列呢?我们先把校验位按 P_4,P_3,P_2,P_1 排列,用通式 P_i 表示校验位序列,i 为校验位在校验序列中的位置。送的数据流用 $M_{12},M_{11},M_{10},M_9,M_8,M_7,M_6,M_5,M_4,M_3,M_2,M_1$ 表示,接下来的问题是如何用 $D_7,D_6,D_5,D_4,D_3,D_2,D_1,D_0$ 与 P_4,P_3,P_2,P_1 来表 $M_{12},M_{11},M_{10},M_9,M_8,M_7,M_6,M_5,M_4,M_3,M_2,M_1$ 了。校验位在传送的数据流中位置为 2 的 $i-1$ 次方,则 P_1 在 M_1 位,P_2 在 M_2 位,P_3 在 M_4 位,P_4 在 M_8 位。其余的用信息数据从高到低插入。传送的数据流为 $D_7,D_6,D_5,D_4,P_4,D_3,D_2,D_1,P_3,D_0,P_2,P_1$。接下来,我们要弄明白如何找出错误位的问题。引进 4 位校验和序列 S_4,S_3,S_2,S_1。S_4,S_3,S_2,S_1 等于 $0,0,0,0$ 表示传送的数据流正确;如 S_4,S_3,S_2,S_1 等于 $0,0,1,0$ 则表示传送的数据流中第 2 位出错;如 S_4,S_3,S_2,S_1 等于 $0,0,1,1$ 则表示传送的数据流中第 3 位出错;依次类推。即 $S_4S_3S_2S_1=0110$,此为十进制的 6,说明第六位出错,也就是 M_6 出错。

5.7 虚拟存储器与并行存储器技术

如何更加有效地提高计算机系统的整体性能?这是计算机技术发展中的面临的主要问题。事实上,计算机的整体性能在很大程度上受制于存储器子系统。根据各种存储器的特性,采取适当的管理措施和技术措施,可以提高计算机系统的整体性能。目前,能够提高存储器系统性能的技术有很多,主要包括高速缓存、虚拟存储器、并行存储等技术。本节将重点介绍虚拟存储器技术和并行存储技术的基本原理。

5.7.1 虚拟存储器技术

1. 虚拟存储器的概念

在采用了主存储器和辅存储器的存储器系统结构中,计算机系统的存储容量扩大了很多,用户就可以利用这些硬件功能并在操作系统的存储器管理软件支持下完成自己的所有操作。这里最为重要的一种是为用户提供了"虚拟存储器"(Virtual Memory,VM),通常称为虚拟存储技术。这种虚拟存储器的容量远远地超过了 CPU 能直接访问的主存储器容量,用户可以在这个虚拟空间(也称为编址空间)自由编程,而不受主存储器容量的限制,也不需考虑所编程序将来装入在内存的什么位置(虚拟存储在"操作系统"的内容中,就是存储管理的"换进换出"概念)。

在计算机系统中采用了虚拟存储技术后,可以对内存和外存的地址空间统一进行编址,用户按其程序的需要来对逻辑地址(也就是虚地址)进行编程。所编程序和数据在操作系统的管理下先输入到外存(一般是在硬盘中),然后再由操作系统自动地将当前欲运行的部分程序和数据调入内存,其余暂不运行的部分留在磁盘上。随着程序执行的需要,操作系统自动地按一定替换算法在内存与外存向进行对换,即将内存中暂不运行的部分程序和数据换出到外存,把急需运行的而现在又仍在外存的部分程序和数据调入内存进行执行。这个过程是在操作系统的控制和管理下自动完成的，由于计算机系统的运行速度非常快，换进换出的过程用户是感觉不到的。

CPU 执行程序时，按照程序提供的虚拟地址访问内存。因此，先由存储器管理硬件判断该地址内容是否在内存中（也可以由操作系统的存储器管理软件来完成此任务）。如果已经调入内存，则通过地址变换机制将程序中的虚地址转换为内存中的实地址（称为物理地址或绝对地址），再去访问内存中的物理单元。如果所需程序和数据部分尚未调入内存，则通过中断方式，将所需程序和数据块调入内存或把原内存中暂不运行的部分程序和数据块换出到外存以腾出内存空间，再把所需的部分程序和数据块调入内存。

上述过程对用户程序是透明的，用户看到的只是用数位较长的虚地址编程，CPU 可按虚地址访问存储器，其访问的存储器空间则是内存与外存之和。

可见，虚拟存储器技术是硬件和软件相结合的技术，是通过操作系统提供的请求调入功能和置换功能，能从逻辑上对内存容量加以扩充的一种存储技术。

2. 页式虚拟存储器

由于内存的分配管理方式有分页式、分段式和段页式等，因此，虚拟存储器的实现方法就包括页式虚拟存储、段式虚拟存储和段页式虚拟存储等。其中，页式虚拟存储器首先将虚拟存储器空间与内存空间都划分为若干大小相同的页，虚拟存储空间的页称为虚页，内存的页称为实页。通常页的大小为 512B，1KB，2KB，4KB 等。注意，页不能分得太大，否则会影响换进换出的速度，从而导致 CPU 的运行速度下降。因此，一般操作系统中，取最大页为4KB，UNIX 操作系统的页为 512B。

这种划分是面向存储器物理结构的，有利于内存与外存的调度。用户编程时也可以将程序的逻辑地址划分为若干页。虚地址可以分为两部分：高位段是虚页号，低位段为页内地址。

然后，在主存中建立页表，提供虚实地址的转换，登记有关页的控制信息。如果计算机是多任务的，就可以为每个任务建立一个页表，硬件中设置一个页表基址寄存器，存放当前运行程序的页表起始地址。

页表的每一行记录了每一个分页的相关信息，包括虚页号、实页号、状态位 P、访问字段 A、修改位 M 等，如表 5-4 所示。

表 5-4　页表

虚页号	实页号	状态位	访问字段	修改位

其中，虚页号是该页在外存中的起始地址，表明该虚页在磁盘中的位置。实页号登记了该虚页对应的主存页号，表明该虚页已调入主存。状态位，也叫装入位，=1 表示该虚页已调入主存，=0 表示该虚页不在主存中。访问字段记录页被访问的次数或最近访问的时间，供选择换出页时参考。修改位指示对应的主存页是否被修改过，=1 时表明所对应的页在内存中已经被修改，如果要换出时，就必须将其写回外存。

图 5-29 展示了在访问页式虚拟存储器时虚实地址的转换过程。当 CPU 根据虚地址访存时，先将虚页号与页表起始地址合并，形成访问页表对应行的地址。根据页表内容判断该虚页是否在主存中。如果已调入主存，从页表中读取相应的实页号，再将实页号与页内地址

拼接,得到对应的主存实地址。据此,可以访问实际的主存编地址单元,并从中读取指令或操作数。

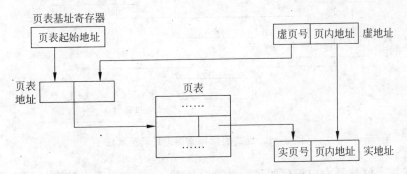

图 5-29 页式虚拟存储器地址转换示意图

如果该虚页尚未调入主存,则产生缺页中断,以中断方式将所需的页内容调入主存。如果主存页已全部分配,则需在中断处理程序中执行替换算法(例如,先进先出 FIFO 算法、近期最少使用算法 LRU 等),将可替换的主存页内容写入辅存,再将所需的页内容调入主存。

3. 段式虚拟存储器

在段式虚拟存储器中,将用户程序按其逻辑结构划分为若干段(例如程序段、数据段、主程序段、子程序段等),各段大小不同。相应地,段式虚拟存储器也随程序的需要动态地分段,且将段的起始地址与段的长度填到段表之中。编程时使用的虚地址分为两部分:高位是段号,低位是段内地址。例如,Intel 80386 的段号为 16 位,段内地址为 32 位,可将整个虚拟空间分为 64K 段,每段的容量最大可达 4GB,使用户有足够大的选择余地。

典型的段表结构如表 5-5 所示。其中,装入位为 1,表示已经调入主存。段起点记录该段在主存中的起始地址。与页不同,段长可变,因此需要记录该段的长度。其他控制位包括读、写、执行的权限等。

表 5-5　段表

段号	装入位	段起点	段长	其他控制位

段式虚拟存储器的虚实地址转换与页式地址转换相似,如图 5-30 所示。当 CPU 根据虚地址访存时,先将段号与段表本身的起始地址合成,形成访问段表对应行的地址,根据段表内装入位判断该段是否调入主存。若已调入主存,从段表读出该段在主存中的起始地址,与段内地址相加,得到对应的主存实地址。

4. 段页式虚拟存储器

由于分页是固定的,它是面向存储器本身的,计算机系统中只有一种大小的页。程序装入内存的块(页),可能因为某一页装不满内存的一块而剩余一部分不能利用(称为“页内零头”)。如果页内零头太多就会影响内存的利用率。此外,由于页的划分不能反映程序的逻辑结构,如果离散地给程序分配内存空间,那么一个程序(包括数据)必然存放在不相连的内存中,这样可能会给程序的执行、保护和共享带来不方便。

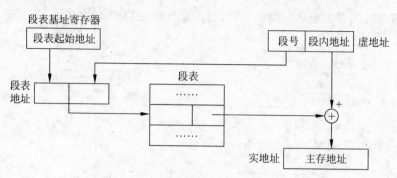

图 5-30　段式虚拟存储器地址转换算法

段式虚拟存储器是面向程序的逻辑结构分段的,一个在逻辑上独立的程序模块可以为一个段,这个段可大可小。因此,有利于对存储空间的编译处理、执行、共享与保护。由于段的长度比页要大很多,不利于存储器的管理和调度。一方面段内地址必须连续,因各段的首、尾地址没有规律,地址计算比页式存储器管理要复杂。此外,当一个段执行完毕后,新调入的程序可能小于现在内存段的大小,这样也会造成零头。

为此,把页式存储管理和段式存储管理结合起来,这就形成了段页式虚拟存储管理方式。在这种方式中,先将程序按逻辑分若干段,每个段再分成相同大小的页,内存也划分为与页大小相同的块。在系统中建立页表和段表,分两级查表实现虚拟地址与物理地址的转换。在多用户系统中,虚地址包括基号、段号、段内页号、页内地址等信息。其中,基号为用户标志号,用于区别每一个用户。

图 5-31 给出了段页式虚拟存储器地址转换示意图。每道程序有自己的段表,这些段表的起始地址存储在段表基址寄存器组。相应地,虚地址中每道用户程序有自己的基号。根据它选取相应的段表基址寄存器,从中获得自己的段表起始地址。将段表起始地址与虚地址中的段号合成,得到访问段表对应行的地址。从段表中取出该段的页表起始地址,与段内页号合并,形成访问页表对应行的地址。从页表中取出实页号,与页内地址拼接,形成访问主存单元的实地址。

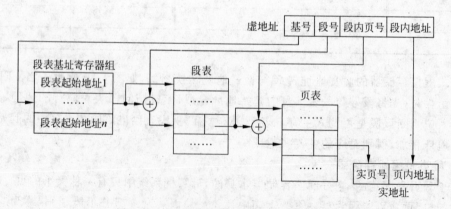

图 5-31　段页式虚拟存储器地址转换示意图

段页式虚拟存储器兼备了分页和分段存储管理的优点,但在形成物理地址的过程中,需要查询两级表(页表、段表)才能完成地址的转换,在时间上要多些。当然,在现代计算机系统中由于页表是非常大的,可能要占用若干内存空间,所以可以分多级页表(例如页表、快表)。

5.7.2 并行存储器技术

从前面的内容可以得知,存储器系统的速度是提高 CPU 运行速度的一个关键。为了提高计算机系统的整体性能,现代的大型计算机系统中采用了并行内存储器系统,可在一存取周期中并行存取多个字,以提高整体信息的吞吐量来解决 CPU 与内存之间的速度匹配问题。并行存储体可分为单体多字方式、多体交叉存取方式两种。

1. 单体多字并行主存系统

如图 5-32 所示,多个并行的存储器共用一套地址寄存器,按同一地址码并行地访问各自的对应单元。例如读出沿 n 个存储器顺序排列的 n 个字,每个字有 W 位。假设送入的地址码为 A,则 n 个存储器同时访问各自的 A 号单元。也可以将这 n 个存储器看着一个大存储器,每个编址对应于 n 字$\times W$ 位,因而称为单体多字方式。

单体多字并行内存系统适合于向量运算类的特定环境。在执行向量运算指令时,一个向量型操作数包含 n 个标量操作数,可按同一地址分别存放在 n 个并行内存中。例如矩阵运算中的 $a_i b_j = a_0 b_0$,$a_0 b_1$,…,就适合采用单体多字并行内存系统方式。

2. 多体交叉存取方式的并行主存系统

在大型计算机系统中通常采用的是多体交叉存储方式的并行内存系统,如图 5-33 所示。一般使用 n 个容量相同的存储器(或称为存储体),各自具有地址线寄存器、数据线、时序信号,可以独立编址而同时工作,因而称为多体交叉存储方式的并行内存系统。

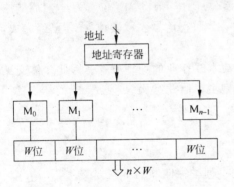

图 5-32 单体多字并行主存系统

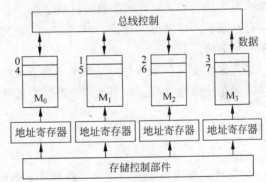

图 5-33 多体交叉存取方式

各存储体的编址基本上采用交叉编址方式,即采用一套统一的编址,按序号交叉分配给各个存储体。以图 5-33 中的 4 个存储体为例,M_0 的地址编址序列为 $0,4,8,12,\cdots$,M_1 的地址编址是 $1,5,9,13,\cdots$,M_2 的地址编址是 $2,6,10,14,\cdots$,M_3 的地址编址是 $3,7,11,15,\cdots$。也就是说,一段连续的程序或数据,将交叉地存放在各个存储体中,因此整个并行内存是以 4 为模交叉存取工作的。

相应地,对 4 个存储体采用分时访问的时序,如图 5-34 所示。各存储体分时启动读/写,时间错过 1/4 的存取周期。启动 M_0 后,经过 $T_M/4$ 启动 M_1,在 $T_M/2$ 时启动 M_2,在 $3T_M/4$ 时启动 M_3。各存储体读出的内容也将分时地送到 CPU 中的指令栈或数据栈,每个存取周期将可访问 4 次。

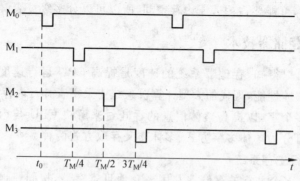

图 5-34 多存储体分时工作示意图

采用多体交叉存储体并行系统方式,需要一套存储器控制逻辑部件,称为存控部件。它由操作系统设置或控制台开关设置,以确定内存的模式组合。如所取的模是多大;接收系统中各部件或设备的访问请求,按预定的优先顺序进行排队,响应其访问存储器的请求;分时接收各请求源发来的访问存储器地址,转送到相应的存储体;分时收发读/写数据;产生各存储体所需的读/写时序;对读/写数据进行检验处理等。可见,多体交叉存储体并行系统的控制逻辑是很复杂的。

当 CPU 或其他设备发出访问存储器的请求时,存控部件按优先排队来确定是否响应其请求。响应后按交叉编址关系决定该地址是访问哪个存储体,然后查询该存储体的状态寄存器"忙"是否为"1",如果为 1,表明该存储体正在进行读/写操作,欲访问该存储体的读/写操作就需要等待;如果该存储体已经完成一次读/写操作,则将"忙"位置为 0,然后响应新的访存请求。当存储体完成读/写操作时,将发出一个回答信号表示读/写操作已经完成,可以响应新的读/写请求。

这种多体交叉存储体并行系统很适合于支持流水线作业的处理方式。因此多体交叉存储体并行系统结构是高速大型计算机系统中的典型主存储器结构。

习题

1. 为什么存储系统要采用分层存储体系结构?列举存储器的不同分类。

2. 指出以下缩略语的中文含义
ROM PROM EPROM E²PROM Flash RAM SRAM DRAM Cache

3. 在 DRAM 中,采用什么技术来保证信息的稳定?

4. 名称解释:
物理存储器 虚拟存储器 数据传输率 内存的数据带宽 内存的总线频率 位扩展 字扩展 随机存取 直接存取 顺序存取

5. 简述静态存储单元和动态存储单元的读/写原理。简述主存储器的设计原则。

6. 主存储器与 CPU 和系统总线有几种连接方式?

7. 动态刷新周期的安排方式有哪几种?简述其安排方法。

8. 设主存容量为 64KB,用 2164 DRAM 芯片构成。设地址线为 $A_{15} \sim A_0$(低),双向数据传输 $D_7 \sim D_0$(低),R/W 控制读写操作。请设计并画出该存储器逻辑图。

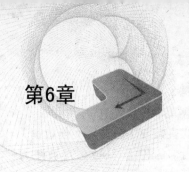

第6章

系 统 总 线

- 掌握系统总线的功能、特性以及分类,了解常见的几种总线标准。
- 了解系统总线的设计要素,理解总线带宽、总线宽度、总线频率、总线结构、总线时序控制和总线仲裁等基本概念及其对系统总线的意义。
- 了解微型计算机的系统总线结构,了解前端总线和 PCI 总线的关系,了解北桥芯片组和南桥芯片组的作用。

【相关知识点】

- 熟悉 CPU、内存、主板的组成及工作原理。
- 熟悉微机中常用的硬件产品及其连接。

【学习重点】

- 掌握系统总线的功能、特性、分类。
- 掌握总线带宽、总线宽度、总线频率、总线时序控制和总线仲裁等基本概念。

系统总线是计算机硬件之间的公共连线,它从电路上将 CPU、存储器、输入设备和输出设备等硬件设备连接成一个整体,以便这些硬件之间进行信息交换。本章将围绕计算机各硬件的连接方式和信息交换方式,展开讨论,重点介绍系统总线的结构、分类、设计方法等内容。

6.1 系统总线概述

6.1.1 系统总线的功能与特性

1. 系统总线的功能

计算机系统的硬件部件包括 CPU、主存储器、辅存储器、输入设备和输出设备。这些部件必须在电路上相互连接,才能组成一个完整的计算机系统,才能相互交换信息,协调一致地工作,实现计算机的基本功能。硬件部件之间的不同连接结构,其连接方式和信息交换方式是不同的。

不过,无论采用何种连接结构,都必须实现以下 5 种传送。

(1) 主存储器到 CPU 的传送,即 CPU 需要从存储器读取指令和数据。

(2) CPU 到主存储器的传送,即 CPU 需要将程序的运行结果写入主存储器。

（3）I/O 设备到 CPU 的传送，即 CPU 从外部设备读取数据。

（4）CPU 到 I/O 设备的传送，即 CPU 向外部设备发送数据或命令。

（5）I/O 设备与主存储器的传送，即外部设备通过硬件方式直接与主存储器交换数据。

在上述传送中，CPU 与主存储器之间的传送被视为主机内部的传送，其他传送被视为输入输出。

为了使连接结构更规整、明了、便于管理和控制，目前的计算机系统大多以总线技术来连接各硬件部件。当然，系统总线必须实现上述 5 种传送。

在连接外部设备时，由于外设的种类繁多、特性各异，因此通常通过一个转接电路连接在系统总线上，这个转接电路称为接口。外设通过接口连接总线，与主机系统通信，可使外围设备的设计独立于主机系统。有关接口的内容将在下一章中详细介绍。

2. 系统总线的特性

系统总线具有如下几种特性：

（1）物理特性

物理特性描述了硬件部件之间的物理连接方式，包括总线的根数，总线的插头、插座的形状，引脚的排列方式等。

（2）功能特性

功能特性描述了系统总线中的每一对连线的功能。从功能上看，总线分为地址总线、数据总线、控制总线 3 大类。地址总线的宽度指明了总线能直接访问存储器的地址空间范围。数据总线的宽度指明了访问一次存储器或外设时能够交换的数据位数。控制总线包括 CPU 发出的各种控制命令（如，存储器读/写、I/O 读/写）外设与主机的同步匹配信号、中断信号、DMA 控制信号等。

（3）电器特性

电器特性定义了每根线上信号的传递方向及有效电平范围。一般规定送入 CPU 的信号叫输入信号（IN），从 CPU 发出的信号叫输出信号（OUT）。例如，地址总线是输出线，数据总线是双向传递的信号线，这两类信号线都是高电平有效。控制总线中各条线一般是单向的，有 CPU 发出的，也有进入 CPU 的。有高电平有效的，也有低电平有效的。总线的电平都符合 TTL[①] 电平的定义。

（4）时间特性

时间特性规定了每根线在什么时间有效，也就是说，只有规定了总线上各信号有效的时序关系，CPU 才能正确无误地使用。

6.1.2　系统总线的分类

在计算机系统中存在着多种总线，可以从以下不同的角度进行分类。

1. 按总线所处的位置分类

按总线处于系统中的位置，总线可以分为内总线与外总线，也可以分为局部总线和系统总线。

其中，内总线通常是泛指计算机系统内部的总线，它实现系统内的 CPU、主存储器、接

---

① 　Transistor-Transistor Logic：晶体管-晶体管逻辑电路。

口与常规的外部设备的连接。注意,内总线概念经常与硬件设备内的总线混淆。例如,对于CPU 内部的总线结构而言,因为它实现 CPU 内部各逻辑部件之间的连接,称为 CPU 内部的通路结构,因此通常不使用内总线来描述。外总线是计算机系统之间,或计算机系统与其他系统(如通信设备、传感器等)之间的连接总线。内总线与外总线在信号线组成上有很大的差异。

局部总线一般是指直接与 CPU 连接的一段总线,包括连接 CPU 与主存储器的专用存储总线,以及连接 CPU 与 Cache 的总线。系统总线通常位于主板上,又称为板级总线,是经过总线控制器扩充之后的总线,用于实现主机和外部设备的连接,属于内总线。

2. 按功能分类

系统总线,又称内总线或板级总线。因为该总线是用来连接微机各功能部件而构成一个完整微机系统的,所以称之为系统总线。系统总线是微机系统中最重要的总线。系统总线上传送的信息包括数据信息、地址信息、控制信息,因此,按功能系统总线可分为数据总线 DB(Data Bus)、地址总线 AB(Address Bus)和控制总线 CB(Control Bus)。

(1) 数据总线:用于传送数据信息。数据总线是双向三态形式的总线,即可以把 CPU的数据传送到存储器或 I/O 接口等其他部件,也可以将其他部件的数据传送到 CPU。数据总线的位数是微型计算机的一个重要指标,通常与微处理的字长相一致。例如 Intel 8086微处理器字长 16 位,其数据总线宽度也是 16 位。需要指出的是,数据的含义是广义的,它可以是真正的数据,也可以指令代码或状态信息,有时甚至是一个控制信息,因此,在实际工作中,数据总线上传送的并不一定仅仅是真正意义上的数据。

(2) 地址总线:是专门用来传送地址的。由于地址只能从 CPU 传向外部存储器或 I/O端口,所以地址总线总是单向三态的,这与数据总线不同。地址总线的位数决定了 CPU 可直接寻址的内存空间大小。例如,8 位微机的地址总线为 16 位,则其最大可寻址空间为 $2^{16}=64KB$;16 位微型机的地址总线为 20 位,其可寻址空间为 $2^{20}=1MB$;32 位微型机的地址总线为 32 位,其可以寻址的内存空间为 $2^{32}=4\ 294\ 967\ 296=4GB$。

(3) 控制总线:用来传送控制信号和时序信号。控制信号中,有的是 CPU 送往主存储器和 I/O 接口电路的,如读/写信号、片选信号、中断响应信号等;也有的是其他部件反馈给CPU 的,例如中断申请信号、复位信号、总线请求信号、设备就绪信号等。因此,控制总线的传送方向由具体控制信号而定,一般是双向的,控制总线的位数要根据系统的实际控制需要而定。实际上控制总线的具体情况主要取决于 CPU。

3. 按时序控制方式分类

时序控制方式决定总线上进行信息交换的方法。经总线连接的 CPU、主存储器和各种外部设备,都有其各自独立的工作时序,如何让它们协调一致地工作,在时间上必须安排得非常精准。由于时序控制方式有同步和异步之分,因此总线也存在同步和异步之分。

(1) 同步总线:由控制模块提供统一的同步时序信号,控制数据信息的传送操作。

(2) 异步总线:不采用统一时钟周期划分,根据传送的实际需要决定总线周期长短,以异步应答方式控制总线传送操作。

(3) 扩展同步总线:以时钟周期为时序基础,允许总线周期中的时钟数可变。

同步总线的优点是控制比较简单;缺点是时间利用和安排上不够灵活和合理。异步总线的优点是时间选择比较灵活,利用率高;缺点是控制比较复杂。扩展同步总线既保持同

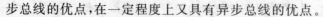

步总线的优点,在一定程度上又具有异步总线的优点。

4. 按数据传送格式分类

按数据传送格式,总线可分为并行总线和串行总线。

(1) 并行总线:它使用多位数据线同时传送一个字节、一节字或多个字的所有位。可以同时传送的数据位数称为总线的数据通路宽度。计算机的 CPU 内部以及 CPU 与主存储器之间的总线大多是并行总线,其数据通路宽度有 8 位、16 位、32 位和 64 位之分。

(2) 串行总线:它一次只传送数据的一位,即按二进制代码位的顺序逐位传送。串行总线通常用于主机与外设之间或者计算机网络通信之中,一方面可以节约硬件的成本,另一方面可以实现远距离的数据传送。

6.1.3 总线的标准化

通常,相同的指令系统,相同的功能,不同厂家生产的各功能部件在实现方法上几乎没有相同的,但各厂家生产的相同功能部件却可以互换使用,其原因何在呢? 就是因为它们都遵守了相同的系统总线的要求,这就是系统总线的标准化问题。目前,在微机中常用的几种系统总线标准有:

1. ISA 总线

ISA(Industrial Standard Architecture,工业标准结构)总线是 IBM 公司 1984 年为推出 PC/AT 机而建立的系统总线标准,所以也叫 AT 总线。它是对 XT 总线的扩展,以适应 8/16 位数据总线要求。它在 80286 至 80486 时代应用非常广泛,以至于现在 Intel Pentium 机中还保留有 ISA 总线插槽。ISA 总线有 98 只引脚,能连接 12 台设备。

2. EISA 总线

EISA(Extended ISA,扩展的 ISA)总线是 1988 年由 Compaq 等 9 家公司联合推出的总线标准。它是在 ISA 总线的基础上使用双层插座,在原来 ISA 总线的 98 条信号线上又增加了 98 条信号线,也就是在两条 ISA 信号线之间添加一条 EISA 信号线。在实用中,EISA 总线完全兼容 ISA 总线信号,能连接 12 台设备。

3. VESA 总线

VESA(Video Electronics Standard Association,视频标准协会)总线是 1992 年由 60 家板卡制造商联合推出的一种局部总线,简称为 VL(VESA local bus)总线。它的推出为微机系统总线体系结构的革新奠定了基础。该总线系统考虑到 CPU 与主存和 Cache 的直接相连,通常把这部分总线称为 CPU 总线或主总线,其他设备通过 VL 总线与 CPU 总线相连,所以 VL 总线被称为局部总线。它定义了 32 位数据线,且可通过扩展槽扩展到 64 位,使用 33MHz 时钟频率,最大传输率达 132MB/s,可与 CPU 同步工作。VL 总线是一种高速、高效的局部总线,可支持 386SX、386DX、486SX、486DX 及 Pentium 微处理器,但连接的设备数仅为 2～4 台。

4. PCI 总线

PCI(Peripheral Component Interconnect,外设部件互连)总线是当前最流行的总线之一,它是由 Intel 公司推出的一种总线。它定义了 32 位数据总线,且可扩展为 64 位。PCI 总线主板插槽的体积比原 ISA 总线插槽还小,其功能比 VESA、ISA 有极大的改善,支持突发读写操作,最大传输速率可达 132MB/s,可同时支持 12 种外围设备。PCI 局部总线不能兼容现有的 ISA、EISA、MCA(Micro Channel Architecture)总线,但它不受制于处理器,是基于奔腾等新一代微处理器而发展的总线。如图 6-1 所示的主板支持 PCI 总线,并提供了 3 个 PCI 扩展插槽。

图 6-1 华硕 P5QL SE 主板

5. Compact PCI

以上所列举的几种系统总线一般都用于商用 PC 中,在计算机系统总线中,还有另一大类为适应工业现场环境而设计的系统总线,比如 STD 总线、VME 总线 PC/104 总线等。这里仅介绍当前工业计算机的热门总线之一 Compact PCI。

Compact PCI 的意思是"精简的 PCI",是当今第一个采用无源总线底板结构的 PCI 系统,是 PCI 总线的电气和软件标准加欧式卡的工业组装标准,是当今最新的一种工业计算机标准。Compact PCI 是在原来 PCI 总线基础上改造而来,它利用 PCI 的优点,提供满足工业环境应用要求的高性能核心系统,同时还考虑充分利用传统的总线产品,如 ISA、STD、VME 或 PC/104 来扩充系统的 I/O 和其他功能。

6. PCI-E 总线

PCI-E(PCI Express)总线是由 Intel、AMD、DELL、IBM 等 20 多家公司于 2004 年正式推出总线技术的规范。它采用流行的点对点串行连接,比起 PCI 以及更早期的计算机总线的共享并行架构,每个设备都有自己的专用连接,不需要向整个总线请求带宽,而且可以把数据传输率提高到一个很高的频率,达到 PCI 总线所不能提供的高带宽(以最新的 PCI-E 3.0 规范为例,其最高传输速度可达 32GB/s)。相对于传统 PCI 总线在单一时间周期内只能实现单向传输,PCI Express 的双单工连接能提供更高的传输速率和质量,它们之间的差异跟半双工和全双工类似。图 6-1 中展示了一个支持 PCI-E 2.0 插槽,用来插接显卡。

6.2 系统总线的设计

系统总线用于连接计算机系统内部的各硬件设备,实现设备之间的数据传输与通信,其性能的优劣将决定整个计算机系统的性能。纵观计算机技术近几十年的发展,系统总线的优化是其中非常重要的一环。不同的设计方案,形成不同的系统总线类型和标准。不过,无论哪种总线,其设计时都会涉及总线宽度、结构、时序和仲裁等几个方面。本节将重点就这几个问题展开讨论。

6.2.1　系统总线的带宽

1．总线带宽的决定因素

衡量总线性能的重要指标是总线带宽，它定义为总线本身所能达到的最高传输速率，单位是 MB/s(兆字节每秒)。实际的总线带宽会受到总线布线长度、总线通路宽度、总线时钟频率、总线控制器的性能以及连接在总线上的硬件数等因素的影响。但数据传输最大带宽主要取决于所有同时传输的数据的宽度和传输频率，即数据带宽＝(总线频率×数据位宽)/8。

下面以例子说明总线时钟与总线带宽的关系。

【例 6-1】　某总线在一个总线周期中并行传送 4 个字节的数据，假设一个总线周期等于一个总线时钟周期，总线时钟频率为 33MHz，总线带宽是多少？

解：设总线带宽用 Dr 表示，总线时钟频率用 F 表示，总线时钟周期用 $T=1/F$ 表示，一个总线周期传送的数据量用 D 表示，根据定义可得：

$$Dr = D/T = D \div (1/F) = D \times F = 4B \times 33 \times 10^6/s = 132MB/s$$

这样，总线的带宽应该不小于 132MB/s。

【例 6-2】　如果在一个总线周期之中并行传送 64 位数据，总线时钟频率提升为 66MHz，总线带宽是多少？

解：64 位＝8B

$$Dr = D \times F = 8B \times 66 \times 10^6/s = 528MB/s$$

这样，总线的带宽应该不小于 528MB/s。

可见，决定总线带宽的关键因素是总线宽度和总线的时钟频率。

2．分时复用设计方案

总线宽度是系统总线同时传送的数据位数，它关系到计算机系统数据传输的速率，可管理内存空间的大小、集成度和硬件成本等。为了平衡性能与成本的关系，现代计算机系统通常采用分时复用总线设计技术来代替分立专用总线设计。在分立专用总线方式中，地址线和数据线是独立的。由于在数据传送开始，总是先把地址放到总线上，等地址有效后，才能开始读、写数据。因此，地址和数据信息都可以使用同一组信号线传送。在总线操作开始时，这些线路传送地址信号，随后又传送数据信号。

分时复用的优点是减少了总线的连接数，从而降低了成本、节约了主板的布线空间；缺点是降低了系统的速度，增加了系统连接的复杂度。不过，可通过提高总线的时钟频率来弥补。

6.2.2　系统总线的结构

在系统总线中，数据线和地址线的数目与排列方法以及控制线的多少及其控制功能，称为总线结构，对计算机的性能来说将起着十分重要的作用。设计系统总线时，必须首先确定总线结构。一个单机系统的总线结构通常有以下几种类型：

1．单总线结构

在许多单处理器的计算机中，使用一条单一的总线来连接 CPU、内存和 I/O 设备，叫做单总线结构，如图 6-2 所示(该图中不包含 CPU 与主存储器之间的总线)。

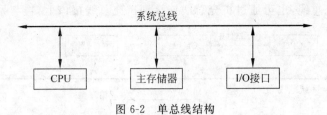

图 6-2 单总线结构

在单总线结构中,要求连接到总线的逻辑部件必须高速运行,以便在某些设备需要使用总线时,能迅速获得控制权;而当不再使用总线时,能迅速放弃总线的控制权。否则,由于一条总线由多种功能公用,可能导致很大的时间延迟。

通常,在系统总线上所传输的信息有如下几种。

(1)取指令:当 CPU 取一条指令时,首先把程序计数器 PC 中的地址同控制信息一起送至总线上。在"取指令"情况下的地址是主存地址,此时该地址所指定的主存单元的内容一定是一条指令,而且将被传送给 CPU。

(2)传送数据:取出指令之后,CPU 将检查分析操作码。操作码规定了对数据要执行什么操作,以及数据是流进 CPU 还是流出 CPU。

(3)I/O 操作:如果该指令地址字段对应的是外围设备地址,则外围设备译码器予以响应,从而在 CPU 和与该地址相对应的外围设备之间进行数据传送,而数据传送的方向由指令操作码决定。

(4)DMA 操作:某些外围设备也可以指定地址。如果一个由外围设备指定的地址对应于一个主存单元,则主存予以响应,于是在主存和外设间将进行直接存储器传送(DMA)。

单总线结构中容易扩展成多 CPU 系统,这只要在系统总线上挂接多个 CPU 即可。

2. 二总线结构

单总线系统中,由于所有逻辑部件都挂在同一个总线上,因此总线只能分时工作,即某一时间只能允许一对部件之间传送数据,这就使信息传送的吞吐量受到限制。为此,出现了二总线系统结构,如图 6-3 所示。这种结构保持了单总线系统简单、易于扩充的优点,但又在 CPU 和内存之间专门设置了一组高速的存储总线,使 CPU 可通过专用总线与存储器交换信息,并减轻了系统总线的负担,同时内存仍可通过系统总线与外设之间实现 DMA 操作,而不必经过 CPU。当然这种双总线系统以增加硬件为代价。

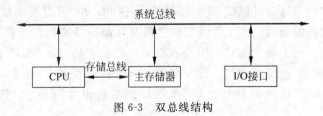

图 6-3 双总线结构

3. 三总线结构

当引入高速缓存 Cache 同时又希望连接更多的不同种类的外部设备时,就只能采用三总线结构。早期的总线结构如图 6-4 所示。局部总线连接 CPU 和高速缓存 Cache。系统总线连接 Cache 和主存储器。为了连接更多、更广泛的外部设备,引入扩充总线。外部设备可以直接连接到系统总线,也可通过扩充总线连接到扩充总线接口上,再与系统总线相连。

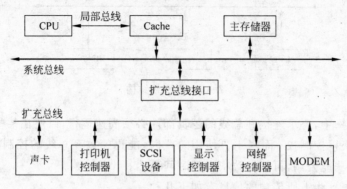

图 6-4　三总线结构

4. 高性能的多总线结构

传统的三总线结构能比较有效地实现数据的传输,但随着外部设备种类的不断增多和性能差异越来越大,有些外部设备(如图形和视频设备、网络接口设备等)的数据传输率增长越来越快,如果把速度不一样的外设全部连接到一条总线上,势必影响整个系统的性能。因此,出现了高性能的多总线结构,如图 6-5 所示。这是 Intel Pentium 系统的典型结构。

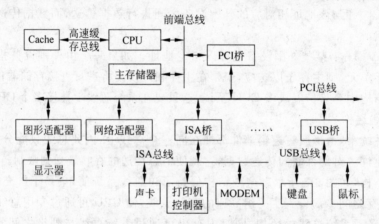

图 6-5　高性能总线结构

在这种结构中,主机内部(包括 CPU、主存储器和 PCI 桥)通过前端总线连接,且使用北桥芯片组来控制它们的通信。PCI 总线实现主机与外部设备之间的连接,使用南桥芯片组来控制它们的通信。为了兼容那些采用 ISA 技术生产的老式设备(如声卡、打印机控制器、MODEM 等),允许这些设备通过 ISA 桥连接到 PCI 总线。对于全新的采用 USB(Universal Serial Bus,通用串行总线)技术设计的那些设备则通过 USB 桥与 PCI 总线连接。

5. I/O 通道和 I/O 处理机

对于大、中型计算机系统来说,不但系统规模非常大,而且所连接设备种类和数量都非常多。因此,在这种系统中,CPU 采用多运算处理部件,主存采用多个存储体交叉访问体制,I/O 操作采用通道进行管理。其中,通道也称通道控制器。CPU 启动通道后可继续执

行程序,进行本身的处理工作;通道则独立执行由专用的通道指令编写的通道程序,控制
I/O设备与主存进行数据交换。这样,CPU中的数据处理与I/O操作可以并行执行。

典型的大型系统结构在系统连接上形成主机、通道、I/O控制器、I/O设备等4级结构,
如图6-6所示。CPU与主存储器使用专门的高速存储总线连接。CPU与通道之间、主存与
通道之间都有各自独立的数据通路。每个通道可以连接若干I/O控制器,每个I/O控制器
又可连接若干相同类别的I/O设备。这样,整个系统就能够连接许多不同种类的外部
设备。

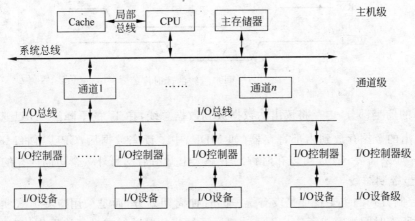

图 6-6 典型的大型系统

对于规模较小的系统,可将通道部件设置在CPU内部,组成一种结合型通道;对于较
大的系统,则可以将通道设置在CPU之外,成为独立的一级;对于更大的系统,可将通常发
展成为功能更强的输入输出处理机,称为IOP。现在,微机系统就大量借鉴这种设计思想,
不但发展出了多核处理器系统,还发展出了诸如GPU之类的技术。GPU,即Graphics
Processing Unit(图形处理器),能辅助CPU处理图形运算。

6.2.3 总线的时序控制

总线操作的控制方式在时序上可以划分同步控制和异步控制两种。

1. 同步控制总线

同步控制总线的主要特征是以时钟周期为划分时间段的基准。CPU内部操作速度较
快,通常选择较短的时间周期。总线传送时间较长,可让一个总线周期占用多个CPU时钟
周期。实用的同步总线是引入异步思想之后的扩展同步总线,允许占用的时钟周期数可变,
但仍然以CPU时钟周期为基准。

图6-7是一个同步读操作的时序控制图。在T_0时,CPU在地址总线上给出要读的内
存单元地址,在地址信号稳定后,CPU发出内存请求信号$\overline{\text{MREQ}}$和读信号$\overline{\text{RD}}$,分别表示:
CPU要访问主存储器(而不是外设)、要进行读操作。

由于内存芯片的读写速度低于CPU,在地址建立后不能立即给出数据,因此内存在T_1
的起始处发出等待信号$\overline{\text{WAIT}}$,通知CPU插入一个等待周期,直到内存完成数据输出且将
$\overline{\text{WAIT}}$信号置反。所插入的等待周期可以是多个。

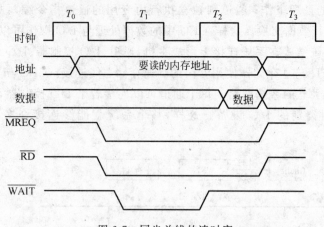

图 6-7   同步总线的读时序

在 T_2 的前半部分,内存将读出的数据放到数据总线,在 T_2 的下降沿,CPU 选通数据信号线,将读出的数据存放到内部寄存器(如 MDR)中。读完数据后,CPU 再将 $\overline{MREQ}$ 和 $\overline{RD}$ 信号置反。如果需要,CPU 可以在时钟的下一个上升沿启动另外一个访问内存的周期。

2. 异步控制总线

异步控制方式的主要特征是没有统一的时钟周期划分,而是采用应答方式实现总线的传送操作,所需时间视需求而定。图 6-8 展示了异步控制总线在进行读操作的时序控制图。

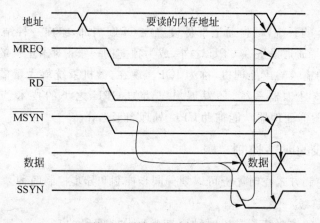

图 6-8   异步总线读操作时序

在异步操作中,负责申请并掌管总线控制权的主设备在给出地址信号、主存请求信号 $\overline{MREQ}$ 和读信号 $\overline{RD}$ 后,再发出主同步信号 $\overline{MSYN}$,表示有效地址和控制信号已经送上系统总线。对应的从设备得到该信号后,以其最快的速度响应和运行,完成所要求的操作后,发出同步信号 $\overline{SSYN}$。

主设备得到同步信号,就知道数据已准备好,并出现在数据总线上,从而接收数据,并且撤销地址信号,将 $\overline{MREQ}$、$\overline{RD}$ 和 $\overline{MSYN}$ 信号置反。从设备检测到 $\overline{MSYN}$ 信号置反后,得知主设备接收到数据,一个访问周期已经完成,因此将 $\overline{SSYN}$ 信号置反。这样,就回到原始状态,可以开始下一个总线周期。

异步总线操作时序图中的箭头代表异步应答信号的关系。如 $\overline{MSYN}$ 信号的给出,使数据信号建立,并使从设备发出$\overline{SSYN}$信号。反过来,$\overline{SSYN}$信号的发出将导致地址信号的撤销以及$\overline{MREQ}$、$\overline{RD}$和$\overline{MSYN}$信号的置反。最后,$\overline{MSYN}$信号的置反导致$\overline{SSYN}$信号的置反,结束整个操作过程。

6.2.4　总线的仲裁

系统总线同时连接了多个部件,在某一时刻有可能出现不止一个部件提出使用总线申请。这样,就会出现总线冲突现象。因此,必须采取措施对总线的使用权进行仲裁。总线的仲裁机制大致分为集中式和竞争式两大类。

1. 集中式总线仲裁

在集中式总线仲裁方式中,由总线控制器或仲裁器管理总线的使用。总线控制器可以集成在 CPU 内部,但更多地由专门的部件来担当。连接在总线上的设备都可发出总线请求信号。当总线控制器检测到总线请求后,发出一个总线授权信号。

总线授权信号的传送有多种方式。其一为链式传送(如图 6-9 所示),即总线授权信号被依次串行地传送到所连接的输入输出设备上。当逻辑上离控制器最近的那个设备接收到授权信号时,由该设备检测它是否发出了总线请求信号。如果是,则由它接管总线,并停止授权信号继续往下传播。如果该设备没有发出总线请求,则将授权信号继续传送给下一个设备,这个设备再重复上述过程,直到有一个设备接管总线为止。显然,在这种方式中,设备使用总线的优先级由它离总线控制器的逻辑距离决定,越近的优先级越高。

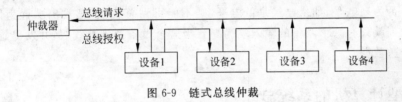

图 6-9　链式总线仲裁

除此之外,集中式总线仲裁还可以根据设备的种类设置多级总线仲裁。每级都有自己的总线请求信号的总线授权信号,如图 6-10 所示。每个设备都接在总线的某级仲裁线上,时间急迫的设备连接在优先级较高的仲裁线上。当多个总线仲裁级别上同时发出总线请求时,总线仲裁器只对优先级最高的请求发出总线授权信号。在同一优先级内使用串行仲裁方式,决定由哪个设备使用总线。

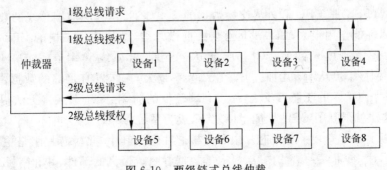

图 6-10　两级链式总线仲裁

2. 竞争式总线仲裁

在竞争式总线仲裁中,当某个设备需要使用总线时,发出对应的总线请求信号。所有的设备都监听所有的总线请求信号,到一个总线周期结束时,各设备都能知道自己是否为优先级最高的设备,以及能否在下一个总线周期使用总线。与集中式总线仲裁相比,竞争式总线仲裁要求的总线信号更多,但防止了时间上的浪费。

图 6-11 展示了竞争式总线仲裁方式的示意。其所用的信号线包括总线请求信号线、总线忙信号线、总线仲裁信号线。总线"忙"信号由当前使用总线的主设备发出。总线仲裁信号线将总线上的所有设备按优先级的高低依次串行连接在一起,优先级最高的一头接+5V的电源。

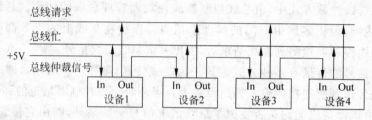

图 6-11 竞争式总线仲裁

当没有设备提出总线申请时,电平为高的总线仲裁信号可以传送到所有的设备。如果某设备需要使用总线,它首先检测总线目前是否空闲,并且检测它接收到的总线仲裁信号(输入端)是否为高电平,如果已经是低电平,则不能得到总线权,把输出端置为低。这样将确保某一时刻就只有一个设备的输入端为高。当这个设备得到总线权,并发出总线忙信号,然后开始传送数据。

6.3 微型计算机的系统总线

微型计算机都采用总线结构,通过系统总线将各硬件设备连接成一个整体,实现了微型计算机内部各部件间的信息交换。从 Intel Pentium 起,微型计算机就开始采用如图 6-5 所示的高性能总线结构。在这种结构中,系统总线分为前端总线和 PCI 总线。

6.3.1 微型计算机的前端总线

前端总线(FSB)是 CPU 和外界交换数据的最主要通道,因此前端总线的数据传输能力对计算机整体性能作用很大,如果没足够快的前端总线,即使速度最快的 CPU 也不能明显提高计算机整体速度。目前 PC 上所能达到的前端总线频率有 266MHz、333MHz、400MHz、533MHz、800MHz 几种。前端总线频率越大,意味着有足够的数据供给 CPU,将更加充分发挥出 CPU 的功能。反之,如果频率较低的前端总线,那么将无法提供足够的数据给 CPU,这样就限制了 CPU 性能得以发挥,成为系统瓶颈。

微机主板上通常安装了北桥芯片组和南桥芯片组。其中,北桥芯片组是主板上离 CPU最近的一块芯片,负责联系诸如内存、显卡等数据吞吐量最大的部件,并和南桥芯片连接,它在处理器与 PCI 总线、主存储器、显示适配器和 L2 高速缓存之间建立通信接口,是前端总线的控制中心。南桥芯片组则提供对键盘控制器、USB 控制器、实时时钟控制器、数据传送方式和高级电源管理等的支持。

北桥芯片组提供对 CPU 类型和主频、内存的类型及最大容量、PCI/AGP 插槽等设备的支持。正因为它在微机系统中起着主导的作用,所以人们习惯的称为主桥(Host Bridge)。

注意,外频与前端总线频率是有区别的。前端总线的速度指的是 CPU 和北桥芯片间总线的速度,是 CPU 和外界数据传输的实际速度。而外频的概念是建立在数字脉冲信号震荡速度基础之上的,也就是说,100MHz 外频特指数字脉冲信号在每秒钟震荡 100×10^6 次,它代表 PCI 及其他总线的频率。之所以将前端总线与外频这两个概念混淆,主要的原因是在 Intel Pentium 4 出现之前,前端总线频率与外频是相同的,因此往往直接称前端总线为外频,最终造成误解。随着计算机技术的发展,人们发现前端总线频率需要高于外频,因此采用了 QDR(Quad Date Rate)技术,或者其他类似的技术实现这个目的。这些技术的原理类似于 AGP 的 2X 或者 4X,它们使得前端总线的频率成为外频的 2 倍、4 倍甚至更高,从此之后前端总线和外频的区别才开始被人们重视起来。

微型计算机的系统总线技术发展与变革都非常迅速,标准总线从早期 ISA 总线(16 位,带宽 8MB/s)发展到 EISA 总线(32 位,带宽 33.3MB/s),又发展 PCI 总线(可进一步过渡到 64 位,带宽 132MB/s),再发展到 PCI-E 总线。最新的 PCI-E 3.0 总线将带宽最终提高到 32GB/s。

6.3.2 微型计算机的 PCI 总线

PCI 总线是由 Intel 公司于 1990 年推出的高带宽、独立于 CPU 的总线,通常用作中间层或直接连接外部设备。PCI 总线的频率最早为 33MHz,后来发展为 66MHz、100MHz,目前最高频率可达 133MHz。PCI 的总线宽度已经从早期的 32 位,扩展到目前的 64 位。

PCI 总线可以直接连接外部设备(例如显卡、网卡、声卡、SCSI 卡等),但通常的连接结构为:一边通过 PCI 桥与前端总线相连接,一边通过 ISA 桥接器与 ISA 总线相连接,如图 6-5 所示。这种体系结构的最大优点是首先确保 CPU 与内存之间的高速通信,其次原来的 ISA 设备照常使用,可降低计算机硬件总体成本。

PCI 总线是一种同步时序总线,通过分时复用技术实现对地址信号和数据信号的传送,支持 64 位地址和 64 位数据信息,采用集中式的总线仲裁方式,支持 5V 和 3V 两种电源电压,支持 32 位和 64 位扩展卡且向后兼容,支持多种处理器,支持单个或多个处理器系统。

PCI 总线定义了一组 50 根必备信号线和一组 50 根可选信号线。

1. 必备信号

必备信号按照功能,可分为以下 5 个组。

(1) 系统信号:包括时钟和复位线。

(2) 地址和数据信号线:32 根分时复用的地址/数据线。

(3) 接口控制信号线:控制数据交换的时序并且提供发送端和接收端的协调。

(4) 仲裁信号线:这是非共享的信号线,每一个与 PCI 总线相连的部件都有它自己的一对仲裁线,直接连接到 PCI 仲裁器上。

(5) 错误报告信号线:用于报告奇偶校验错及其他信号。

表 6-1 给出了必备信号线的说明,其中信号类型和符号含义如下。

• IN:表示单向输入信号。

- OUT：表示单向输出信号。
- T/S：表示双向三态信号。

表 6-1 必备 PCI 信号说明

信号名称	信号线数	类型	说　　　　明
系统信号：			
CLK	1	IN	系统时钟信号，支持 33/66/100/133MHz，在上升沿被所有的输入所采样
RST#	1	IN	复位信号，强迫所有 PCI 专用的寄存器、定序器和信号复位为初始化状态
地址/数据信号：			
AD[31～0]	32	T/S	复用的地址/数据信号线
C/BE[3～0]#	4	T/S	复用的总线命令和字节选定信号。送地址期间，定义总线命令；传数据期间，表示 32 位的 4 个字节通路中的哪一个是有意义的数据，可以表示读/写 1、2、3 字节或整字
PAR	1	T/S	地址或数据的校验位
接口控制信号：			
FRAME#	1	S/T/S	帧信号。由当前主设备驱动，表示交换的开始和持续的时间
IRDY#	1	S/T/S	当前主设备就绪信号。读操作时，表示已准备好接收；写操作时，表示数据已发出
TRDY#	1	S/T/S	从设备就绪信号
STOP#	1	S/T/S	停止信号。从设备需要停止当前的信号
LOCK#	1	S/T/S	锁定信号，表示一个操作可能需要多个传输周期，不能中途中断
IDSEL	1	IN	初始化设备选择。通过参数配置读/写操作期间的芯片选择
DELSEL#	1	IN	设备选择。由当前选中的从设备驱动，信号有效时，说明总线上有某个设备被选中
总线仲裁信号			
REQ#	1	T/S	总线仲裁信号。向总线仲裁器申请总线使用权
GNT#	1	T/S	总线仲裁响应信号
错误报行信号			
PERR#	1	S/T/S	奇偶校验错。在数据传送时，表示检测到数据校验有错
SERR#	1	O/D	系统错误，用以报告地址奇偶校验错和其他系统错误

- S/T/S：表示一次只有一个拥有者驱动的持续三态信号。
- O/D：表示开放漏极信号，允许多个设备共享的一个"或"信号。
- #：低电平有效。

2. 可选信号

可选信号包括中断信号、高速缓存支持信号和 64 位总线扩展信号等。

（1）中断信号

INTX#：共 4 位，O/D，用于中断请求，X＝A、B、C、D，其中 B、C、D 只对多功能设备有意义。

（2）高速缓存支持信号

- SBO＃：1 位信号线，IN/OUT，测试返回，信号有效时，针对多处理器监听命中高速缓存的修改行。
- SDONE＃：1 位信号线，IN/OUT，测试完成，针对多处理器指示当前监听状态。

（3）64 位总线扩展信号

- AD［63～32］：32 位信号线，T/S，用于总线扩展为 64 位地址/数据复用线。
- C/BE［7～4］＃：4 位信号线，T/S，字节选定的另外 4 位。
- REQ64＃：1 位信号线，S/T/S，用于请求进行 64 位传输。
- ACK64＃：1 位信号线，S/T/S，授权使用 64 位传输。
- PAR64：1 位信号线，T/S，附加的 32 位地址/数据的校验位。

习题

1．名词解释。

系统总线　局部总线　数据总线　地址总线　控制总线　总线带宽　总线宽度　总线频率　总线时序控制　总线仲裁

2．在采用了总线的计算机结构中有几种连接方式？

3．系统总线分为几种？分别有什么作用？

4．系统总线有哪些特性？

5．怎样计算系统总线的带宽？

第7章

输入输出子系统

【总体要求】

- 了解 I/O 接口技术的发展,掌握 I/O 的基本功能和分类。
- 了解直接程序传送方式的概念,以及直接程序传送方式的查询流程及其接口的模型。
- 掌握中断源、中断方式、中断请求、中断响应和中断处理的概念,了解中断方式的应用。
- 理解中断请求与屏蔽的逻辑设计方法,理解中断请求信号的传送方式以及中断优先级逻辑的设计与实现方法。
- 理解中断响应的条件、中断响应和中断处理的过程。
- 掌握中断接口的组成模型,了解 Intel 8259,8255,8250 等芯片的特性及其内部组成结构。
- 掌握 DMA 方式、DMA 初始化、DMA 传送方式的概念,了解 DMA 方式的应用。
- 掌握 DMA 的硬件组织和 DMA 控制器的设计方法。
- 了解 Intel 8237 DMA 控制器芯片的内部结构和 DMA 传送过程。

【相关知识点】

- 熟悉 CPU 和内存的组成及工作原理,熟悉指令系统的相关知识。
- 熟悉微机中常用的硬件产品及其连接。

【学习重点】

- 掌握中断方式和 DMA 方式的相关概念。
- 掌握中断方式和 DMA 方式的相关硬件的组成与设计方法。

从硬件逻辑来看,输入输出子系统包含系统总线、接口和外部设备 3 大部分。其中,系统总线已经在上一章进行了详细介绍,有关外部设备的详细内容将在下一章进行介绍,本章将重点介绍接口的逻辑组成和工作机制。

7.1 I/O 接口概述

计算机硬件系统分为主机和外设。外设种类繁多,性能各异,与主机硬件差异太大,因此不能直接与主机的系统总线相连接,而必须通过一个转接电路来相连接。这个转换电路就是接口。在系统总线和外设之间设置接口部件,可解决数据缓冲、数据格式转换、通信控制、电平匹配等问题。

7.1.1 I/O 接口的基本功能

I/O 接口(即输入输出接口)位于系统总线与外设之间,负责控制和管理一个或多个外设,并负责这些设备与主机间的数据交换。一般来说,I/O 接口的基本功能可以概括为以下几个方面。

1. 寻址

信息的传送控制机制不同,在接口的具体构成上可能有所不同。但不管采用何种技术,接口逻辑通常都包括了若干个寄存器,这些寄存器专门用来保存在主机和外设之间交换的数据信息。I/O 接口的寻址功能保证在接口接收到总线送来的寻址信息后能够选择本接口的某个特定寄存器。

2. 数据传送与缓冲

设置接口的主要目的是为主机和外设之间提供数据传送通路。各种设备的工作速度不同,特别是 CPU、内存与外设之间,速度差异较大。为此,在 I/O 接口中设置一个或多个数据缓冲寄存器,甚至局部缓冲存储器(简称缓存),提供数据缓冲,实现速度匹配。注意,有时候将缓存容量(单位为字节数)称为缓冲深度。

3. 数据格式变换、电平转换等预处理

接口与系统总线之间,通常采用并行传送,而接口与外设之间有可能采用并行传送,也有可能采用串行传送,视具体的设备类型而定。因此,接口往往需要实现串、并格式之间的转换功能。

即使外设是并行传送设备,其并行传送的数据宽度可能与主机的并行数据宽度不一致。例如,在当今的 64 位微机中,主机的系统总线为 64 位,而打印机仍然保持以字节为单位的并行数据传送。因此,输入时,接口需要将若干个字节拼装成位数与系统总线宽度一致的字长;输出时,接口需要将位数较长的字分解成若干个字节。

在大多数情况下,主机和外设使用独立的电源,它们之间的信号电平是不相同的,例如主机使用+5V 电源,而某个外设采用-12V 电源。此时,接口必须实现信号电平的转换,使采用不同电源的设备之间能够进行信息传送。

注意,有些更为复杂的信号转换,如声、光、电、磁之间的转换,通常由外设本身实现,不属于接口范畴。

4. 控制逻辑

主机通过系统总线向接口传送命令,接口予以解释,发出具体的操作命令给外设。同时,接口收集外设和接口自身的有关状态信息,通过系统总线回传给 CPU 处理。不同接口的控制逻辑是不相同的。

7.1.2 I/O 接口的分类

1. 按数据传送格式分

I/O 接口按数据传送格式可划分为并行接口和串行接口。

其中,并行接口无论在连接系统总线的一端,还是在连接外设的一端,都以并行方式传送数据信息。

　　串行接口只在连接外设的一端,以串行方式传送数据,而在连接系统总线的一端仍然采用并行方式传送数据。因此,串行接口中一般需要设置移位寄存器以及相应的产生移位脉冲的控制时序,实现串、并转换。

　　选用哪一种接口,即要考虑设备本身的工作方式是串行传送还是并行传送,也要考虑传送距离的远近问题。当设备本身是并行传送而且传送距离较短时,可采用并行接口。如果设备本身是串行传送,或者传送距离较远,为了降低信息传送设备的成本,可采用串行接口。例如,通过调制解调器 MODEM 的远距离通信,就需要串行接口。

2．按时序控制方式划分

　　I/O 接口按时序控制方式可划分为同步接口和异步接口。

　　其中,同步接口是一种与同步总线连接的接口。接口与系统总线间的信息传送由统一的时序信号控制,例如由 CPU 提供的时序信号,或者专门的系统总线时序信号。接口与外设之间,允许独立的时序控制操作。

　　异步接口是一种与异步总线连接的接口。接口与系统总线间的信息传送采用异步应答的控制方式。

3．按信息传送的控制方式分

　　I/O 接口按信息传送的控制方式可划分为中断接口和 DMA 接口。如果主机与外设之间采用中断方式传送信息,则接口必须提供相应中断系统所需的控制逻辑,这样的接口称为中断接口。如果主机与外设之间采用直接访问方式(即 DMA 方式)传送信息,则接口必须提供相应的 DMA 控制逻辑,这样接口就称为 DMA 接口。

7.1.3　I/O 接口技术的发展

1．I/O 接口技术的发展方向

　　计算机从产生以来,无论是 CPU、存储器,还是接口,其发展变化都非常迅速,特别在微机领域,新设备、新技术层出不穷。纵观几十年的发展变化,I/O 接口技术主要体现在以下两个方面。

　　(1) 硬件方面

　　I/O 接口的主要功能是实现信号转换和控制外设工作,因此物理上一个接口由许多逻辑电路组成,包括公共逻辑和专用逻辑。

　　其中,公共逻辑在早期通常根据其功能设计成逻辑芯片,配置于主板上,例如 Intel 8259 中断控制器芯片、8237 DMA 控制器芯片、8253 定时电路芯片、8050 串行通信接口芯片等。随着集成电路技术的发展,芯片集成度的快速增长,这些由小规模集成电路组成的接口芯片被集成在一起,形成了现在微机中常说的芯片组,不过其控制原理是类似的。所以在介绍中断技术和 DMA 技术涉及控制芯片时,仍以单个的芯片功能加以介绍,而有关芯片组的相关信息,请读者参考相关书籍。

　　专用逻辑在过去通常设计成专用接口卡,以板卡的形式直接插入主机箱的总线插槽,例如显示卡、声卡、网卡等。随着集成电路技术的发展,越来越多的专用接口采用专用芯片设计技术,以替代板卡设计并集成在主板中。例如,现在的微机主板通常集成了显卡、网卡以及声卡等接口。与此同时,越来越多的接口采用微处理器、单片机(又称微控制器)、局部存储器(又称缓存)等芯片,可以编程控制有关操作,其处理功能大大超出纯硬件的接口。这样的接口通常称为智能接口。

（2）软件方面

在现代计算机系统中，为了实现设备间的通信，不仅需要由硬件逻辑构成的接口部件，还需要相应的软件，从而形成一个含义更广泛的概念（即接口技术）。

出于方便管理和控制外部设备的需要，如今 I/O 接口的软件部分已经演变为多层架构设计，包括设备控制程序、设备驱动程序和用户 I/O 操作程序。

其中，设备控制程序面向最底层，是固化在 I/O 设备控制器中的控制程序，控制外设的具体读、写操作，处理总线的访问信号，如磁盘控制器、打印机控制器等。

设备驱动程序面向操作系统，为用户屏蔽设备的物理细节，用户只需通过设备的逻辑名称即可使用设备。例如，在 DOS 操作系统中，通过引用逻辑设备名 PRN 即可访问打印机。不同的设备具有不同的驱动程序，无论是 Linux 系统，还是 Windows 系统，当添加一个设备时必须为之安装驱动程序，否则该设备不能正常工作。

用户 I/O 操作程序包含在特定的应用程序中，以特定信息传送控制方式实现主机与外设的信息传送操作，并根据应用程序需要实现相关的输入输出操作。例如，采用中断方式，首先编写相应 I/O 接口的中断服务程序，然后在应用程序中调用中断服务程序实现用户输入输出处理。

2. I/O 接口技术的标准化

在计算机技术的发展过程中，国际相关组织或机构制定了大量的数据通信标准，包括 EIA（Electronic Industries Association，美国电子工业联合会）制定的 RS 系列标准、CCITT（International Telephone and Telegraph Consultative Committee，国际电话与电报顾问委员会）制定的 V 系列和 X 系列标准以及 IEEE（Institute of Electrical and Electronics Engineers，美国的电子电气工程师学会）制定的 802 系列标准等。

其中，RS 系列标准定义了 DTE（Data Terminal Equipment，数据终端设备）与 DCE（Data Communications Equipment，数据通信设备）间的接口规范。常见的有 RS-232C，ES-449，RS-422 和 RS-423 等标准。V 系列和 X 系列标准主要解决在模拟网络（即电话网）上进行数据传输的规范问题。802 系列标准定义了局域网的通信与连接规范。

下面以 RS-232C 为例介绍相关标准。

在 RS-232C 标准中，RS 即 Recommended Standard，推荐标准，232 是标识号，C 是修改版本号。RS-232 标准有三个版本：1963 年 10 月的 RS-232A，1965 年 10 月的 RS-232B 和 1968 年 8 月的 RS-232C。RS-232 标准又称 EIA 接口，类似的标准还有：CCITT 的 V.24（功能特性）、V.28（电气特性）和 ISO 2110（机械特性）。

RS-232C 标准对于物理协议主要包括：

（1）电气特性：规定 DTE 和 DCE 都必须用同样的电压或电平表示相同的东西。例如，负电压代表"1"，正电压代表"0"，即比 -3 伏更低的电压电平为二进制"1"（传号），高于 +3 伏的电压电平为二进制"0"（空号）。

（2）机械特性：规定了 DTE 和 DCE 的实际物理连接，包括插头、信号线和控制引线。RS-232C 连接器与 ISO 的 2110 标准兼容，是一个 25 脚连接器，支持串行和并行传输，可用于公共数据网络接口、电报接口及自动呼叫设备接口。例如，在 PC 中，有两个 RS-232 接口，一个是九针串口（COM1），另一个是 25 针串口（COM2）。

（3）功能特性：规定了每个引脚的含义以及所要完成的功能。

① AA（插脚 1）保护地线，接到电源系统地线。

② AB（插脚 7）信号地线，DCE 与 DTE 之间的基本接地线。

③ BB（插脚 3）接收数据线，由 DTE 接收传输的串行数据时使用。

④ BA（插脚 2）发送数据线，由 DTE 发送串行数据时使用。

对 DTE/DCE 交换电路而言，RS-232 与 V.24 兼容。

（4）规程特性：定义了 DTE/DCE 交换电路在进行二进制位传输时必须遵守的操作步骤。V.24 定义了交换电路间相互关系的规程，RS-232 包括了有与此等效的规程。

7.2　I/O 接口与直接程序传送方式

7.2.1　直接程序传送方式的概念

主机与外设之间的信息传送方式可采用直接程序传送方式。所谓直接程序传送方式是指 CPU 通过执行程序来直接控制外设的 I/O 操作，实现 CPU 与外设间的数据传送。在这种方式中，程序由一系列的检测设备状态、发送读或写命令以及数据传送的指令组成。当 CPU 发送一个命令之后，它必须等待，直到外设操作完成。

根据 CPU 与外设之间传送数据的时机是由 CPU 决定还是由外设决定，可将直接程序控制方式分为两类。

（1）无条件传送方式

无条件传送方式只用于简单外设，且无需了解外设状态的情况。在这种方式下，I/O 接口可以随时接收主机输出的数据，或者随时向主机输入数据，CPU 无需询问接口的状态，直接输入或输出数据。如输出时，CPU 可直接控制信号灯的开关、直接进行 A/D 转换等；输入时，CPU 可直接读取开关状态、A/D 转换结果等。

（2）有条件传送方式（程序查询方式）

有条件直接程序传送方式也称为程序查询方式，CPU 要根据外设的工作状态来决定何时进行数据传送，这就要求 CPU 随时对接口状态进行查询，若接口尚未准备好，CPU 必须等待，并继续查询；若准备好了，CPU 才能进行数据的输入输出。采用这种控制方式，当主机进行 I/O 操作时，首先发出询问信号，读取设备的状态，并根据设备状态决定下一步操作究竟是进行数据传送还是等待。这种方式的接口设计简单，设备量少，但是 CPU 在信息传送的过程中要花费大量时间用于查询和等待，所以效率会被大大降低。

直接程序传送方式的主要特点是 CPU 查询外设状态，根据外设状态决定需要完成的操作。尽管不同的外设可能有多种不同的状态，但是仍然可以将各种外设的状态抽象为空闲、工作和结束 3 种，且可用两位编码来表示。图 7-1 给出了 3 种状态及其转换过程。

① 空闲状态。当外设没有被 CPU 调用，或者调用完后被 CPU 清除时，外设处于空闲状态。空闲状

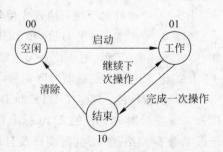

图 7-1　外设状态及其转换

态可用编码 00 表示。在该状态,外设没有工作,不能与 CPU 进行数据交换。

② 工作状态。当外设被 CPU 启动后,从空闲状态进入工作状态。工作状态也称忙状态,可用编码 01 表示,外设在该状态下执行具体的 I/O 操作,还没有完成本次操作,同样不能与 CPU 交换数据。例如,打印机正在打印字符,CPU 就不能将新的字符送往打印机。

③ 结束状态。当外设完成了本次 I/O 操作,便由工作状态进入结束状态。结束状态又称完成状态,可用编码 10 表示。结束状态表示外设此时已完成了一次操作,可与 CPU 交换数据。例如,打印机完成字符打印时,相应的打印机接口中已无可打印字符,因此 CPU 需要输出新的字符。在结束状态下,外设与 CPU 交换数据后,可重新进入工作状态,继续完成下一次操作。如此反复,当外设完成全部工作后,CPU 便发来清除信号,使外设状态从 10 变成为 00,回到空闲状态。

直接程序传送方式的优点是不需要增加 CPU 硬件,控制简单,但具有两点明显不足:第一,CPU 启动外设后只能查询等待,不能执行其他程序指令,不能与外设并行工作,因此降低了 CPU 的利用率;第二,从启动设备到数据交换,所有操作均由程序事先安排,CPU 不能响应随机请求,无实时处理能力。

因此,这种传送控制方式的应用范围受到一定限制,主要用于对 CPU 的速度和效率要求不高的场合,允许 CPU 在 I/O 过程中不进行其他操作;或者在诊断、调试过程中,让 CPU 工作方式尽量简单,以便专注于 I/O 操作的情况。

7.2.2　直接程序传送方式与接口设计

接口的设计方案有很多种,一方面与 I/O 指令及系统总线有关,另一方面与外围设备有关。为了提供程序查询依据,直接程序传送方式的接口至少应该包含命令/状态字寄存器、数据缓冲寄存器和译码逻辑等,如图 7-2 所示。其中,命令/状态字寄存器和数据缓冲寄存器各占一个端口地址。

命令/状态寄存器的高位段作为命令字,可由 CPU 通过输出指令设置,体现 CPU 对外设的具体控制,经接口解释或直接送往设备。而低位段作为状态字,反映设备的工作状态,提供 CPU 程序查询依据,当然也可由 CPU 初始化。

现在状态字只设两位,分别为"忙"(B)与"完成"(D)。当不需要接口工作时,可通过复位命令,或由 CPU 编程设置,使 D 和 B 均为 0,称为对接口清零,表示空闲状态。

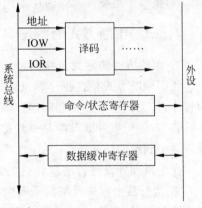

图 7-2　接口功能模型图

如果需要启动外设工作,CPU 通过启动命令使 D=0,B=1,外设开始工作,此后 CPU 通过输入指令调入接口状态字,发现 D=0,B=1,知道外设还未准备好一次数据传送,就继续查询、等待。

若是启动输入设备,则当数据送入接口的数据缓冲寄存器时,同时使 D=1,B=0。CPU 通过调入状态字判断,得知接口已经准备好输入数据,便执行输入指令,将数据经数据总线输入主机,同时设置 D=0,B=1。

若是启动输出设备,则当接口的数据缓冲寄存器有空时,使 D=1,B=0。CPU 通过调入状态字判断,得知接口已经准备好接收数据,便执行输出指令,将数据经总线送到接口的数据缓冲寄存器,同时设置 D=0,B=1。当接口将数据输出到外设后,输出操作完成,又使 D=1,B=0,这样数据缓冲寄存器可继续接收经总线传送来的数据。

如图 7-3 所示,直接程序传送方式体现的是这样一种编程策略:当 CPU 获知接口做好准备时,执行 I/O 传送;当接口尚未准备好时,CPU 等待并且继续查询,接口则提供查询依据。如果 CPU 同时以程序查询方式启动多台 I/O 设备,则编程中采取依次查询各接口,且做相应处理。

模型机可以使用通用传送指令实现输入输出操作,也可利用余下的操作码组合扩充显式的 I/O 指令,相应地用端口地址选择接口寄存器。在这种两种指令设置中,都需要先将状态字调入 CPU,再进行判断。因此,有的计算机设置了判转 I/O 指令,直接根据接口的 D,B 状态实现判别与转移。

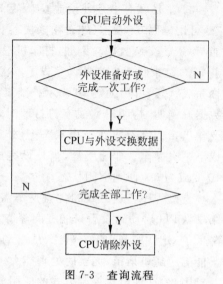

图 7-3 　查询流程

7.3 　I/O 接口与中断方式

为了解决 CPU 不能与外设并行工作和不能响应外设随机请求的问题,可以采用程序中断传送方式来控制信息的传送。程序中断传送方式简称中断方式,是一种目前被广泛应用的技术,许多课程都在从各自的角度阐述有关中断技术的原理和应用。本节将着重从 CPU 和接口的角度深入探讨中断的组成及工作机制。

7.3.1 　中断方式的概述

1. 中断方式的定义及特点

所谓中断方式是指在计算机运行过程中,如果发生某种随机事件,CPU 将暂停执行当前程序,转去执行中断处理程序;当中断处理程序处理完毕后自动恢复原程序的执行。

其中,随机事件既可能是外设提出的与主机交换数据的请求,也可能是系统出现的故障或者某个到时的信号等。

在主机和外设进行信息传送时,如果采用中断方式,那么完整的控制过程如下:首先 CPU 在执行某个程序时根据需要启动外设,然后 CPU 继续执行该程序的其他操作,当外设就绪后向 CPU 提出中断请求,CPU 在收到请求后,暂停现行程序的执行,转去执行该外设的中断服务程序,完毕后自动恢复原来程序的执行。由于在 CPU 执行原来程序期间,外设何时提出请求完全是随机的,因而数据传送操作只能由中断服务程序来处理,而不能预先交由原来程序处理。

中断方式的中断过程实质上是一种程序切换过程,由原来执行的程序切换到中断处理程序,处理完毕后再由中断处理程序切换为原来暂停的程序,这就决定了中断方式的优势与不足。

中断方式的优势在于,因为中断方式通过中断服务程序来处理中断事件,而服务程序可以根据需要进行扩展,因此采用中断方式的系统扩展性较好,能处理较复杂的随机中断事件。

中断方式的不足之处在于,在原程序与中断服务程序之间切换时要花费额外的时间,从而影响中断处理的速度。中断方式通常适合中、低速的 I/O 操作。

2. 中断方式的应用

中断方式的特点决定它具有极为广泛的用途,可应用于中、低速 I/O 设管理,实现 CPU 与外设并行工作,也可用于故障处理、实时处理、多机通信或人机对话,甚至以软中断的形式辅助程序的程序调试等。

(1) 应用于中、低速 I/O 设备管理,实现 CPU 与外设并行工作

像键盘一类的设备,系统根本就不能确切地知道用户何时按键,如果让 CPU 以程序查询方式管理键盘,CPU 将无法执行其他任何操作,只能长时间等待用户按键,白白浪费时间。但如果让 CPU 以中断方式管理,平时 CPU 执行其他程序,当用户按下某个键时,键盘产生一个中断请求,CPU 响应该请求,转入键盘中断服务程序,读取键盘输入的按键编码,根据编码要求做相应处理。

像打印机一类的设备,如果采用中断方式管理,在启动打印机后,CPU 仍可继续执行现行程序,因为打印机启动后还需要一段时间初始化准备过程,当打印机初始化结束准备接收打印信息时,将提出中断请求,CPU 转入打印机中断服务程序,将一行信息送往打印机,然后恢复执行原程序,同时打印机进行打印。当打印机打印完一行后,再次提出中断请求,CPU 再度转入打印机中断服务程序,送出又一行打印信息。如此循环,直到全部打印完毕。可见,中断方式实现了 CPU 和打印机的并行工作。

中断方式用于管理和控制诸如键盘、打印机之类的中、低速 I/O 设备是非常棒的,而对于磁盘一类高速 I/O 设备来说,因为也包含了中低速的机电型操作,如寻找磁道,所以磁盘接口一方面使用 DMA 方式实现数据交换,同时也使用中断方式,用于寻道判别与结束处理等。

(2) 故障处理

计算机运行时可能会出现故障,但在何时出现故障,出现何种故障,显然是不可预知的,是随机的,只能以中断方式处理。为此,需要事先估计有可能出现哪些故障,并编写针对这些故障时的处理程序,一旦发生故障,提出中断请求,CPU 切换到故障处理程序进行处理。

计算机系统故障分为硬件故障和软件故障,常见的硬件故障有掉电、校验错、运算出错等,而常见的软件故障有溢出、地址越界、非法使用特权指令等。

其中,针对电压不足或掉电,一旦被电源检测电路发现,即提出中断请求,利用直接稳压电源滤波电容的短暂维持能力(毫秒级),进行必要的紧急处理,如将电源系统切换到 UPS 电源。针对校验错,一旦发生即进行中断处理,例如通过重复读取,判断是偶然性错误还是永久性错误,并显示相关错误信息。针对于运算出错或溢出,可通过相应判别逻辑来引发中断,在中断处理中分析错误原因,再重新启动有关运算过程。针对地址越界,如超出数组下标取值范围,可由地址检查逻辑引发中断,提示用户修改。针对特权指令,如为管理计算机系统而专门设计的特殊指令,可由权限检查逻辑检查用户操作权限,一旦用户误用特权指令即引发中断,阻止特权指令的执行。

（3）实时处理

在实时控制系统中，为了响应那些需要进行实时处理的请求，常常需要设计实时时钟，定时地发出实时时钟中断请求，CPU 根据请求转入相应中断服务程序，进行实时处理。例如，一个自动控制和检测系统进行中断处理时，首先采集有关实时数据，然后与要求的标准值进行比较，当发现存在误差时按一定控制算法进行实时调整，以保证生产过程按设定的标准流程，或按优化的流程进行。

（4）软中断

在计算机中设置软中断指令，如 INT n（n 为中断号），CPU 通过执行软中断指令来响应随机中断请求方式，切换到中断服务程序，进行中断处理。

软中断指令与转子指令类似，但也存在着区别。执行转子指令的目的是实现子程序调用，只能按严格的约定，在特定位置执行。执行软中断指令的目的是实现主程序与中断服务程序的切换，软中断指令允许随机插入主程序的任何位置，以确保对随机事件的响应。

软中断可用来设置程序断点、引出调试跟踪程序，以进一步分析原程序执行结果，帮助调试。除此之外，软中断还可用于操作系统的功能扩展，例如把打开、复制、显示、打印文件等功能事先编写成若干中断服务程序模块，并允许用户通过执行软中断指令来调用，显然这些中断服务程序模块将临时性地嵌入到主程序中，故又称中断处理子程序。虽然主程序仍然是被打断，以后又自动恢复，广义上还是主程序与子程序的关系，但与指令系统中的转子指令与返回过程是有区别的。

7.3.2 中断请求与判优

1. 中断请求与中断源

中断方式具有随机性，无法在主程序的预定位置进行处理，需要独立地编制中断服务程序。为此，必须首先确定计算机系统中存在哪些中断请求，由哪些中断源发出这些中断请求。

由于中断方式应用极其广泛，这就造成了不同的计算机系统的中断源存在千差万别。以模型机为例，既存在硬件中断源，也存在软中断源。

其中，模型机硬件中断源可进一步分为内部中断源和外部中断源。内部中断源包括掉电中断、溢出中断、校验错中断等。

外部中断源包括如下几种。

$IREQ_0$——系统时钟，如日历钟；

$IREQ_1$——实时时钟，供实时处理用；

$IREQ_2$——通信中断，组成多机系统或连网时用；

$IREQ_3$——键盘；

$IREQ_4$——CRT 显示器；

$IREQ_5$——硬盘；

$IREQ_6$——软盘；

$IREQ_7$——打印机。

如果实时处理需要的中断源较多，可通过 $IREQ_1$ 和 $IREQ_2$ 扩展。

模型机软中断作为系统功能调用命令或指令，包括 $INT_{11} \sim INT_n$，也可以根据需要扩充。

2．中断请求逻辑与屏蔽

要形成一个设备的中断请求逻辑，需具备以下逻辑关系：

（1）外设有请求的需要，如"准备就绪"或"完成一次操作"，可用"完成"触发器状态 $T_D=1$ 表示。例如，打印机接口，可接收打印时 T_D 为 1；而键盘接口，则在可输出键码时 $T_D=1$。

（2）CPU 允许提供中断请求，没有对该中断源屏蔽，可用屏蔽触发器状态 $T_M=0$ 表示。相应地，可将接口与中断有关的逻辑设置为两级。一级是反映外设与接口工作状态的状态触发器，包括"忙"触发器 T_B 和"完成"触发器 T_D，它们共同组成状态字，直接代表具体的中断请求。另一级是中断请求触发器 IRQ，表示最终能否形成中断请求。

中断屏蔽可采用分散屏蔽或集中屏蔽来实现。其中，分散屏蔽是指 CPU 将屏蔽字代码按位分别发送给各中断源接口，接口中各设一位屏蔽触发器 T_M，用来接收屏蔽字的对应位的代码，若代码为 1 则屏蔽该中断源，为 0 则不屏蔽。分散屏蔽的实现方法有两种。一种方法是在中断请求触发器 IRQ 的 D 端进行，若 $T_D=1$，$T_M=0$，则同步脉冲将 1 打入触发器，发出中断请求信号 IRQ，如图 7-4(a)所示。另一种方法是在中断请求触发器的输出端进行，如图 7-4(b)所示。分散屏蔽可以使用同步定时，同步脉冲信号加到中断请求触发器的 C 端，也可以不采用同步定时，何时具备请求条件（如 $T_D=1$），即由 S 端置入 IRQ，立即发出中断请求信号。CPU 最后响应中断请求采取同步控制方式。

集中屏蔽是通过公共的中断控制器来实现的，如图 7-5 所示。首先，在公共接口逻辑中设置一个中断控制器（如使用集成芯片 Intel 8259），内含一个屏蔽字寄存器，CPU 将屏蔽字送入其中。各中断源的接口不需要设置屏蔽触发器，一旦 $T_D=1$，即可提出中断请求信号 IRQ。所有请求信号汇集到中断控制器后，将自动与屏蔽字比较，若未屏蔽，则中断控制器向 CPU 发送一个公共的中断请求信号 INT。

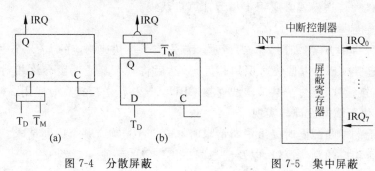

图 7-4　分散屏蔽　　　　　图 7-5　集中屏蔽

3．中断请求信号的传送

当中断源的中断请求经过中断请求逻辑形成中断请求信号时，该信号如何传送给 CPU 呢？一般有 4 种传送模式。

（1）直连模式

如图 7-6(a)所示，各中断源单独设置自己的中断请求线，每个请求信号直接送往 CPU，当 CPU 接到请求时，能直接区分是哪个设备发送请求。这种传送模式好处在于：可以通过编码电路形成向量地址，有利于实现向量中断。但由于 CPU 所能连接的中断请求线数目有限，特别是微处理器芯片引脚数有限，不可能给中断请求信号分配多个引脚，因此中断源数据难以扩充。

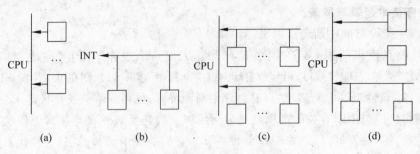

图 7-6　中断请求信号的传送模式

（2）集中连接模式

先将各中断源的请求信号通过三态门汇集到一根公共请求线，然后再连接到 CPU，如图 7-6（b）所示。这种传送模式的好处在于：只要负载能力允许，挂在公共请求线上的中断源可以任意扩充，而对于 CPU 来说，只需接收一根中断请求线即可。集中连接模式也可以通过集中屏蔽方式来实现，多根请求线 IRQ$_i$ 先输入 Intel 8259 芯片，在芯片内汇集为一根公共请求线 INT 输出。在这种模式中，必须解决中断源的识别问题。有方法两种可以识别，一是由 CPU 通过执行特定逻辑来识别，二是在 8259 芯片内识别。这种传送模式广泛应用于微机系统。

（3）分组连接模式

这是一种折中方案，如图 7-6（c）所示。首先 CPU 设置若干根公共中断请求输入线，然后将所有中断源按优先级别分组，再将优先级别相同的中断请求汇集到同一根公共请求线上。这就综合上面两种模式的优点，既可以根据优先级别来迅速判断中断源，又能随意扩充中断源数目。这种传送模式常应用于小型计算机系统。

（4）混合连接模式

这也是一种折中方案，如图 7-6（d）所示。首先将要求快速响应的 1～2 个中断请求以独立请求线直接连接 CPU，以便快速识别和处理，然后将其余响应速度允许相对低些的中断请求，以集中连接模式，通过公共请求线连接 CPU。这种传送模式有时应用在微机系统中。

4．中断判优逻辑的设计与实现

当两个以上的中断源同时提出中断请求时，CPU 首先响应哪个中断请求？这就要求中断系统应该具有相应的判优逻辑，以及动态调整优先级的手段。

（1）中断判优逻辑的设计原则

为了实现中断判优逻辑，在设计时首先要解决这样一个问题，即在各种中断请求之间根据什么原则来安排中断源的优先级别。

可以根据中断请求的性质来确定中断优先级，一般优先顺序为：故障引发的中断请求、DMA 请求、外设中断请求。这样安排是因为处理故障的紧迫性最高，而 DMA 请求是要求高速数据传送，高速操作通常比低速操作优先。

也可以根据中断请求所要求的数据传送方式确定中断优先级，一般原则是让输入操作的请求优先于输出操作的请求。如果不及时响应输入操作的请求，有可能丢失输入信息。输出信息一般存储于主存中，暂时延缓不至于造成信息丢失。

当然，上述原则也不是绝对的，在设计时还要注意具体分析。

（2）中断判优逻辑的实现

不同的计算机系统实现中断判优逻辑的方法是不相同的。常见的中断判优方法有以下几种：

① 软件查询。CPU 在响应中断请求后，先转入查询程序，按优先顺序依次询问各中断源是否提出请求。如果是，则转入相应的中断服务程序；否则继续往下查询。可见，查询的顺序直接体现了优先级别的高低，改变查询顺序也就修改了优先级。

为了简化查询程序设计，有些计算机设置查询 I/O 指令，可以直接根据外设接口的状态字进行判别和转移；有些计算机使用输入指令或通用传送指令获取状态字，进行判别；有些计算机在公共接口中设置一个中断请求寄存器，用来存放各中断源的中断请求代码。在查询时先获取中断请求寄存器的内容，按优先顺序逐位判定。

采用软件查询方式判优，不需要硬件判优逻辑，可以根据需要灵活地修改各中断源的优先级。但通过程序逐个查询，所需时间较长，特别是对优先级低的中断源，需要查询多次后才能得到中断响应，因此软件查询比较适合低速的小系统，或者作为硬件判优逻辑的一种补充手段。

② 并行优先排队逻辑。在并行优先排队逻辑中，各中断源所提供独立的中断请求线，以改进的直连模式与 CPU 连接，如图 7-7 所示。具体方法是：各中断源通过中断请求触发器向排优电路传送中断请求信号：$INTR_0'$，$INTR_1'$，$INTR_2'$等，再经过排优电路向 CPU 传送中断请求信号：$INTR_0$，$INTR_1$，$INTR_2$ 等。

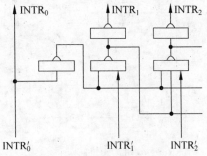

图 7-7　并行优先排队逻辑

这种排优电路的工作原理是一目了然的。$INTR_0'$的优先级最高、$INTR_1'$次之，以此类推。如果优先级高的中断源提出了中断请求 $INTR_i'$，自动封锁比它优先级低的所有其他请求。仅当优先级高者没有要求中断处理时，才允许次一级的请求有效。如果同时有几个 $INTR_i'$提出，则只有其中优先级最高者能向 CPU 发送有效请求信号 $INTR_i$，其余都将被封锁。

并行优先排队逻辑适合于具有多请求线的系统，速度较快，但硬件代价较高。

③ 链式优先排队逻辑。在链式优先排队逻辑中，各中断源通过公共请求线，采用集中模式与 CPU 连接，其判优结果可用不同的设备码或者中断类型码（中断号）来表示，如图 7-8 所示，称为链式优先。各中断源提出的请求信号都先送到公共请求线上，在形成公用的中断请求信号 INT 之后送往 CPU。CPU 响应请求时，将向接口发出一个公用的批准信号 INTA。

在图 7-8（a）结构中，批准信号同时送往所有的中断源，优先链确保优先级最高的中断源可以将自己的编码发送给 CPU。CPU 则根据编码转向对应的中断服务程序。由于批准信号 INTA 起到查询中断源的作用，是同时向所有的中断源发出的，因此这种优先链又称为多重查询方式。

在图 7-8（b）结构中，CPU 发出的批准信号 INTA 首先送给优先级最高的中断源。如果该中断源提出了请求，则在接到批准信号后可将自己的编码发送给 CPU，批准信号的传送就到此为止，不再往下传送；反之，则将批准信号传向下一级设备，检查是否提出请求，以此类推。这种方法使所有可能作为中断源的设备连接成一条链，连接顺序体现优先顺序，而且

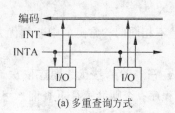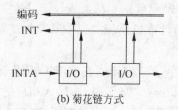

(a) 多重查询方式　　　　　　　　(b) 菊花链方式

图 7-8　链式优先排队逻辑

在逻辑上离 CPU 最近的设备,其优先级最高。这种优先链又称为菊花链,是一种应用最广泛的逻辑结构。

注意:限于篇幅,有关具体的编码电路以及控制发送编码的优先排队逻辑门电路略去未画,读者可参考相关书籍。

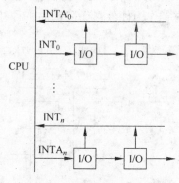

图 7-9　分组优先排队逻辑

④ 分组优先排队逻辑。如果中断请求信号的传送采用分组连接模式,则优先排队逻辑结构如图 7-9 所示,又称二维结构的优先排队逻辑。各中断源被分成若干个组,每组的请求先汇集到同一根请求线上与 CPU 相连接。连接到 CPU 多根公共中断请求线可设置优先级,称为主优先级;连接在同一根公共请求线的中断源也可设置优先级,称次优先级。针对主优先级,CPU 内部的判优电路只能响应级别最高的请求。而针对次优先级,通常采取菊花链方式的优先链结构。

注意,通常也将 DMA 请求纳入分组优先排队逻辑之中,且占有主优先级最高一级。

⑤ 采用中断控制器集成芯片的优先逻辑。在微机中,广泛使用中断控制器集成芯片——Intel 8259,将中断请求信号的寄存、汇集、屏蔽、排优、编码等逻辑集成于一个芯片之中。Intel 8259 芯片具有 4 种工作方式,包括全嵌套、循环优先级、特定屏蔽和程序查询方式,提供以下功能支持。

- 一个 8259 芯片可管理 8 级向量中断,能管理来自于系统时钟、键盘控制器、串行接口、并接接口、软盘、鼠标以及 DMA 通道等的中断请求,把当前优先级最高的中断请求送到 CPU。
- 当 CPU 响应中断时,为 CPU 提供中断类型码。
- 8 个外部中断的优先级排列方式,可以通过对 8259 编程进行指定,也可以通过编程屏蔽某些中断请求,或者通过编程改变中断类型码。
- 允许 9 片 8259 级联,构成 64 级中断系统。微机系统通常将两片 8259 芯片集成到芯片组中,提供 15 级向量中断管理功能。例如,在 Intel P4 微机中,Intel CH8 南桥芯片组就集成了两片 Intel 8259 芯片。

7.3.3　中断响应与中断处理

1. 中断响应方式与条件

当正在执行一个程序时,CPU 是否响应中断请求,或者当多个中断源同时提出中断请求时,CPU 优先响应哪一个请求,这些问题对 CPU 来说是有控制权的。CPU 可通过以下几种方式来实现响应逻辑控制。

第一种方式,CPU 使用屏蔽字来屏蔽某些中断源。CPU 将屏蔽字送往屏蔽逻辑,如果屏蔽逻辑输出非屏蔽信号,并且外设工作已完成,则可以产生中断请求信号。

第二种方式,CPU 使用中断标志位来启用或禁止中断。CPU 首先在程序状态字 PSW 中设置"允许中断"标志位(又称允许中断触发器 T_{IEN}),然后使用开中断指令和关中断指令来修改 T_{IEN} 的值,以决定是否响应外设中断请求。如果 $T_{IEN}=1$,则表示开中断,可响应外部请求;否则表示关中断,不响应外部请求。

第三种方式,CPU 在程序状态字中设置优先级字段,指明现行程序的优先级别,进一步指示现行程序任务的重要程度。CPU 使用直连传送模式通过多根中断请求输入线来接收外设的中断请求,CPU 设置一个判优逻辑,首先将现行程序和外部请求的优先级别进行比较,只有当后者高于前者时 CPU 才响应中断请求。

因此,针对可屏蔽的中断请求,必须满足以下条件,CPU 才能响应中断。

- 有中断请求信号发生,如 $IREQ_i$ 或 INT。
- 该中断请求未被屏蔽。
- CPU 处于开中断状态,即"允许中断"触发器 $T_{IEN}=1$ 或程序状态字 PSW 的"中断允许"标志位 IF=1。
- 无更重要的事要处理,如因故障引起的内部中断,或优先级更高的 DMA 请求等。
- 一条指令刚好执行结束且不是停机指令。

2. 获取中断服务程序的入口地址

CPU 响应中断后,通过执行中断服务程序进行中断处理。服务程序事先存放在主存中。为了转向中断服务程序,必须获取该程序在主存中的入口地址。可以通过向量中断方式(硬件方式)或非向量中断方式(软件方式)获取其入口地址。

其中,非向量中断方式的工作机制如下:CPU 响应中断时只产生一个固定的地址,由此读取中断查询程序的入口地址,从而转向查询程序;通过软件查询,确定被优先批准的中断源,然后分支进入相应的中断服务程序。这种响应方式的优点是简单、灵活,不需要复杂的硬件逻辑支持,缺点是响应速度慢。因此,下面重点介绍向量中断方式。

(1) 向量中断方式的工作机制

为了理解向量中断方式,首先必须明确以下几个概念:

① 中断向量。在一个中断方式系统中,必须为所有中断源编制相应的中断服务程序。在运行之前,这些中断服务程序必须位于主存之中。中断向量就是所有中断服务程序在主存中的入口地址及其状态字的统称。但要注意,在有些计算机(例如微机)中,因为没有完整的程序状态字,因此中断向量仅指中断服务程序的入口地址。

② 中断向量表。就是由所有的中断服务程序入口地址(包括状态字)组成的一个一维表格。中断向量表位于一段连续的内存空间中。例如,在模型机中,如果主存的 0 号和 1 号单元用来存放复位时监控程序入口,那么中断向量表可从 2 号单元开始。

③ 向量地址。就是访问中断向量表的地址编码,也称为中断指针。在模型机中,因为只用 16 位地址,并按字编址,因此每个中断向量占一个地址单元,每一个向量地址的计算公式就为:

向量地址＝中断号＋2

例如,IREQ₀所对应的中断服务程序的入口地址位于(0＋2)＝2号单元,而INT 11所对应的中断服务程序的入口地址则位于(11＋2)＝13号单元中。

可见,向量中断方式的基本工作机制是:将各个中断服务程序的入口地址组成中断向量表;在响应中断时,由硬件直接产生对应于中断源的向量地址;按该地址访问中断向量表,从中读取中断服务程序的入口地址,由此转向中断服务程序,进行中断处理。这些工作通常在中断周期中由硬件直接实现。

(2) 向量中断方式的实现

向量中断方式的特点是根据中断请求信号快速地直接转向对应的中断服务程序。因此现代计算机基本上都具有向量中断功能,其具体实现方法有多种。

例如,在早期的8086/8088微机中,中断向量表存放在内存的0～1023(十进制)单元中,如图7-10所示。每个中断源占用4字节单元,存放中断服务程序入口地址,其中两个字节存放其段地址,两个字节存放偏移量。因此,整个中断向量表能容纳256个中断源,与中断类型码0～255相对应。中断向量表分为三个部分:第一部分为专用区域,对应于中断类型码0～4,用于系统定义的内部中断源和非屏蔽中断源;第二部分是系统保留区,中断类型码5～31,用于系统的管理调用和新功能的开发;第三部分是留给用户使用的区域,中断类型码32～255。

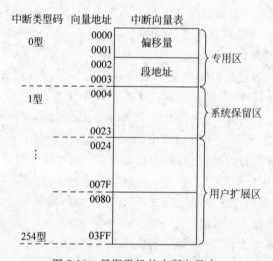

图 7-10   早期微机的中断向量表

当响应外部中断请求时,首先CPU向Intel 8259中断控制器发送批准信号INTA;然后通过数据总线从8259取回被批准请求源的中断类型码;乘以4,形成向量地址;接着访问主存,从中断向量表中读取服务程序入口地址;之后转向服务程序。例如,如果类型编码为0,则从0号单元开始,连续读取4字节的入口地址(包括段基址以及偏移量)。如果类型编码为1,则从4号单元至7单元,读取入口地址,以此类推。

当CPU执行软中断指令INT n时,直接将中断号n乘以4,形成向量地址,然后访问主存,从中断向量表中读取服务程序入口地址。

可见,软中断是由软中断指令给出中断号即中断类型码n,而外部中断是由某个中断请求信号 IREQi 引起的，经中断控制器转换为中断类型码 n。

在 Intel 80386/80486 系统中，中断向量表可以存放在主存的任何位置，将向量表的起始地址存入一个向量表基址寄存器中。中断类型码经转换后，形成距向量表基址的偏移量，将该偏移量与向量表基址相加，即形成向量地址。Intel 80386/80486 访问主存有实地址方式和虚地址方式之分。在实地址方式中，物理地址 32 位，每个中断源的服务程序入口地址在中断向量表中占 4 字节；而在虚地址方式中，虚地址 48 位，每个中断源在中断向量表中占 8 个字节，其中 6 个字节给出 48 位虚地址编址的中断服务程序入口地址，其余 2 个字节存放状态字信息。

产生向量地址的方法，除了上述两种之外，还有多种。例如，在具有多根请求线的系统中，可由请求线编码直接产生各中断源的向量地址；在菊花链结构中，经硬件链式查询找到被批准的中断源，可通过总线向 CPU 直接送出其向量地址。再如，有些系统的 CPU 内有一个中断向量寄存器，存放向量地址的高位部分，中断源产生向量地址的低位部分，二者拼接形成完整的向量地址。

3．中断响应过程

不同的计算机的中断响应过程可能不同。在模型机中，可在现行指令的最后一个时钟周期响应中断请求，通过一系列微命令操作（包括发出中断响应信号 INTA，形式 1→IT、打入同步脉冲 CPIT），使 CPU 在执行该指令后就转入中断周期。为了能切换到中断处理程序，在中断周期需要完成以下 4 项操作：

(1) 关中断。为了保证本次中断响应过程不受干扰，在进入中断周期后，首先关中断（如设 $T_{IEN}=0$），以禁止 CPU 响应其他中断请求。

(2) 保存断点。程序计数器 PC 保存了现行程序的后继指令的地址，称为断点。为了在完成中断处理后能继续执行该程序，必须将断点压入堆栈进行保存。

(3) 获取中断服务程序的入口。被批准的中断源接口通过总线向 CPU 送入向量地址，CPU 根据该向量地址访问中断向量表，从中读取中断服务程序的入口地址。

(4) 转向程序运行状态。在中断周期结束时，通过微命令操作 1→FT，使中断周期切换到取指周期，以开始执行中断服务程序。

以上操作是在中断周期中直接通过 CPU 的硬件逻辑实现的，是 CPU 的固有操作功能，并不需要编制程序实现，因此称为中断隐指令操作。

4．中断处理过程

进入中断服务程序之后，CPU 通过执行程序，根据中断请求的需求进行相应的处理。显然，不同中断源的需求是不相同的。为了形成完整的中断处理过程概念，表 7-1 列出了 CPU 在响应中断后所执行的一系列共同操作，包括多重中断方式和单级中断方式。

(1) 保护现场

执行中断服务程序时，可能会使用某些寄存器，这将破坏其原先保存的内容。为此，在正式进行中断处理前，需要先将它们的内容压入堆栈保存。由于各中断服务程序使用的寄存器不相同，对现场的影响也各不相同，因此可安排在中断服务程序中进行现场保护，中断服务程序需要哪些寄存器，就保存哪些寄存器的原内容。例如，在低档微机中，为了简化硬件逻辑，在中断周期中只保存断点，现行程序的状态信息 PSW 就由中断服务程序中负责保存。

表 7-1 中断处理过程

	多重中断方式	单级中断方式
中断隐指令	关中断	关中断
	保存断点及 PSW	保存断点及 PSW
	取中断服务程序入口地址及新 PSW	取中断服务程序入口地址及新 PSW
中断服务程序	保护现场	保护现场
	送新屏蔽字	
	开中断	
	服务处理(允许响应更高级别请求)	服务处理
	关中断	恢复现场
	恢复现场及原屏蔽字	开中断
	开中断	返回
	返回	

在中断服务程序中进行现场保护,虽然可以根据需要有针对性地进行,但是其速度可能较慢。为了加速中断处理,有的计算机在指令系统中专门设置一种指令来成组地保存寄存器组的内容,甚至在中断周期中直接依靠硬件逻辑将程序状态信息连同断点全部入栈保存。

（2）多重中断嵌套

在编制中断服务程序时,可以使用多重中断嵌套。多重中断策略允许在服务处理过程中响应、处理优先级别更高的中断请求,实现中断嵌套。

如图 7-11 所示,CPU 在执行一个中断服务程序的第 K 条指令时,接到中断请求 IREQ$_i$,其优先级别高于当前正在处理的中断请求,则 CPU 在执行完成第 K 条指令后,转入中断周期,将断点 K+1 入栈保存,然后转入中断服务程序 i。在执行中断服务程序 i 的第 L 条指令时,又收到优先级更高的中断请求 IREQ$_j$,于是 CPU 再次暂停执行中断服务程序 i,将断点 L+1 入栈保存,然后转入中断服务程序 j。在执行完中断服务 j 后,从栈中取出断点 L+1,返回中断服务程序 i 并继续执行。在执行完中断服务程序 i 后,从栈中取出断点 K+1,返回原中断服务程序继续执行。这种方式称为多重中断。大多数的计算机都允许多重中断嵌套,使更紧迫的事件能及时得到处理。

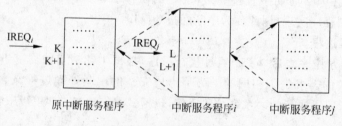

图 7-11 多重中断嵌套

为了允许多重中断,在编制中断服务程序时,需要采取如下处理步骤。

S_1：保护现场。

S_2：送新屏蔽字(用于屏蔽与本请求同级别以及更低级别的其他请求)。

S_3：开中断(以允许响应更高级别请求)。

S_4：服务处理(其算法视需求而定,在处理过程中,如果接到优先级更高的新请求,暂停处理,保存其断点,转去响应新的中断请求)。

S_5:关中断(恢复现场时不允许被打优,CPU 应处于关中断状态)。

S_6:恢复现场及原屏蔽字。

S_7:开中断(以保证在返回原程序后,能够继续响应新的中断请求)。

S_8:返回(无任何新中断请求时返回原程序继续执行)。

注意:对于多重中断嵌套来说,在编制中断服务程序时必须遵循一个原则,在响应过程、保护现场、恢复现场等过渡状态中,应当关中断,使之不受打扰。

(3) 单级中断

单级中断不允许 CPU 在执行一个中断服务程序的过程中被其他中断请求打断,而只能在中断服务程序执行结束并且返回原程序后,才能接收新的中断请求。

如果采用单级中断,则其中断服务程序的编制是非常简单的。在保护现场后即开始进行实质性的服务处理,直到处理完毕,临返回之前才开中断。

7.3.4 中断接口组成模型

中断接口是支持程序中断方式的 I/O 接口,位于主机与外设之间。它的一端与系统总线相连接,另一端与外设连接。不同的主机、不同的设备、不同的设计目标,其接口逻辑可能不相同,这决定了实际应用的接口的多样化。

1. 中断接口的功能结构

图 7-12 展示了一个中断接口组成模型,是一种抽象化的寄存器级的接口粗框图,它不代表实际的中断接口,但体现了中断接口的基本组成原理。虚线以上是一个设备的接口,虚线以下是各设备公用的公共接口逻辑部件。

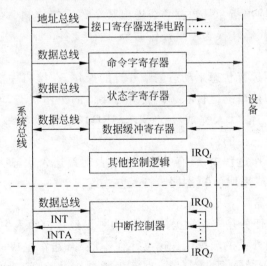

图 7-12 中断接口组成模型

(1) 接口寄存器选择电路

一个采用中断方式的接口通常具有多个寄存器(或寄存器部件,如输入通道、输出通道等),它们与系统总线相连接。因此,每个接口都需要一个选择电路,它实际上是一个译码器,用于接收从系统总线送来的地址码,经译码后产生选择信号,用以选择本接口中的某个寄存器。接口寄存器选择电路的具体组成与 I/O 系统的编址方式有关。

如果将接口的寄存器与主存储器统一编址,像访问主存一样地访问接口中的寄存器,相应地为接口中的寄存器分配地址总线代码,那么寄存器选择电路对地址总线代码进行译码,形成选择信号,以选择某个寄存器。在这种统一编址中,CPU 可使用通用数据传送指令访问接口,实现输入输出操作。根据地址码的范围,CPU 能自动区别所访问的是主存还是外围接口。这种统一编址方式通常用于单片机。

接口的寄存器与主存储器也可以分别单独编址。例如,在 PC 中,用地址总线的低 8 位送出 I/O 端口地址(共 256 种代码组合),每个接口视其需要可占用一至数个端口地址。一个端口地址可直接定位到接口中的某个寄存器。接口中的寄存器选择电路根据 I/O 端口地址译码,产生选择信号。很显然,I/O 端口地址是专为访问外围接口设置的,它与访问主存的总线地址是不相同的。由于一个接口占用端口地址数可多可少,因此这种编址方式更为灵活方便。在这种单独编址方式中,CPU 只能通过专门的 I/O 指令(IN 和 OUT 指令)访问外围接口。此时如果将端口地址与命令一道译码,直接形成对特定接口寄存器的读/写命令,既是寄存器选择,又包含读/写控制。

(2) 命令字寄存器

不同的设备所能进行的操作是不相同的,但对于通用计算机来说,其指令系统是通用的,并非针对特殊操作。因此,接口需要将通用指令转换成设备所需的特殊命令。

在接口中设置一个命令字寄存器,事先约定命令字代码中各位的含义。例如,约定命令字最低位 D_0 为启动位,$=1$ 表示启动磁带机,$=0$ 表示关闭磁带机;约定 D_1 为方向位,$=1$ 为正转,$=0$ 为反转;约定 $D_2 \sim D_4$ 为传送数据块数 n,如此等等。CPU 根据命令字寄存器所对应的端口地址,用输出指令从数据总线送出某个约定的控制命令字到接口的命令字寄存器,接口再将命令字代码转换为一组操作命令,送往设备。

(3) 状态字寄存器

为了能够根据实际运行状态来动态调整外设的操作,在接口中需设置一个状态字寄存器,以记录、反映设备与接口的运行状态。设备与接口的工作状态,可以采取抽象化的约定与表示,如前文提到过的忙(B)、完成(D)、请求(IRQ)等;也可采取具体的描述,如设备故障、校验出错、数据延迟一类的信息。

在设备与接口的工作过程中,将有关状态信息及时地送入状态字寄存器有多种方式,如采取 R,S 端置入方式,或采取由 D 端同步打入方式等。

(4) 数据缓冲寄存器

I/O 子系统的基本任务是实现数据的传送,由外设经接口输入主机,或由主机经接口输出到外设。由于主机与外设的数据传送速度往往不匹配,通常主机速度远远高于外设的速度,因此在接口中应设置数据缓冲寄存器,以实现数据缓冲,达到速度匹配的目的。如果该寄存器只担负输入缓冲,或只担负输出缓冲,则可采用单向连接;如果既要输入又要输出,则应采取双向连接。

数据缓冲寄存器的容量称为缓冲深度。在实际应用中,可根据需要设置多个数据缓冲寄存器,甚于使用半导体存储器 SRAM 芯片构造数据缓冲存储器。例如,现代微机的显卡、硬盘接口等就具有大容量的独立缓存。

（5）其他控制逻辑

为了按照中断方式实现 I/O 传送控制，以及针对设备特性的操作控制，接口中还需有相应的控制逻辑。当然，这些控制逻辑的具体组成，视不同接口的需要而定，没有固定的标准或规范。不过，通常包括以下内容。

① 中断请求信号 IREQ 的产生逻辑。

② 与主机之间的应答逻辑。

③ 控制时序。例如，在串行接口中需要有一套移位逻辑，实现串/并转换，相应地需要有自己的控制时序，包括振荡电路、分频电路等。

④ 面向设备的某些特殊逻辑。例如，对于机电性的设备需要有一套实现电机启动、停止、正转、反转、加速、减速等逻辑，而对于磁盘之类的外存设备还需要有一套磁记录的编码与译码等逻辑。

⑤ 智能控制器。在功能要求比较复杂的接口中，经常使用通用的微处理器、单片机或专用微控制器等芯片，与半导体存储器构成一个可编程的控制器。这种接口因为可以编程处理更复杂的控制，故通常称为智能控制器型接口。

（6）公用中断控制器

在采用中断控制器芯片（如 Intel 8259）的微机系统中，公用的中断控制器的任务是汇集各接口的中断请求信号，经过集中屏蔽控制和优先排队，形成送往 CPU 的中断请求信号 INT，然后在接到 CPU 的批准信号 INTA 后，通过数据总线送出向量地址（或中断类型码）。中断控制器因为是所有中断接口的公用逻辑部件，通常组装在主板上，因此在图 7-12 中将它画在虚线之下，以区别各设备接口的逻辑组成。

2. 中断接口的工作过程

综合上面对中断接口的基本功能组成模型的介绍，如果以抽象化的方式进行描述，则一个采用中断控制器的中断系统的完整工作过程如下。

（1）初始化中断接口与中断控制器

CPU 通过调用程序或系统初始化程序，对中断接口初始化，包括设置工作方式、初始化状态字和屏蔽字、为各中断源分配中断类型码等。

（2）启动外部设备

通过专门的启动信号或命令字，使接口状态为 B＝1（忙标志位）、D＝0（完成标志位），并据此启动设备工作。

（3）设备提出中断请求

当外设准备好或完成一次操作后，使接口状态变成 B＝0，D＝1，并据此向中断控制器发出中断请求 IREQ。

（4）中断控制器提出中断请求

IREQ 送中断控制器（如 Intel 8259A），经屏蔽控制和优先排队，向 CPU 发出公共请求 INT，形成中断类型码。

（5）CPU 响应

CPU 向 8259A 发回批准信号 INTA，并且通过数据总线从中断控制器取走对应的中断类型码。

（6）CPU 进入中断处理

CPU 首先在中断周期中执行中断隐指令操作，从而进入中断服务程序。当中断服务程序执行结束后，CPU 返回继续执行原程序。

与接口模型相比，实际应用时，接口可以存在以下 2 种变化。

（1）命令/状态字的变化

当所需的命令/状态信息不多时，有些接口将命令字寄存器和状态字寄存器合并为一个寄存器，称为命令/状态字寄存器。其中，有些位可由 CPU 编程设置，表示主机向设备与接口发出的控制命令，有些位用于记录设备与接口的运行状态。

有些接口甚至没有明显的命令/状态字，只有几个触发器。例如，在 DJS-130 机的基本中断接口中，只设置 4 个触发器来表示基本的命令/状态信息。它们分别是：工作触发器 C_{GZ}（相当于忙触发器）、结束触发器 C_{JS}（相当于完成触发器）、中断请求触发器 C_{QZ}（即 IRQ）、屏蔽触发器 C_{PB}（即 IM）。当 CPU 发送清除命令时，清除信号使 $C_{GZ}=0$，$C_{JS}=0$；当 CPU 发送启动命令时，启动信号使 $C_{GZ}=1$，$C_{JS}=0$；当设备准备好或完成一次操作时，使 $C_{GZ}=0$，$C_{JS}=1$。根据 $C_{JS}=1$，$C_{PB}=0$ 的条件，使请求触发器 $C_{QZ}=1$，从而向 CPU 发出中断请求信号。当然，在 DJS-130 机的实际外设接口中，还可根据需要在基本接口基础之上增加一些逻辑电路。

（2）命令/状态字的具体化与扩展

许多接口是为连接外部设备而设计的，例如键盘接口、打印机接口、显示器接口以及磁盘接口等。这就需要针对设备的具体要求，将命令、状态字具体化。例如，对磁带机发出的命令中，可能包含正转、反转、越过 n 个数据块、读、写等。可以根据信息数字化的思想，分别确定命令字和状态字的位数，以及每位代码的约定含义。当然，在设计接口时可从一些典型系统的成熟的接口技术中寻找参考。

7.3.5　中断控制器举例

1. Intel 8259 芯片的组成

Intel 8259 芯片是微机广泛使用的中断控制器，其内部结构如图 7-13 所示。其内部结构主要由中断控制寄存器组、初始化命令寄存组以及操作命令寄存器组，共 10 个寄存器构成，每个寄存器均为 8 位。

（1）中断控制寄存器组

Intel 8259 的中断控制寄存器组主要由中断请求寄存器 IRR、当前中断服务寄存器 ISR，以及优先级仲裁器 PR 组成。

- 中断请求寄存器 IRR：用来分别存放 $IR_7 \sim IR_0$ 输入线上的中断请求。当某输入线有请求时，IRR 对应位置 1，该寄存器具有锁存功能。
- 当前中断服务寄存器 ISR：用于存放正在被处理的所有中断优先级，包括尚未处理完而中途被中断的中断优先级。
- 优先级仲裁器 PR：当 $IR_7 \sim IR_0$ 输入线上有请求时，IRR 对应位置 1，同时，PR 将该中断的优先级与 ISR 中的优先级比较，若该中断的优先级高于 ISR 中的最高优先级，则 PR 就使 INT 信号变为高电平，把该中断送给 CPU，同时，在 ISR 相应位置 1。否则，PR 不为该中断提出申请。

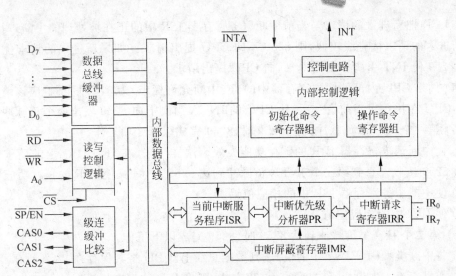

图 7-13　Intel 8259 的内部结构

（2）初始化命令寄存器组

Intel 8259 的初始化命令寄存器组主要由 ICW1,ICW2,ICW3,ICW4 这 4 个寄存器组成,用来存放初始化命令字。初始化命令字一般在系统启动时由程序设置,一旦设定,一般在系统工作过程中就不再改变。

- ICW1：指定本 8259 是否与其他 8259 级联,以及中断请求输入信号的形式（边沿触发/电平触发）。
- ICW2：指定中断类型码。
- ICW3：指定本 8259 与其他 8259 的连接关系。
- ICW4：指定本片 8259 的中断结束方式、中断嵌套方式、与数据总线的连接方式（缓冲/非缓冲）。

（3）操作命令寄存器组

Intel 8259 的操作命令寄存器组主要由 OCW1、OCW2、OCW3 这 3 个寄存器组成,用于存放操作命令字。操作命令字由应用程序使用,以便对中断处理过程作动态控制。在系统运行过程中,操作命令字可以被多次设置。

- OCW1：又称中断屏蔽寄存器（IMR：Interrupt Mask register）,当其某位置 1 时,对应的 IR 线上的请求被屏蔽。例如,若 OCW1 的 D_3 位置 1,当 IR_3 线上出现请求时,IRR 的 D_3 位置 1,8259 不把 IR_3 的请求提交优先级仲裁器 PR 裁决,从而,该请求没有机会被提交给 CPU。
- OCW2：指定优先级循环方式及中断结束方式。
- OCW3：指定 8259 内部寄存器的读出方式、设定中断查询方式、设定和撤销特殊屏蔽方式。

2．Intel 8259 的中断处理过程

（1）中断源通过 $IR_0 \sim IR_7$ 提出中断请求,并进入中断请求寄存器 IRR 保存。

（2）若中断屏蔽寄存器 OCW1 未使该中断请求屏蔽（对应位为 0 时不屏蔽）,该请求被送入优先级仲裁器 PR 比较；否则不送入 PR 比较。

（3）PR 把新进入的请求与当前中断服务寄存器 ISR 中的正在被处理的中断进行比较。如果新进入的请求优先级较低，则 8259 不向 CPU 提出请求。如果新进入的请求优先级较高，则 8259 使 INT 引脚输出高电平，向 CPU 提出请求。

（4）如果 CPU 内部的标志寄存器中的 IF（中断允许标志）为 0，CPU 不响应该请求。若 IF=1，CPU 在执行完当前指令后，从 CPU 的 INTA 引脚上向 8259 发出两个负脉冲。

（5）第一个 INTA 负脉冲到达 8259 时，8259 完成以下 3 项工作。

① 使中断请求寄存器 IRR 的锁存功能失效。这样一来，在 $IR_7 \sim IR_0$ 上的请求信号就不会被 8259 接收。直到第二个 INTA 负脉冲到达 8259 时，才又使 IRR 的锁存功能有效。

② 使中断服务寄存器 ISR 中的相应位置 1。

③ 使 IRR 中的相应位清 0。

（6）第二个 INTA 负脉冲到达 8259 时，8259 完成以下工作。

① 将中断类型码（ICW2 中的值）送到数据总线上，CPU 将其保存在"内部暂存器"中。

② 如果 ICW4 中设置了中断自动结束方式，则将 ISR 的相应位清 0。

（7）CPU 把程序状态字 PSW 入栈、把 PSW 中的 IF 和 TF 清 0、把 CS 和 IP 入栈，以保存断点。

（8）根据内部暂存器的值，获得中断向量表中的位置，从中断向量表内取出一字，送 CS。

（9）从中断向量表内取出一字，送 IP。

（10）CPU 转入中断处理程序执行。在中断处理程序中，IF 为 0，CPU 不会响应新的 8259 的请求。同时，TF=0，不允许单步执行中断处理程序。但在中断处理程序中，可以使用 STI 指令（开中断，使 IF=1），使 CPU 允许响应新的 8259 的请求，这样一来，如果 8259 有更高优先级的请求，该中断处理程序将被中断，实现中断嵌套。

（11）中断处理程序的最后一条指令为 IRET（中断返回）。该指令从堆栈中取出第（7）步保存的 IP，CS，PSW，CPU 接着执行被中断的程序。

注意：以上各操作步骤均为硬件自动完成。

7.3.6　中断接口举例

接口位于主机和外设之间，需要反映外部设备的特性，因此接口是多种多样。例如，在微机系统中，常见的接口就有并行接口、串行接口、PCI 接口、PS/2 键盘或鼠标接口、USB 接口等。这些接口在具体逻辑实现时，几乎都采用通用接口芯片。下面介绍 2 种常见的通用接口芯片。

1. Intel 8255 芯片

Intel 8255 是一个 8 位的并行输入输出接口芯片，广泛应用于微机系统中，其内部结构如图 7-14 所示。

（1）3 个端口部件

Intel 8255 芯片共有 24 个可编程设置的 I/O 端口，用于传送外设的输入输出数据或控制信息。8255 的 I/O 端口可划分 3 组，分别为 A 口、B 口和 C 口，也可以划分为两组，分别为 A 组（包括 A 口及 C 口的高 4 位）和 B 组（包括 B 口及 C 口的低 4 位）。A 组提供 3 种操作模式，包括基本的输入输出、闪控式的输入输出和双向的输入输出，B 组只能设置为基本

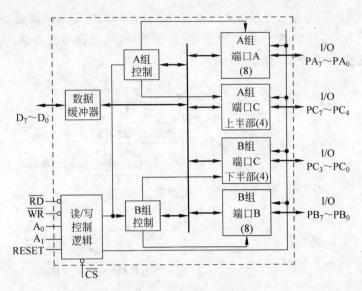

图 7-14 Intel 8255 内部结构

I/O 或闪控式 I/O 两种模式。

(2) A,B 组控制电路

A 或 B 组控制电路是根据 CPU 的命令字控制 8255 工作方式的电路。A 组控制 A 口及 C 口的高 4 位,B 组控制 B 口及 C 口的低 4 位。

(3) 数据缓冲器

数据缓冲器一侧与数据总线连接,另一侧与 8255 内部总线连接,用于和单片机的数据总线相连,传送数据或控制信息。

(4) 读/写控制逻辑

读/写控制逻辑用来接收 CPU 送来的读/写命令和选口地址,用于控制对 8255 的读/写。

(5) 数据线(8 条)

$D_0 \sim D_7$ 为数据总线,用于传送 CPU 和 8255 之间的数据、命令和状态字。

(6) 其他控制线和寻址线

RESET:复位信号,输入高电平有效。一般和单片机的复位相连,复位后,8255 所有内部寄存器清 0,所有口都为输入方式。

$\overline{\text{WR}}$ 和 $\overline{\text{RD}}$:读/写信号线,输入,低电平有效。当为 0 时,所选的 8255 处于读状态,8255 送出信息到 CPU。反之亦然。

$\overline{\text{CS}}$:片选线,输入,低电平有效。

A_0、A_1:地址输入线。当为 0,芯片被选中时,A_0 和 A_1 的 4 种组合 00,01,10,11 分别用于选择 A,B,C 口和控制寄存器。

I/O 端口线(24 条):$PA_0 \sim PA_7$、$PB_0 \sim PB_7$、$PC_0 \sim PC_7$ 共 24 条双向 I/O 总线,分别与 A,B,C 口相对应,用于 8255 和外设之间传送数据。

2. Intel 8250 芯片

Intel 8250 是 40 引脚双列直插式接口芯片,采用单一的 +5V 电源供电,是一种可编程的串行接口芯片,广泛应用于早期的微机系统中。该芯片的内部结构如图 7-15 所示。由数据 I/O 缓冲器、读/写控制逻辑、数据发送器、数据接收器、波特率发生器、调制解调控制逻辑和中断控制逻辑等几个功能部件组成。

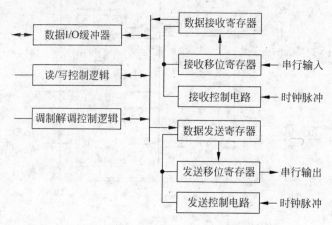

图 7-15　Intel 8250 的内部结构

（1）数据 I/O 缓冲器

数据 I/O 缓冲器是 8250 与 CPU 之间的数据通道,来自 CPU 的各种控制命令和待发送的数据通过它到达 8250 内部寄存器,同时 8250 内部的状态信号、接收的数据信息也通过它送至系统总线和 CPU。

（2）读/写控制逻辑

接收来自 CPU 的读/写控制信号和端口选择信号,用于控制 8250 内部寄存器的读/写操作。

（3）数据发送器

数据发送器由数据发送寄存器、发送移位寄存器和发送控制电路构成。当 CPU 发送数据时,首先检查数据发送寄存器是否为空,若为空时,先将发送的数据并行输出到数据发送寄存器中,然后在发送时钟信号的控制下,送入发送移位寄存器,由发送移位寄存器将并行数据转换为串行数据,最后串行输出。在输出过程中,由发送控制电路依据初始化编程时约定的数据格式,自动插入起始位、奇偶校验位和停止位,装配成一帧完整的串行数据。

（4）数据接收器

数据接收器由接收移位寄存器、数据接收寄存器和接收控制电路组成。接收串行输入数据时,在接收时钟信号的控制下,首先搜寻起始位(低电平),一旦在传输线上检测到第一个低电平信号时,就确认是一帧信息的开始,然后将引脚 SIN 输入的数据逐位送入接收移位寄存器,当接收到停止位后,将接收移位寄存器中的数据送入数据接收寄存器,供 CPU 读取。

接收时钟通常为波特率的 16 倍,即 1 个数据位宽时间内将会出现 16 个接收时钟周期,其目的是为了排除线路上的瞬时干扰,保证在检测起始位和接收数据位的中间位置采样数据。8250 在每个时钟周期的上升沿对数据线进行采样,若检测到引脚 SIN 的电平由"1"变为"0",并在其后的第 8 个时钟周期再采样到"0",则确认这是起始位,随后以 16 倍的时钟周期(即以位宽时间为间隔)采样并接收各数据位,直到停止位。

(5) 波特率发生器

8250 的数据传送速率由其内部的波特率发生器控制。波特率发生器是一个由软件控制的分频器,其输入频率为芯片的基准时钟,输出的信号为发送时钟,"除数"寄存器的值是基准时钟与发送时钟的分频系数,并要求输出的频率为 16 倍的波特率,即:

$$发送时钟 = 波特率 \times 16 = 基准时钟/分频系数$$

在基准时钟确定之后,可以通过改变除数寄存器的值来选择所需的波特率。

(6) 调制解调控制逻辑

调制解调控制逻辑由 MODEM 控制寄存器、MODEM 状态寄存器和 MODEM 控制电路组成。在串行通信中,当通信双方距离较远时,为增强系统的抗干扰能力,防止传输数据发生畸变,需要在通信双方使用 MODEM。发送方将数字信号经 8250 送至 MODEM 进行调制,转换为模拟信号,送到电话线上进行传输;接收方 MODEM 对接收到的模拟信号进行解调,转换为数字信号,经 8250 送至 CPU 处理。

(7) 中断控制逻辑

中断控制逻辑由中断允许寄存器、中断识别寄存器和中断控制逻辑电路组成,可以处理 4 级中断,即接收数据出错中断、接收缓冲器"满"中断、发送寄存器"空"中断和 MODEM 输入状态改变中断。

由于 Intel 8250 是速度较低的串口芯片,其改进版 8250A 的最大通信速率为 56Kb/s,因此后来的 32 位微机通常采用速率更高的 Intel 16650 的系列芯片,Intel 16650 芯片的最大通信速率可达 256Kb/s,具有 16 个字节的 FIFO 发送和接收数据缓冲器,可以连续发送或接收 16 个字节的数据。

7.4 I/O 接口与 DMA 方式

虽然中断方式能实时处理外设的随机中断请求,使主机对外设的控制和管理更加灵活,但是由于其本质是程序切换,需要花费额外的时间,因此其数据传送效率仍然不高,特别是大批量的数据传送时。为此,可使用直接存储器方式(Direct Memory Access,简称 DMA 方式)来提升大批量的数据传送效率。本节将着重从 CPU 和接口的角度深入探讨 DMA 方式的组成及工作机制。

7.4.1 DMA 方式的概念

1. DMA 方式的定义

DMA 方式是直接依靠硬件在主存与 I/O 设备之间传送数据的一种工作方式,在数据传送期间不需要 CPU 执行程序进行干预。

在 DMA 方式中,主存与 I/O 设备之间有直接的数据传送通路,不必经过 CPU,数据就可以从输入设备直接传送给主存,同样也可以从主存直接传送给输出设备,因此称为直接存储器存取。

在 DMA 方式中,数据的直传是直接由硬件控制实现的,其中最关键的硬件就是 DMA 控制器。CPU 在响应 DMA 请求后,暂停使用系统总线和访问内存操作,由 DMA 控制器掌握总线控制权,并在 DMA 周期发出命令,实现主存与 I/O 设备之间的 DMA 传送。可见,

DMA 的数据直传并不依赖程序指令来实现。

2．DMA 的特点

与直接程序传送方式相比，DMA 方式可以响应随机请求。当传送数据的条件具备时，接口提出 DMA 请求，获得批准后，占用系统总线，进行数据传送操作。在 DMA 传送期间，输入输出操作是在 DMA 控制器直接控制下进行的，CPU 不必等待查询，可以继续执行原来的程序指令而不受影响。

与中断方式相比，DMA 方式仅需占用系统总线。在 DMA 传送期间，一方面，不需要 CPU 干预和控制，CPU 仅仅暂停执行程序，不需要切换程序，不存在保存断点、恢复现场等问题；另一方面，只要 CPU 不访问主存、不使用系统总线，它可以在 DMA 周期继续工作（例如，继续执行指令栈中其余未执行指令），这样 CPU 的运算处理就可以和 I/O 传送并行进行，从而提高了 CPU 的利用率。

3．DMA 方式的应用

DMA 方式通常应用于高速 I/O 设备与主存之间的批量数据传送。高速 I/O 设备包括磁盘、光盘、磁带等外存储器，以及其他带局部存储器的外围设备、通信设备等。

对于磁盘来说，其读/写操作是以数据块为单位进行的，一旦找到数据块起始位置，就将连续地读/写。找到数据块起始位置是随机的，相应地，其接口何时具备数据传送条件也是随机的。由于磁盘读/写速度较快，在连续读/写过程中不允许 CPU 花费过多的时间。因此，从磁盘中读出数据或向磁盘中写入数据时，可采用 DMA 方式传送，即数据直接由主存经数据总线输出到磁盘接口，然后写入磁盘；或者由磁盘读出到磁盘接口，然后经数据总线写入主存。

对于动态存储器 DRAM 来说，如果 DRAM 采用异步刷新方式，那么必须先提出刷新请求，待 CPU 交出总线控制权后再安排刷新周期。而何时请求刷新，是随机的。因为 DRAM 刷新操作是按行刷新存储内容，可视为存储器内部的数据批量传送，因此可以采用 DMA 方式。将每次刷新请求当成 DMA 请求，CPU 在刷新周期中让出系统总线，按行地址（即刷新地址）访问主存，实现一行存储单元的刷新。采用 DMA 机制实现动态刷新，简化了专门的动态刷新逻辑，提高了主存的利用率。

当计算机通过通信设备与外部通信时，通常以数据帧为单位进行批量传送。什么时候需要进行一次通信，是随机的。但一旦开始通信，往往以较快的数据传输速率连续传送，因此也可采用 DMA 方式。在不通信时 CPU 照常执行程序，在传送过程中通信设备仅需要占用系统总线，系统开销很少。

DMA 方式直接依靠硬件实现数据直传，虽然其数据传送速度高，但 DMA 本身不能处理复杂事件。因此，还可以将 DMA 方式与中断方式结合，互为补充。例如，在磁盘调用中，磁盘读/写采用 DMA 方式，而对诸如寻道是否正确的判定处理，以及批量传送结束后的善后处理，则采用中断方式。

7.4.2　DMA 传送方式

尽管使用 DMA 的目的是为了实现批量数据传送（例如从磁盘中读取一个文件），但是往往仍然需要分批次进行。在每一批次传送中，如何合理地安排 CPU 访存与 DMA 传送中的访存，需要占用多少个总线周期，以单字传送方式还是成组连续传送，这些都是不得不考虑的问题。

1. 单字传送方式

单字传送方式,又称周期挪用或周期窃取,每次 DMA 请求从 CPU 控制中挪用一个总线周期(也称 DMA 周期),用于 DMA 传送。其传送过程如下。

一次 DMA 请求获得批准后,CPU 让出一个总线周期的总线控制权,由 DMA 控制器控制系统总线,以 DMA 方式传送一个字节或一个字,然后 DMA 控制器将系统总线控制权交回 CPU,重新判断下一个总线周期的总线控制权归属,是 CPU 掌控,还是响应新的一次 DMA 请求。

单字传送方式通常应用于高速主机系统。这是因为在 DMA 传送数据尚未准备好(例如尚未从磁盘中读到新的数据)时,CPU 可以使用系统总线访问主存。根据主存读/写周期与磁盘的数据传送率,可以算出主存操作时间的分配情况,有多少时间需用于 DMA 传送(被挪用),有多少时间可用于 CPU 访存,这在一定程度上反映了系统的处理效率。由于访存冲突,同时 DMA 传送的每次申请、判别、响应、恢复等操作毕竟要花费一些时间,因此会对 CPU 正常执行程序带来一定的影响,不过影响不严重(因为主存速度较高)。

2. 成组连续传送方式

成组连续传送方式是一种通过多个总线周期,一次性地进行批量数据传送的 DMA 方式。

在 DMA 请求获得批准后,DMA 控制器掌握总线控制权,连续占用若干个总线周期,进行成组连续的批量传送,直到批量传送结束才将总线控制权交还 CPU。在传送期间,CPU 处于保持状态,停止访问主存,因此无法执行程序。

成组连续传送方式非常适合于 I/O 设备的数据传输率接近于主存工作速率的场合。这种方式可以减少系统总线控制权的交换次数,有利于提高 I/O 速度。由于系统必须优先满足 DMA 高速传送,如果 DMA 传送的速度接近于主存速度,则每个总线周期结束时将总线控制权交回 CPU 就没有多大意义。

在 CPU 除了等待 DMA 传送结束并无其他任务需要处理时,也可以采用成组连续传送方式。例如,对于单用户个人计算机系统来说,一旦启动调用磁盘,CPU 就只有等待这次调用结束才能恢复执行程序,因此可以等到批量传送结束才收回总线控制权。当然,对于多用户的批处理系统来说,主存速度可能超出 I/O 速度很多,如果采用成组连续传送方式,反而会影响主机的利用率。

7.4.3 DMA 的硬件组织

在现在的计算机系统中,通过设置专门的控制器,即 DMA 控制器,来控制 DMA 传送,而且在具体实现时较多地采取 DMA 控制器与 DMA 接口相分离的方式。因此,一个完整的 DMA 硬件组织包括了以下三个方面:CPU、DMA 控制器和 DMA 接口。

1. CPU 方面

为了实现 DMA 传送,首先 CPU 需要在其时序系统中设置专门的 DMA 周期。在该周期中,CPU 放弃对系统总线的控制权,与系统总线断开,其地址寄存器 MAR 不向地址总线发送地址码,其数据寄存器 MDR 与数据总线分离,控制器的微命令发生器也不向控制总线发出传送控制命令。

除此之外,CPU 还必须设置 DMA 请求的响应逻辑。每当系统总线周期结束(完成一次总线传送)时,CPU 对总线控制权转移作出判断。若能响应 DMA 请求,则输出响应批准信号,然后进入 DMA 周期,交出总线控制权。在 DMA 周期结束(完成一次 DMA 传送)时,CPU 再次对总线控制权转移作出判断。如果还有 DMA 请求存在,可由 DMA 控制器继续掌管系统总线,否则 CPU 收回总线控制权,恢复正常程序执行。

2. DMA 控制器

DMA 控制器的功能是接收 DMA 请求、向 CPU 申请掌管总线的控制权,然后向总线发出传送命令与总线地址,控制 DMA 传送过程的起始与终止。因此,DMA 控制器可以独立于具体的 I/O 设备,作为公共的控制部件,控制多种 DMA 传送。例如,Intel 8237 就是一种在微机系统中广泛使用的四通道 DMA 控制器,可以控制硬盘、软盘、动态存储器 DRAM 刷新、同步通信中的 DMA 传送。DMA 控制器通常包含控制字寄存器、状态字寄存器、地址寄存器/计数器、交换字数计数器等一系列控制逻辑部件,在具体组装上以集成芯片的形式装配在主板上。

3. DMA 接口

DMA 接口实现某个具体外部设备(如磁盘)与系统总线间的连接,一般包含数据缓冲寄存器、I/O 设备寻址信息、DMA 请求逻辑。它可以根据寻址信息访问 I/O 设备,将数据读入数据缓冲寄存器,或由数据缓冲寄存器写入设备。在需要进行 DMA 传送时,DMA 接口向 DMA 控制器提出请求,在获得 CPU 批准后,DMA 接口将数据缓冲寄存器内容经数据总线写入主存缓冲区,或将主存内容写入 DMA 接口,而 CPU 就不再负责 DMA 传送的控制。

7.4.4　DMA 控制器的设计

DMA 控制器是 DMA 传送的控制中心,是实现 DMA 方式的关键。DMA 控制器的具体组成,取决于以下几个方面的设计考虑。

- DMA 控制器与 DMA 接口是否分离,分别单独设计。
- 数据总线是连接到 DMA 控制器上还是连接到接口上。
- 当一个 DMA 控制器需要连接多台设备时,是采取选择型还是多路型工作方式。
- 当采用多个 DMA 控制器时,是以公共还是以独立 DMA 请求方式连接系统。

因此,DMA 控制器具有多种设计方案,下面介绍几种设计模式。

1. 单通道 DMA 控制器

一个单通道的 DMA 控制器只连接一台 I/O 设备(即只有一个通道),其内部组成、与系统及设备的连接模式,如图 7-16 所示。

(1) 设备选择电路:用于接收主机在 DMA 初始化阶段送来的端口地址,译码产生选择信号,选择 DMA 控制器内的有关寄存器。

(2) 数据缓冲寄存器:一侧与数据总线相连,另一侧与 I/O 设备相连。

(3) 地址寄存器/计数器:在 DMA 初始化时,用于保存经数据总线送来的主存缓冲区首地址;每传送一次,计数器内容加1,以指向下一次传送单元,同时经地址总线送出主存缓冲区地址。

(4) 字计数器:在 DMA 初始化时,CPU 经数据总线送入本次调用的传送量,以补码表

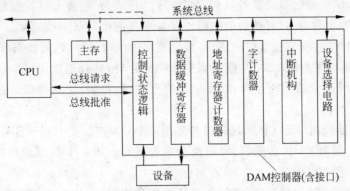

图 7-16 单通道 DMA 控制器

示；每传送一次,计数器内容加 1。当计数器溢出时,结束批量传送。

(5) 控制/状态逻辑：在 DMA 初始化时,CPU 经数据总线送入控制字,内含传送方向信息。当具备一次 DMA 传送条件时,DMA 请求触发器为 1,控制状态逻辑经系统总线向 CPU 提出总线请求。如果 CPU 响应,发回批准信号,DMA 控制器接管总线控制权,向系统总线送出传送命令与总线地址码。

(6) 中断机构：正如前文所述,DMA 方式常常与程序中断方式配合使用,因此在 DMA 接口中往往包含有中断机构。例如,当计数器溢出时,便提出中断请求,CPU 通过中断服务程序进行结束处理。

可见,当设备输入时,数据经 DMA 控制器、数据总线,可直接输入主存缓冲区,而不经过 CPU；当主机输出时,数据由主存缓冲区经数据总线、DMA 控制器输出到设备,也不经过 CPU。

2. 选择型 DMA 控制器

一个选择型的 DMA 控制器,在物理上可以连接多台设备,或者说多个 I/O 设备可通过连接到一个共用的 DMA 控制器来进行 DMA 传送。在实际工作时,DMA 控制器只能选择其中的一个 I/O 设备,让它完成 DMA 传送,如图 7-17 所示。

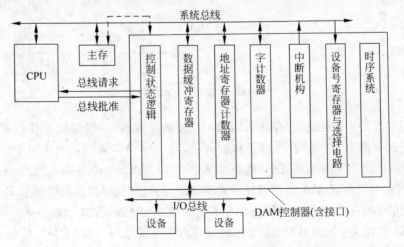

图 7-17 选择型 DMA 控制器

选择型的 DMA 控制器同样可以与 DMA 接口合二为一,各 I/O 设备经过局部 I/O 总线与之连接,在特定时刻,只有被选中的那台设备才能使用局部 I/O 总线。因此,在 I/O 设备一侧只需要简单的发送/接收控制逻辑,接口逻辑中的大部分(包括数据缓冲寄存器、设备号寄存器、时序电路等)都在 DMA 控制器中。除此之外,选择型的 DMA 控制还包括为申请、控制系统总线所需的功能逻辑,如 DMA 请求逻辑、控制/状态逻辑、地址寄存器/计数器、字计数器等。

在 DMA 初始化时,CPU 将所选的设备号送入 DMA 控制器中的设备号寄存器,以选择某个 I/O 设备。每次 DMA 传送,以数据块为单位进行。当一个数据块传送完后,CPU 可以重新选择另一台 I/O 设备。

因此,选择型的 DMA 控制器适于数据传输率很高,以至接近于主存速度的设备,其功能相当于一个数据传送的切换开关,以数据块为单位进行选择与切换,在批量传送时不允许切换设备。

3. 多路型 DMA 控制器

一个多路型的 DMA 控制器,在物理上同样可以连接多台 I/O 设备。与选择型 DMA 控制器所不同的是,多路型 DMA 控制器通常用于连接速度较慢的 I/O 设备,并且允许这些设备同时工作,以字节或字为单位,交叉地轮流使用系统总线进行 DMA 传送。

多路型的 DMA 控制器通常采用分离设计模式,把 DMA 控制器与接口分别进行设计,其连接模式如图 7-18 所示。每个 I/O 设备都有自己独立的接口(例如,微机中的硬盘适配器、软盘适配器、网卡适配器等)。这些接口中含有数据缓冲寄存器或者小容量缓冲存储器,数据经接口与数据总线直接传送,不经过 DMA 控制器,DMA 控制器只负责申请并且接管总线。这样,DMA 控制器可以通用且便于集成化,不受具体设备特性的约束。

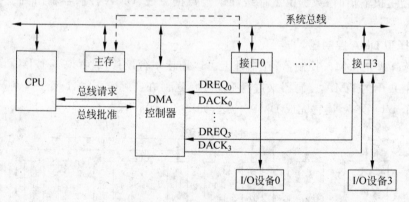

图 7-18 多路型 DMA 控制器

在多路型的 DMA 系统中,存在着两级 DMA 请求逻辑,一级是位于接口之中,另一级位于 DMA 控制器之中。前者与设备特性有关,当 I/O 设备需要进行 DMA 传送时,它向 DMA 控制器提出 DMA 请求 $DREQ_i$。后者用来向 CPU 申请占用系统总线,在接收到 CPU 的批准信号之后,DMA 控制器接管系统总线,同时向接口发出响应信号 $DACK_i$。

多路型的 DMA 控制器可以使用单字传送或者成组传送方式。如果采取单字传送方式,各设备以字节或字为传送单位,交叉地分时占用系统总线,进行 DMA 传送。由于各设备速度不同,使得它们对系统总线的占有率也就不同,即:速度慢的设备,准备一次 DMA

传送数据所需的时间长些,占用系统总线的间隔也长些,而速度快的设备,准备一次 DMA 传送数据所需的时间短些,占用系统总线的间隔也就短些,因此 DMA 控制器将根据各请求的优先顺序及提出的时间,来随机地响应和分配总线周期。

如果采用成组连续传送方式,各设备以数据块为单位进行 DMA 传送。I/O 设备一旦开始传送一个数据块,就需要连续占用系统总线,且中间不能被打断,只有在完成一个数据块的传送后,才能切换,并选择另一台设备。可见,多路型 DMA 控制器型可以兼有选择型的功能。由于在一个数据块的传送过程中不允许打断,因此在系统设计时需要妥善安排优先顺序、数据块大小及接口的缓冲寄存器的容量。例如,假设在设备 1 传送过程中,设备 2 提出 DMA 传送请求,且要求不能耽误太久,那么就可以把设备 1 的数据块长度安排得小些,把设备 2 接口的数据缓冲寄存器容量安排得大些。

4. 多个 DMA 控制器的连接

采用选择型或多路型 DMA 控制器,虽然一个系统可以连接多台 I/O 设备,但是事实上,一个 DMA 控制器集成芯片的通路数往往是有限的。如果系统规模较大,连接的设备数量较多,则通常需要采用几块 DMA 控制器芯片。

当采用多个 DMA 控制器时,可使用级连方式、公共请求方式或者独立请求方式,将它们与系统连接起来,如图 7-19 所示。

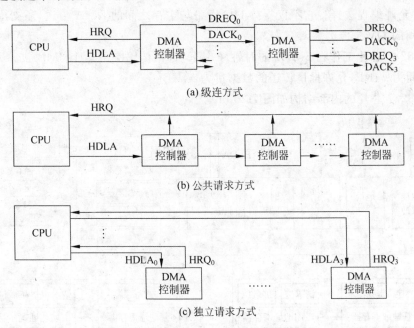

图 7-19 多个 DMA 控制器与系统的连接

(1) 级连方式:就是将 DMA 控制器分级相连,每个 DMA 控制器所接收的 DMA 请求,被汇集为一个公共请求 HRQ。第二级 DMA 控制器的 HRQ,送往前一级 DMA 控制器的请求输入端;第一级 DMA 控制器的输出 HRQ,则送往 CPU 作为总线请求。

(2) 公共请求方式:就是各 DMA 控制器的传送请求 HRQ,都通过一条公用的 DMA 请求线送往 CPU,而 CPU 的批准信号则采用链式传递方式送给 DMA 控制器。在提出请求的 DMA 控制器中,优先级高的先获得批准信号,将该信号暂时截留,待它完成 DMA 传送后,再往下传出批准信号,允许下一台设备占用总线,进行 DMA 传送。

(3) 独立请求方式:就是每个 DMA 控制器与 CPU 之间都有一对独立的请求线和批准线。采用这种方式,取决于 CPU 是否有多对 DMA 请求输入端与批准信号输出端,且有一个优先权判别电路(或总线仲裁逻辑),以确定响应当前最优先的 DMA 请求。

7.4.5　DMA 控制器举例

在上述几种 DMA 控制器方案中,较常使用的是分离设计模式,独立设计 DMA 控制器和接口,这样 DMA 接口能够反映各自设备的特性,DMA 控制器只负责申请总线控制权、控制总线操作,使其具有通用性。例如,Intel 8237 DMA 控制器采用就是分离设计模式。

1. Intel 8237 的组成

Intel 8237 芯片是一种四通道的多路型 DMA 控制器。早期的微机主板只使用一片 Intel 8237 芯处,4 个通道按优先顺序分配给动态存储器 DRAM 刷新、软盘、硬盘、同步通信(该通道可供扩展)。目前,微机通常将两片 Intel 8237 以级连方式集成到芯片组中,将通道数扩展到 7 个。例如,在 Intel P4 的微机中,Intel CH8 南桥芯片组就集成了两片增强型的 Intel 8237 芯片。

Intel 8237 芯片提供 3 种基本传送方式:单字节传送、数据块连续传送、数据块间断传送方式,并允许编程选择。它不仅支持 I/O 设备与主存之间的 DMA 传送,还支持存储器与存储器之间的 DMA 传送。

Intel 8237 芯片工作在 5MHz 的时钟频率下,数据传输率可达 1.6MB/s。每个通道允许访存空间为 64KB,允许批量传送的数据量为 64KB。

Intel 8237 芯片的内部结构如图 7-20 所示。

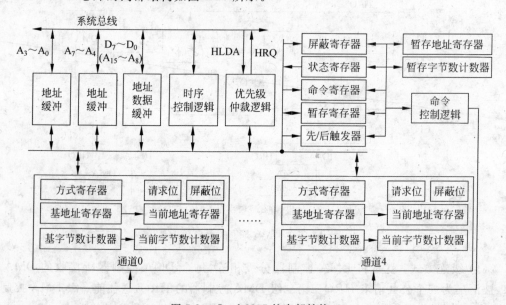

图 7-20　Intel 8237 的内部结构

(1) 内部寄存器组

在 Intel 8237 芯片内共有 12 种寄存器和 3 种标志触发器,用来存放 DMA 初始化时送入的预置信息,以及在 DMA 传送过程中产生的相关信息,作为控制总线进行控制的依据。有些寄存器是 4 个通道共用的,有些是每个通道单独设置的。

各通道共用的寄存器有:暂存地址寄存器(16 位)、暂存字节数计数器(16 位)、命令寄存器(8 位)、屏蔽寄存器(4 位)、主屏蔽字寄存器(4 位)、状态寄存器(8 位)、请求字寄存器(4 位)、暂存寄存器(8 位)、先/后触发器(1 个)。

每个通道各设一组寄存器,包含:基地址寄存器(16 位)、当前地址寄存器(16 位)、基字节数计数器(16 位)、当前字节数计数器(16 位)、方式控制字寄存器(8 位)、屏蔽标志触发器(1 个)和请求标志位触发器(1 个)。

上述各寄存器的功能说明如下。

- 基地址寄存器:在初始化时由 CPU 写入主存缓冲区首址,并作为副本保存,可在自动预置期间重新预置当前地址计数器,只是这种预置不需要 CPU 干预。
- 当前地址寄存器:在初始化时由 CPU 写入主存缓冲区首址,每次 DMA 传送一个字节后,内容加 1 或减 1(由"方式控制字"选择),以计算主存缓冲区的下一个地址码。
- 基字节数计数器:在初始化时由 CPU 写入需要传送的数据块字节数,并作为副本保存;每当一次数据块传送结束时,结束信号将副本保存的初值自动重新预置给当前字节数计数器。
- 当前字节数计数器:在初始化时由 CPU 写入需要传送的数据块字节数,每传送一个字节,计数器内容加 1;当一个数据块传送完毕,计数器满时,产生结束信号。
- 方式控制字寄存器:在初始化时由 CPU 写入,以确定该通道的操作方式,其 $D_1 D_0$ 位表示通道选择,$D_3 D_2$ 定义 DMA 传送方向,D_4 为自动预置方式选择位,D_5 为地址自动增/减选择位,$D_7 D_6$ 位定义工作方式选择(包括数据块请求方式、单字节方式、数据块连续传送方式、8237 芯片级连方式)。
- 暂存地址寄存器:用于暂存当前地址寄存器的内容。
- 暂存字节数计数器:用于暂存当前字节数计数器的内容。
- 命令寄存器:在初始化时由 CPU 写入操作命令字,指定 8237 的操作方式。
- 屏蔽寄存器:由 CPU 送入屏蔽字,使某个通道的屏蔽标志触发器置位或复位,以确定该通道的 DMA 请求被禁止或允许。
- 主屏蔽寄存器:采用由 CPU 送主屏蔽字的方式,可同时使 4 个通道的屏蔽标志触发器置位或复位。
- 状态寄存器:用于保存状态字,供 CPU 了解各通道的工作状态。
- 请求寄存器:允许 CPU 编程发出请求命令字,使各通道的请求标志触发器置位或复位,实现"软请求"功能。
- 暂存寄存器:在存储器-存储器传送时,用于暂存从源地址读出的数据,以便写入目的地址。
- 先/后触发器:用来指示 CPU 从哪些 16 位寄存器中读/写低字节或者高字节,其初值为 0,表示 CPU 读/写低字节,然后为 1,表示 CPU 读/写高字节。

(2) 数据、地址缓冲器

这组缓冲器实现数据与地址的输入输出。由于芯片引脚数有限,采用复用技术。

当 8237 尚未申请与接管系统总线控制权时,8237 处于空闲期,CPU 可访问 8237,进行

DMA 初始化,也可读出芯片内部寄存器内容,以供判别。为此,CPU 向 8237 送出端口地址信息与读/写命令,同时发送或接收数据。地址输入 $A_3 \sim A_0$,配合读/写命令 IOR 或 IOW,选择 8237 某个内部寄存器。数据输入输出 $D_7 \sim D_0$ 经另一缓冲器实现,此时 $A_7 \sim A_4$ 未用。

当 8237 提出总线申请、接管系统总线,直到 DMA 传送结束,8237 处于服务期。在此期间,由 8237 送出总线地址,以控制 DMA 传送。此时,三个缓冲器全部输出,$D_7 \sim D_0$、$A_7 \sim A_4$、$A_3 \sim A_0$,一共输出 16 位总线地址。其中 $D_7 \sim D_0$ 在送到一个芯片外的地址锁存器。

如果是存储器-I/O 设备间的 DMA 传送,则送出的总线地址为主存缓冲区首址。传送的另一方是设备接口中的数据缓冲器,数据直接由数据总线送出,不经过 8237。

如果是存储器-存储器间的 DMA 传送,则分两个总线周期进行,在第一个总线周期,8237 给出源地址,将数据读出并且送入暂存寄存器;在第二个总线周期,8237 给出目的地址,将数据从暂存寄存器写入目的存储单元。$D_7 \sim D_0$ 在送出总线地址高 8 位之后,提供数据的输入输出缓冲。

（3）时序控制逻辑

时序控制逻辑一方面接收外部输入的时钟、片选及控制信号,另一方面产生内部的时序控制及对外的控制信号输出。其中,只表示输入信号的有:

- CLK：用于时钟输入（5MHz）。
- $\overline{CS}$：用于片选,低电平有效。
- RESET：用于复位,高电平有效,使芯片进入空闲期,除屏蔽寄存器被置位之外,其余寄存器均被清除。
- READY：用于判断是否就绪,高电平有效。当选用低速 I/O 设备时,需要延长总线周期,可使 READY 处于低电平,表示传送尚未完成。当传送完成后,设置 READY 为高电平,通知 8237。

只表示输出的信号包括如下几个。

- ADSTB：用于地址选通,高电平有效,指示地址数据缓冲器用作地址缓冲器。即：当 ADSTB 为高电平时,地址数据缓冲器的高 8 位地址将送入外部的地址锁存器,之后,该数据缓冲器可以用作数据的输入输出缓冲。
- AEN：允许地址输出,高电平有效,表示将地址送入地址总线,其中高 8 位来自芯片外的地址锁存器、低 8 位直接来自芯片内的地址缓冲 $A_7 \sim A_0$,共 16 位。
- $\overline{MEMR}$ 和 $\overline{MEMW}$：8237 发出的存储器读或写命令,低电平有效。

既表示输入也表示输出的信号的有:

- IOR 和 $\overline{IOW}$：表示 I/O 读或写,低电平有效。在 8237 处于空闲期,CPU 可向它发出 I/O 读或写命令,对 8237 内部寄存器进行读或写。在 DMA 服务期,由 8237 向总线发出 I/O 读或写命令,控制对 I/O 设备（接口）的读/写。
- $\overline{EOP}$：传送过程结束信号,低电平有效。两种情况下,会终止 DMA 传送,一是 CPU 向 8237 送入过程结束信号,二是在字节数计数器满时,8237 向外发出过程结束信号。

（4）优先级仲裁逻辑

当同时有多个设备提出请求时,优先级仲裁逻辑将进行排队判优,以实现 I/O 设备（接口)与8237之间的请求与响应。Intel 8237具有固定优先级、循环优先级两种优先级排队方式,可供编程选择。

如果在DMA初始化时选择固定优先级方式,则Intel 8237芯片各通道的优先级顺序固定,从高到低依次为通道0～通道3。如果选择循环优先级方式,则在一个通道的DMA传送结束时,其优先级将降为最低,而其他通道则依次递升。

优先级仲裁逻辑的输入输出信号,包括如下几个。

- DREQ0～DREQ3:表示DMA请求,由设备(接口)输入,共4根请求线。
- DACK0～DACK3:表示DMA应答,由8237输出给某个被批准的设备(接口),共4根。
- HRQ:表示总线请求,由8237发往CPU或其他总线控制器。
- HLDA:表示总线保持响应,由CPU或其他总线控制器发给8237的响应信号。

2. Intel 8237的DMA传送过程

Intel 8237的工作状态体现为空闲周期和服务周期。其中,服务周期又可细分为若干状态 S_i 周期,如图7-21所示。

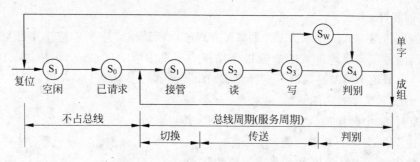

图7-21 Intel 8237的DMA传送过程

(1) 空闲周期

当Intel 8237芯片处于空闲周期时,对于CPU来说,它首先进行DMA初始化,读取8237的状态字信息,并且向接口送出I/O设备的寻址信息。对于8237芯片自身来说,一方面它根据 $\overline{\text{CS}}$ 片选信号,检查CPU是否选中本芯片,另一方面根据DREQ信号,检查设备是否提出DMA请求。

当DMA初始化设置完成,且接到设备的DMA请求时,8237向CPU提出总线请求HRQ,并进入已请求 S_0 状态。

(2) 服务周期

Intel 8237芯片的服务周期,又称DMA操作周期,或DMA传送周期,从 S_0 状态开始,直到 S_4 状态才结束。

- S_0 状态:表示8237已发出总线请求信号,等待CPU的批准。如果总线正忙,8237可能需要等待若干个时钟周期。当8237接到CPU的批准信号HLDA时,即进入 S_1 状态。
- S_1 状态:表示CPU已经放弃系统总线控制权,由8237接管。当8237送出总线地址后,进入 S_2 状态。
- S_2 状态:8237此时向设备发出响应信号DACK,且向总线送出读命令 $\overline{\text{MEMR}}$ 或

$\overline{\text{IOR}}$，从存储器或 I/O 设备（接口）读出数据。

- S_3 状态：8237 此时发出写命令 $\overline{\text{MEMW}}$ 或 $\overline{\text{IOW}}$，将数据写入存储器或 I/O 设备，同时当前地址计数器与当前字节数计数器进行内容修改。
- S_W 状态：当 DMA 传送在 S_2 和 S_3 期间无法完成 DMA 传送时，进入 S_W 状态，以延长总线周期，继续数据传送，以保证操作成功。
- S_4 状态：当一次 DMA 传送结束后，进入 S_4 状态，判别 8237 的传送方式，以采取相应的操作，即：如果单字节传送方式，则结束 DMA 传送操作，放弃总线的控制，返回空闲周期；否则返回 S_1 状态，继续占用总线，直到数据块批量传送完毕。

可见，Intel 8237 芯片在 S_1 和 S_0 状态，并未占有总线，从 $S_1 \sim S_4$，才占有总线，其一个典型总线周期包含 4 个时钟周期。根据 CPU 时钟频率，可以算出总线周期的基本长度，从而算出 DMA 方式的数据传输率。

习题

1. 名词解释。

直接程序传送方式　中断方式　DMA 方式　中断请求　中断响应　中断处理　中断判优　中断向量　向量地址　中断隐指令操作　多重中断　DMA 单字传送　DMA 成组连续传送　单通道 DMA 控制器 · 选择型 DMA 控制器　多路型 DMA 控制器

2. 指出以下部件的功能。

中断控制器、中断接口、DMA 控制器、DMA 接口。

3. 简述 I/O 接口的基本功能。

4. 比较中断请求分散屏蔽和集中屏蔽的区别。

5. 中断请求的一般优先顺序是什么？

6. 简述 CPU 响应中断的必要条件。

7. 简述中断响应与处理过程。在多重中断中，两次关中断和开中断的目的是什么？

8. 单通道 DMA 控制器或选择型 DMA 控制器，都包含了中断机构，请问该中断机构起什么作用。

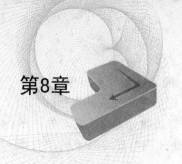

第8章

输入输出设备

【总体要求】

- 了解 I/O 设备的功能和分类。
- 了解显示器的性能指标、显示方式、显示规格以及显示头的逻辑组成。
- 理解光栅扫描成像原理,包括光栅的形成、光栅扫描的实现以及一帧画面的组成。
- 理解字符显示方式,包括显存、字符发生器以及同步控制。
- 了解图形显示方式的工作机制。
- 理解显示适配器的逻辑组成及其工作过程。
- 了解磁盘存储器的分类和性能指标,了解磁盘的存储原理,了解 RAID 技术的应用。
- 掌握磁盘适配器、磁盘驱动器的组成,理解磁盘调用过程。
- 了解键盘和鼠标的分类及其组成原理。
- 了解打印机的分类、喷墨打印机和激光打印机的打印原理。
- 了解光盘的分类及其读/写原理。

【学习重点】

- 掌握显示设备的工作原理,包括显示器的光栅扫描成像原理、字符方式的显示机制。
- 掌握磁盘存储器的工作原理,包括磁盘适配器、磁盘驱动器的逻辑组成。

计算机硬件分为主机和外设。由于外设的作用是输入主机所需要的信息或接收主机需要输出的信息,因此又称输入输出设备(Input/Output Device,I/O 设备)。外部设备种类繁多,出于篇幅限制的原因,本章将重点介绍几种最常用的 I/O 设备,包括显示设备、磁盘存储器、键盘、打印机和光盘存储器等。

8.1 I/O 设备概述

8.1.1 I/O 设备的一般功能

任何人使用计算机,接触最多的,毫无疑问是 I/O 设备。I/O 设备是计算机系统与外界进行信息交互的桥梁。尽管种类繁多,不胜枚举,但总的来说,I/O 设备具有以下几个方面的功能。

1. 完成信息格式的转换

在实现世界中,人们习惯使用文字、数字、声音、图形、图像以及电视视频等来表达信息。

但是,我们已经知道,计算机只能识别和处理使用"0"和"1"表示的二进制代码。因此,在计算机进行数据处理时,首先必须将程序指令、数据以及操作命令等信息转变成计算机能识别的二进制编码(例如 ASCII 码、8421 码、汉字内码等)。同样,计算机的处理结果需要输出给用户时,必须将二进制编码转换成人们熟悉的表示形式。这种处理机与外界联系时信息形式的转换,只有通过 I/O 设备才能实现。

2. 进行传送方式的转换

我们已经知道,在主机中数据是通过内部总线,以字为单位进行并行传送的。例如,微机系统经历 16 位并行传送,发展到 32 位、64 位并行传送。而 I/O 设备利用 I/O 接口与主机相连接,通常采用单根信号传输线,或采用一对传送线,逐位地进行串行传送。串行传送方式的传送速度较低,通常用于允许低速传送场合。例如,键盘就非常适合使用串行传送方式,其原因是人工按键的操作速度很慢。

由于串行传送方式的硬件代价较低,也特别适合于远距离传送场合。例如,在计算机与调制解调器之间采用串行传送,可借助公共的电话网络系统实现计算机之间的远程通信,这样可以大大降低通信成本。

3. 实现人机交互

无论计算机用于何处,都需要由人去操作。尽管在自动控制或某些其他领域,人可能不直接接触计算机,但在研制、设计计算机软、硬件的过程中,人仍然需要直接与计算机进行交互,要实现人与计算机之间的交互就离不开 I/O 设备。推动计算机软硬件技术发展的强劲动力仍然是实现和改善人机交互,关于这一点已经被计算机技术近几十年的发展历程所证明。

4. 存储信息资源

无论现在的计算机技术怎么发展,它始终还是电子计算机,始终解决不了因为掉电而造成信息丢失的问题。同时,随着计算机应用的推广,处理的信息量呈爆炸式的增长。因此,不可能将这些信息全部或仅存于主存储器之中,必须使用外存储器来加以解决。

5. 推进计算机技术应用的拓展

I/O 设备代表着信息的输入输出方式,决定着计算机的应用范围。早期的计算机,因为输入输出设备比较简单,只能用于数值计算。但随着诸如鼠标、光笔、扫描仪、声音输入设备、视频输入设备、条形码输入设备、磁卡刷卡器、打印机、绘图仪、调制解调器、多媒体处理设备等 I/O 新技术的出现,计算机应用逐渐向信息处理、自动控制、辅助设计、人工智能等方向发展。如今,计算机已经在社会的各个领域得到广泛应用。事实表明,I/O 设备的推陈出新是加速计算机推广应用的重要原因。

8.1.2　I/O 设备的分类

为了改善人机交互、增强系统功能,现代计算机系统所配置的 I/O 设备是越来越多。根据设备在系统中的作用,I/O 设备通常划分为以下 6 大类。

1. 输入设备

输入设备用来向主机输入程序和数据,通常是将操作人员所提供的原始信息,转换为计算机所能识别的信息,然后送入主机。例如,将文字、数字、图形、图像、声音等信息输入并转换成二进制代码形式的电信号,再传送给主机处理。

早期的计算机曾广泛使用穿孔输入设备。每个孔的位置记录一位二进制信息,有孔为1,无孔为0。穿孔输入设备分为纸带输入机和卡片输入机。纸带输入机使用穿孔纸带,纸带的一行穿孔表示一个字符,通过光电检测或电容检测进行识别,并且转换为相应的电信号。穿孔卡片输入机使用纸质穿孔卡片,每张卡片按行、列记录穿孔信息,并规定其编码含义,每张卡片可记录80个字符。与纸带相比,卡片容易组织,也便于插入或删除。穿孔输入设备曾经作为计算机的基本输入设备来使用,但因输入速度慢,目前已被淘汰了。

现代的计算机主要借助于键盘、鼠标、光笔、扫描仪、语音输入设备等来输入信息。其中,键盘是最基本的输入设备,通过键盘可直接向主机输入程序、数字或者操作命令。鼠标是现代计算机的重要操作设备,使用鼠标的单击、双击、右击、拖动等方法能够完成计算机几乎所有的操作。光笔允许人们以更加直观的书写方式输入信息。扫描仪首先通过光学扫描技术将纸面上的图文信息直接转换为电信号送入主机,然后再使用模式识别技术识别其中的文字信息。语音输入时,麦克风首先将声波转换为模拟电信号,再由声卡适配器转换为数字信号送入主机,使用语音识别技术,甚至可以将语音信息转换为文字信息或计算机的操作命令。

2. 输出设备

输出设备用来将主机的处理结果输出,通常是将处理结果以数字代码形式转换成人或其他系统所能识别的信息形式,所输出的信息可以是程序执行的结果,也可以是人机对话中计算机发出的询问或提示信息等。常见的输出设备有显示器、打印机、绘图仪、复印机、语音输出设备等。

其中,显示器和打印机都属于最基本输出设备,显示器将计算机的处理结果直接提供给人阅读。显示器的显示结果是不能保存的,因此被称为软拷贝设备,而打印机的打印结果可以长期保存,因此被称为硬拷贝设备。绘图仪通常使用墨水绘笔绘制图形,绘笔在步进电机的驱动下,可沿 X 轴或 Y 轴方向运动,笔架可使绘笔离开或接触纸面,从而进行绘画操作。语音输出时,声卡将数字信号转换为模拟信号,再由音响喇叭传送声音信息。

3. 外存储器

外存储器既是输入设备,又是输出设备。主机需要长期保存的信息以文件的形式输出,保存于外存储器中。当主机需要这些信息时,再从外存储器读取。外存储器主要包括磁带、磁盘、光盘和 U 盘等。相关详细信息,请读者继续阅读本章后文。

4. 过程控制设备

过程控制设备用于工业生产和控制。当计算机对一个生产过程实施实时控制时,先使用传感器取得被控制的对象的各种参数,如位移、转角、压力、速度和温度等,这些参数信息再由过程控制设备接收和转换处理,之后以二进制代码的形式送入主机。需要调节被控制的对象时,主机发出控制信号,再经过程控制设备的转换和放大处理之后,驱动相关机电设备执行调控操作。

5. 终端设备

在不同领域中,终端一词的含义可能有些差别。对于巨型机、大型机或小型机等系统来说,终端设备不能独立运行,其设计目的是为了让多个用户同时操作主机,实现分时共享,以便降低主机的人均成本,提高主机资源的利用率。对于计算机网络系统来说,终端设备通常又称工作站,是能够独立运行的微型计算机,其目的是为了共享服务器的资源。

终端设备有时也泛指与一个计算机系统有一定距离、需使用通信线路连接的设备,例如键盘显示终端、打印终端、网络终端等。按距离,终端设备可分为本地终端和远程终端。

与主机距离较远的终端,称为本地终端,如分时系统的多个终端,一般安装在同一个机房中。又如,在局域网中,连接距离有限,往往在同一座大楼或厂房之中,服务器所连接的工作站也属于本地终端。

与主机距离较远的终端,称为远程终端。远程终端往往需要通过专用设备(如交换机、调制解调器等)和线缆(如光纤、公共电话线)与主机系统相连接。计算机输出的数字信号,经专门设备以高频数字信号或模拟信号的形式,在光纤、公共电话线或其他传输介质上远距离传送。

6. 通信设备

为了实现信息资源共享以及计算机之间的通信,需要使用专用的通信设备把计算机连接成网络系统,因此通信设备又称为网络设备。在局域网中,常见的通信设备有:网卡、交换机、集线器、放大器等。在广域网中,常见的通信设备有:交换机、路由器、调制解调器等。

8.2　显示设备

完整的显示系统由硬件和软件组成。其中,硬件组成一般包括显示器、控制器和接口。在微机中,显示控制器与显示接口通常集成于一体,称为显示适配器,以插接卡的形式安装在主机箱的主板之上。软件组成包括驱动程序和提供专门图形处理功能的各种应用软件。本节将从硬件组成的角度详细介绍显示输出子系统。

8.2.1　显示器

显示设备是计算机系统中重要的输出设备之一。它以字符或图形的形式在屏幕上显示程序的运行结果。相对其他 I/O 设备而言,显示设备不仅工作速度快、无机械噪声、灵活轻便,还具有编辑功能和通信功能。例如,用户可以要求显示器在屏幕上指定的位置显示字符、数字和图形,还可以要求显示设备绘制三维图形,实现图形的裁剪、平移、旋转、放大、缩小、投影等各种几种变换操作。显示器广泛应用于 CAD、CAM、计算机模拟、过程控制以及各种数据处理系统中。

1. 影响显示器的性能的因素

(1) 分辨率

分辨率是指显示器所表示的像素个数。像素越密,分辨率越高,图像越清晰。对于 CRT 显示器来说,分辨率取决于显示管荧光粉的粒度,荧光屏的尺寸和 CRT 电子束的聚焦能力。同时,显示缓冲存储器要有与显示像素相对应的存储空间,用来存储每个像素的信息。例如,12 英寸彩色 CRT 的分辨率为 640×480 像素,每个像素的间距为 0.31mm,水平方向 640 个像素所占显示长度为 198.4mm,垂直方向 480 像素是按 4：3 的长度比例分配,即(640×3)/4＝480。按这个分辨率表示的图像具有较好的水平线性和垂直线性,否则看起来会失真变形。同样,16 英寸的 CRT 的分辨率为 1024×768 像素,也是满足 4：3 比例的。

但要注意,并不是所有显示器都按 4：3 比例来计算分辨率。例如,有些方形 CRT 的显示分辨率为 1024×1024 像素,而有的宽屏 CRT 的显示分辨率为 1280×800 像素。

（2）灰度级

灰度级是指黑白显示器中所显示的像素点的亮暗差别，在彩色显示器中则表现为颜色的不同。灰度级越多，图像层次越清楚逼真。灰度级取决于每个像素对应显示缓冲存储器单元的位数和显示设备本身的性能。例如，如果用 4 位表示一个像素，则只有 16 级灰度或颜色；如果用 8 位表示一个像素，则有 256 级灰度或颜色。

当使用 16 位以上（包括 16 位）表示一个像素时，能够表示的灰度级达 2^{16}（＝65536）级灰度或颜色时，因为已接近或超过人眼所能识别的颜色，因而称为真彩色。常见真彩色分为 16 位真彩色、24 位真彩色和 32 位真彩色。

（3）刷新频率

CRT 显示器是用电子束轰击荧光粉，通过产生荧光来显示信息的，但在电子束扫过之后其发光亮度只能维持几十毫秒便消失。为了使人眼能看到稳定的图像显示，必须使用电子束不断地重复扫描整个屏幕。这个过程叫做刷新。根据人的视觉生理，刷新频率大于 25Hz 时不会感到闪烁，但为了避免因光线明暗交替变化而影响视力，显示器的刷新频率通常设置为 75Hz 或更高。

（4）显存 VRAM

为了不断刷新显示屏上的图像，必须把一帧图像信息存储在显存之中。显存位于显示适配器之中，是显示缓冲存储器的简称，又叫刷新存储器。显存的存储容量由图像分辨率和灰度级决定。分辨率越高，灰度级越多，一帧图像所需要的存储容量就越大。例如，一帧分辨率为 1024×1024 像素，256 级灰度的图像，其存储容量为 1024×1024×8b＝1MB。显存的存取周期必须满足刷新频率的要求。

显存的容量、工作频率直接关系着显示适配器的性能。早期的显示适配器的显存容量都比较小，通常只有几 KB，且工作频率也较低。为了提升显存的容量和工作频率，生产厂商通常采用最新的 DRAM 技术。因此，现在常见的显存一般采用 SDRAM 或 DDR 技术。目前，使用最新的 DDR3 技术的显存的工作频率可达 1600MHz，容量可达 1024MB。

2. 显示器的显示方式

无论是阴极射线管显示器还是液晶显示器，都提供字符和图形两种显示方式。

（1）字符/数字方式（A/N 方式）

在这种方式中，以字符为显示内容的基本单元，又称文本显示方式。实际上，字符是由点阵组成的，在显示过程中需将字符编码（如 ASCII 码）转换为字符点阵编码。

（2）图形方式（APA 方式）

图形不如字符那样简单，图形信息更具有随机性。显示屏上显示的一帧图像，无论其内容是字符还是图形，实际上都由许多亮度不同或色彩不同的像点所组成。因此，在图形方式显示，在显示过程中需要以像点为单位进行编码。

3. 显示器的显示规格

显示器的显示规格取决于显示设备所支持的显示方式和分辨率两个方面。由于计算机技术的迅速发展，显示器的显示规格在不断地推陈出新，造成显示设备不断地升级换代。近几十年来，先后出现的显示规格有以下几种：

（1）CGA 方式

CGA（Color Graphics Adapter，彩色图形适配器）是为早期的 IBM PC/XT 机配置的，

支持 7 种显示方式,见表 8-1。CGA 的基本原理是,主机生成的显示图像的数字信息,被显卡中的 D/A(数字/模拟)转换器转变为 R,G,B 三原色信号和行、场同步信号,信号通过电缆直接传送到位于显示设备中的相应处理电路,驱动并控制显像管生成人眼能看见的图像。

表 8-1　CGA 方式

方式	类型	分辨率	颜色	方式	类型	分辨率	颜色
0	字符	40 列×25 行	2 色	4	图形	320 点×200 线	4 色
1	字符	40 列×25 行	4 色	5	图形	320 点×200 线	2 色
2	字符	80 列×25 行	2 色	6	图形	620 点×200 线	2 色
3	字符	80 列×25 行	4 色				

(2) EGA 方式

EGA(Enhanced Graphics Adapter,增强型图形适配器)是为早期的 IBM 286 机配置的。除兼容 CGA 的 7 种工作方式外,还新增加了 4 种工作方式,见表 8-2。

表 8-2　EGA 新增的工作方式

方式	类型	分辨率	颜色
D	图形	320 点×200 线	16 色
E	图形	640 点×200 线	16 色
F	图形	640 点×350 线	单色,4 种灰度
10H	图形	640 点×350 线	16 色

以 EGA 为基础,针对中国市场,一些公司推出了汉化的图形适配器,即 CEGA,具有同时显示西文、图形和汉字的功能,另外新增了两种显示规格:

- 字符方式显示,以像点计算分辨率,可达 648×504 像素,允许在 64 色中任选 16 色。
- 图形方式显示,分辨率可达 640×480 像素,同样允许在 64 色中任选 16 色。

(3) VGA 方式

VGA(Video Graphics Array,视频图形阵列)是为高档机型配置的性能更好的彩色图形适配器,与 CGA 和 EGA 均保持兼容,并新增加几种显示规格,见表 8-3。VGA 的性能包括分辨率、显示的颜色数量等都有了明显的提高,可用来显示高质量的、有真实感的图形。因此,VGA 广泛应用于各种微机的 CRT 显示器之中。

表 8-3　VGA 新增的工作方式

方式	类型	分辨率	颜色
11H	图形	640 点×480 线	2 色
12H	图形	640 点×480 线	16 色
13H	图形	320 点×200 线	256 色
	图形	800 点×600 线	256 色

VGA 技术从诞生起,被众多公司不断发展、完善和改进,先后出现以下改进的 VGA 技术。

- SVGA(即 Super VGA),分辨率为 800×600。

- XGA(即 Extended GA),分辨率为 1024×768 像素。
- SXGA(即 Super Extended GA),分辨率为 1280×1024 像素。
- WXGA(即 Wide Extended GA),分辨率为 1280×800 像素。
- WXGA+(即 Wide Extended GA+),分辨率为 1440×900 像素。
- WSXGA+(即 Wide Super Extended GA+),分辨率为 1680×1050 像素。
- UVGA(即 Ultra VGA),分辨率为 1600×1200 像素。
- WUXGA(即 Wide Ultra Extended GA),分辨率为 1920×1200 像素。
- WQXGA(即 Wide Quad Extended GA),分辨率为 2560×1600 像素。

(4) DVI 方式

DVI(Digital Visual Interface,数字显示接口)是专门针对液晶显示设备推出的显示技术。开发 DVI 技术的主要目的是,由于 VGA 方式输出的是模拟信号,如果仍然采用 VGA 方式来连接液晶显示设备,则经过 D/A(数字/模拟)和 A/D(模拟/数字)两次转换之后,将不可避免地造成一些图像细节的损失。DVI 方式有多种规格,分为 DVI-A,DVI-D 和 DVI-I。DVI 的基本原理是:DVI 显卡输出的数字信号,由发送器按照 TMDS 协议[①]编码后,通过 TMDS 通道发送给接收器,经过解码送给数字显示设备,最终由数字显示设备生成人眼能看见的图像。其中,DVI 的传送器是数字信号的来源,通常集成于显卡芯片之中;接收器则是显示器上的一块电路,用来接受数字信号,并将其解码和传递给数字显示电路。

(5) HDMI 方式

HDMI(High Definition Multimedia Interface,高清晰度多媒体接口)是 2002 年 4 月由日立、松下、飞利浦、索尼、汤姆逊、东芝和 Silicon Image7 家公司联合开发的显示技术,支持 5Gbps 的数据传输率和 1920×1080 的高清晰分辨率。与 DVI 相比,HDMI 既可以传输高清晰的视频信号,也可以传送无压缩的数字音频信号,无需在信号传送前进行数/模或者模/数转换。因此,使用 HDMI 的好处是,只需要一条 HDMI 线,便可以同时传送影音信号。目前 HDMI 已在中高端计算机上采用,大多数的高清晰液晶电视也都支持 HDMI 方式。

4. 显示器的组成

CRT 显示器的核心显示器件是阴极射线管,主要由电子枪、视频放大、扫描偏转电路、荧光屏等几部分组成,如图 8-1 所示。

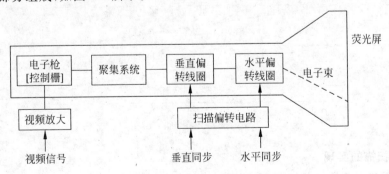

图 8-1 CRT 显示器结构

---

① Transition Minimized Differential Signaling,即最小化传输差分信号。

　　显示器之所以能显示字符或图形,是因为阴极射线管的电子枪所发射的电子流经过聚焦后形成电子束,轰击荧光屏,使屏上所涂的荧光粉发出可见光。

　　电子束的控制过程分为如下两步。

　　首先,视频信号通过视频放大电路加在电子枪的控制栅上,控制栅与阴极之间的电位差必然导致电子枪发射电子流,经过聚焦系统最终形成电子束。

　　然后,垂直同步信号和水平同步信号经过扫描偏转电路,加在垂直偏转线圈和水平偏转线圈,产生两个互相垂直的电磁场。在这两个电磁场控制下,电子束在 X 方向和 Y 方向发生偏转,从而将电子束引向屏幕的相应位置。

8.2.2　光栅扫描成像原理

　　为了控制电子束的偏转或移动,CRT 显示器使用最多的是光栅扫描方式和随机扫描方式。在随机扫描方式中,电子束没有固定的扫描路径,只在需要显示字符或图形的地方扫描,相应的扫描控制信号则随显示内容的变化而变化。随机扫描方式的缺点是扫描电路比较复杂。光栅扫描有固定的格式,不管是否需要显示,都按统一路径全屏幕扫描,相应的控制信号则不随显示画面变化。因此,光栅扫描方式的特点是扫描电路比较简单。目前,随机描述方式只用于图形显示,而光栅扫描因控制简单,被广泛用于字符显示和图形显示器之中。

1．光栅的形成

　　在光栅扫描方式中,电子束从荧光屏的左上角开始,沿着稍稍倾斜的水平方向匀速地向右扫描,到达屏幕右端后迅速水平回扫到左端下一行位置,又从左向右匀速地扫描。这样一行一行地扫描,直到屏幕最后一行的右端。然后又垂直回归,返回屏幕左上角,重复前面的扫描过程。经过电子束如此反复地从左至右、自上而下的全屏幕扫描,便在荧光屏上形成一条一条的垂直分布于整个屏幕的水平扫描线,如图 8-2 所示。这些扫描线称为光栅,代表电子束在屏幕上的运动轨迹。水平回扫和垂直回扫时,荧光屏上不出现亮线,CRT 处于消隐(blank)状态,如图中虚线所示。

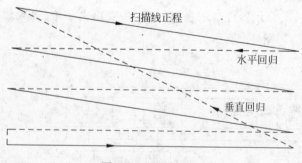

图 8-2　光栅的形成

2．光栅扫描的实现

　　为了实现有规律的光栅扫描,必须通过电磁场的变化来控制电子束,既做水平方向的运动,又做垂直方向的运动。因此,需要在 CRT 的水平偏转线圈和垂直偏转线圈中,分别接通按不同频率作线性变化的锯齿波电流或电压,如图 8-3 所示。水平方向的锯齿波扫描电流引起的电磁场变化控制电子束的运动,形成水平扫描线,称为行扫描;垂直方向的锯齿波扫描电流引起的电磁场变化,造成扫描线的垂直移动,称为场扫描。这些锯齿电流是由控制器送来的水平同步和垂直同步信号触发扫描偏转电路中的锯齿波发生器产生的。

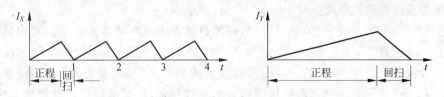

图 8-3　锯齿波扫描电流

在场扫描的一个垂直周期中,行扫描扫完一帧,行扫描与场扫描频率之比正好是一帧所完成的扫描线的条数。例如,每帧扫描 625 线,则有关系式:

$$f_x = 625 f_y$$

其中:f_x 代表行扫描频率;f_y 代表场扫描频率。

光的亮度要随时间衰减,为了在屏幕上得到稳定的不闪烁的图像,要求一帧画面每秒钟内必须至少反复显示 25 次以上,即帧频应该不低于 25Hz。

光栅扫描可以采用逐行扫描或隔行扫描方法。在逐行扫描中,一帧图像的 625 条光栅只需一遍就能扫描完。如果把扫描一遍称为一场,则逐行扫描的场频和帧频是相等的。而在隔行扫描中,需要将一幅图像的扫描分两遍完成,第一遍扫描一帧图像的所有奇数行光栅,第二遍则扫描所有偶数行光栅。显然,隔行扫描的场频是帧频的两倍。

目前,显示器一般采用逐行扫描方法,通常要求场频(帧频)为 75Hz 或更高,使显示的画面更稳定,对眼睛视力伤害更轻。

3. 一帧画面的组成

一帧画面是由若干条水平扫描线(即光栅)组成的。这些扫描线在垂直的场扫描控制下均匀地、自上而下地分布于整个画面。每条扫描线由若干像点组成。每一个像点位置和亮度,由视频信号、垂直同步信号和水平同步信号决定。

如果图面是黑白的,则视频信号可直接控制像点明暗。例如,当视频信号为"1"时,电子枪发射电子束,使像点发亮;当信号为"0"时,电子枪不发射电子束,使像点变暗。

如果画面是彩色的,则根据三基色原理来控制显示。首先在显示头中设置 3 套视频放大电路和 3 个电子枪。3 套视频放大电路分别对代表红、绿、蓝三基色的视频信号(R,G,B)和加亮信号 I 进行放大处理。3 个电子枪分别根据 3 套视频放大电路的输出,发射能产生红、绿、蓝 3 种基色的电子束。相应地,荧光屏上的每一个像点由能发出红、绿、蓝的荧光粉小点组成。当电子束轰击对应的荧光粉小点时,荧光屏上的像点便出现红、绿、蓝三基色合成的颜色。例如,IRGB 为 0100,对应像点便成为红色;若为 1100,像点变成淡红色;若为 0010,像点变成绿色;若为 1010,像点变成淡绿色;以此类推。用一位代码表示的 I,R,G,B,能组合成 16 种颜色。若要合成更多的颜色,则使用若干位代码来分别表示 I,R,G,B 即可。

总之,像点是组成一帧画面的基本单位,像点的 IRGB 代码以及垂直与水平同步信号的编码组合,构成了一帧画面的基本数据内容。

8.2.3　字符方式与同步控制

1. 字符点阵图形的形成

无论是西文字符、中文字符，还是图形，计算机都使用点阵结构来表示。常用的字符点阵结构有 5×7 点阵、5×8 点阵、7×9 点阵等。所谓 5×7 点阵，表示每个字符由横向 5 个点、纵向 7 个点，共 35 个点组成。其中，需要显示的部分为亮点，用 1 表示；不需要显示的部分为暗点，用 0 表示。字符点阵结构所包含的点数越多，所显示的字迹越清晰。例如，使用 5×8 点阵结构来表示字符"N"，点阵编码如图 8-4 所示。

在 CRT 显示器中，用来产生字符点阵代码的器件称为字符发生器。例如，Apple-1 所用的 2513 芯片就是字符发生器的典型代表，采用 5×8 点阵，能产生 64 种字符的点阵信息。

2513 芯片的逻辑框图如图 8-5 所示。其芯片的核心是一个 ROM，用来存放每个字符的点阵代码，一行代码占一个存储单元，因此一个字符的点阵代码占 8 个存储单元，每个单元 5 位，总共 64×8＝512 个存储单元。

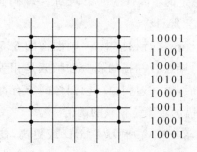

图 8-4　"N"的点阵结构

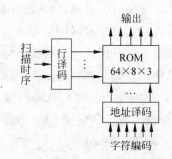

图 8-5　2513 字符串发生器的逻辑组成

64 个字符以各自编码的 6 位作为字符发生器的高位地址。当需要在屏幕上显示某个字符时，根据该字符的 6 位编码访问 ROM，选中这个字符的点阵。该字符的点阵信息是按行输出的，并且要与电子束的扫描保持同步。因此，CRT 控制器提供的扫描时序作为字符发生器的低 3 位地址，经译码后依次取出字符点阵的 8 行代码。

例如，当已知字符 N 的 6 位编码（如 ASCII 编码）时，以这 6 位编码作为高位地址访问 ROM，选中字符 N 的点阵代码。当扫描时序为 000 时，字符发生器输出该点阵图形的第一行代码，在荧光屏上形成第一条光栅；扫描时序为 001 时，字符发生器输出该点阵图形的第二行代码，在荧光屏上形成第二条光栅……直到扫描时序为 111，形成最后一条光栅时，字符 N 的 8 行代码全部输出完毕。

在显示屏上，实际上是一行字符一行字符地显示的。根据光栅扫描原理，在显示字符时，不能对每个字符单独进行点阵扫描，只能对同一行的所有字符的点阵进行光栅扫描。例如，如果想一行显示 ABCD…T，那么当电子束扫描该行字符的第一条光栅时，显示电路必须根据这些字符的编码从字符发生器中依次取出它们的第一行点阵代码，在荧光屏上形成第一条扫描线，显示这些字符的第一行点阵；然后再扫描下一条光栅，依次取出这些字符的第二行点阵代码，在荧光屏上形成第二条扫描线，显示这些字符的第二行点阵……以此类推，直到扫描完该字符行的全部光栅，荧光屏上完成一行字符的显示。当显示下一行字符时，重复上述的扫描过程。

为了使屏幕上的字符显示便于辨认,同一行显示的各字符之间要留出若干像点的间隔,这些点是消隐的;在不同行之间也要要留出若干扫描线的间隔,这些扫描线是消隐的。例如,微机显示屏通常采用 7×9 点阵结构,而实际上一个字符所占的屏幕区域为 9×14 点阵,其中字符之间有 2 个消隐点作横向间隔,上下行之间有 5 条消隐线作纵向间隔。

2. 显存的内容与地址组织

通过设置显存 VRAM(Video RAM),一方面 CPU 将程序的最终运行结果写入显存,当需要更新屏幕的显示时,CPU 刷新 VRAM 的内容即可;另一方面 CRT 控制器将显存的内容同步地送往显示屏。

(1) 显存的内容

在显存中保存的信息有两种,包括显示内容和属性内容。其中,显示内容就是所要显示的字符编码信息,或者图像的像点信息;属性内容就是有关字符显示的属性信息。

在使用字符方式显示时,必须将一帧待显示的字符的编码完整地存放到显存之中(这个显存称为字符缓存)。一个字符的编码占缓存的一个字节。字符缓存的最小容量是由显示屏幕的显示规格决定的。例如,如果一帧字符的显示规格为 25 行×80 列,则显存的最小容量是 2KB。显存的容量也可以大于一帧字符数,这样可同时存放几帧的字符编码,并且可以通过控制显存的指针在屏幕上实现“硬件滚动翻页”。

有时候,还希望字符在屏幕上富有特色,例如能够闪烁、具有下划线和不同颜色等,我们称这些特色为字符的显示属性。如果每个字符的显示属性用一个字节的编码来表示,那么为了保存显示属性,需要设置一个与字符缓存容量相同的存储器,这个存储器称为属性缓存。例如,如果字符缓存容量为 2KB,则相应的属性缓存容量也应该为 2KB。

图 8-6 展示了在黑白显示和彩色显示下的显示属性编码方案。

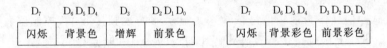

图 8-6 显示属性编码

可见,分辨率、颜色数与显存容量密切相关。对于字符显示方式来说,分辨率可表示为 C 列×L 行,而一个字符的编码与属性、颜色数共 n 字节,则显存的总容量应不少于 $C×L×n$ 字节。

注意,一台显示器可显示的字符种类与字符点阵规格,决定于字符发生器 ROM 的容量大小,而显存的容量与此无关。

(2) 显存的地址组织

显存的各存储单元地址可以统一编排,例如根据屏幕显示的行号和列号进行编址,其中行号对应地址的高位,列号对应地址的低位。这样,各单元的地址随着屏幕由左向右,自上而下的显示顺序从低向高安排;屏幕上各个位置上显示的字符直接存放在对应的地址单元中。例如,0000H 单元存放的字符显示在屏幕第一排左边第一个位置上,0001H 单元存放的字符将显示在屏幕第一排左边第二个位置上,0100H 单元存放的字符将显示在屏幕第二排左边第一个位置上,0101H 单元存放的字符将显示在屏幕第二排左边第二个位置上,依次类推,最后一个单元存放的字符显示在屏幕最后一排右边末一个位置上。缓存地址安排与屏幕位置的对应关系如图 8-7 所示。

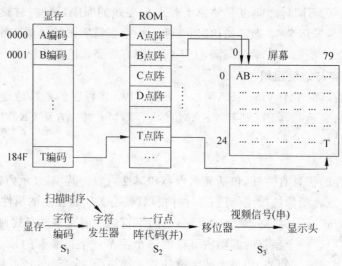

图 8-7　显存地址与屏幕位置的对应关系

3. 字符显示的信息转换

由图 8-7 可知,在字符方式下,一帧字符从 CPU 送入显存开始直到出现在屏幕上,必须经过下述转换过程。

S_1:存放显存中的字符编码送入字符发生器地址端的高端,CRT 控制器提供的扫描时序同时也送入字符发生器的低端。

S_2:从字符发生器的 ROM 之中取出字符的一行点阵代码,并行输出后送入移位寄存器转换为串行的点脉冲信号。

S_3:将点脉冲信号作为视频信号依次送入显示器的视频接收端,控制屏幕上像点的亮度,在相应的扫描线上形成与该行点阵代码相对应的亮点和暗点。

重复上述过程,屏幕上将出现一帧字符的图像。

注意,在转换过程中,视频的输出必须与电子束扫描同步,才能使字符正确地显示在屏幕指定的位置上。

4. 字符方式的同步控制

在字符显示过程中,行、场扫描和视频信号的发送在时间上必须完全同步,即当电子束扫描到某字符的位置时,相应的视频信号必须同时输出。为此,可在显示器控制器中设置几个计数器,包括点计数器、字符计数器、线计数器、行计数器,对显示器的主频脉冲进行分频,产生各种时序信号,以控制对显存的访问、对 CRT 的水平扫描和垂直扫描,以及视频信号的产生等。

下面以微机为例,说明使用各计数器来实现同步控制的工作机制。微机的最常用的显示规格为:每帧显示 25 行×80 列,字符点阵 7×9,字符区间 9×14,即一行显示 80 个字符,共显示 25 行字符,每行字符由 9 条扫描线组成,行间隔 5 条扫描线。

(1) 点计数器

点计数器的作用是对一个字符的一行点进行计数,以保证每一次计数循环能够刚好将一个字符位于一根扫描线上的点阵代码输出。

在显示一个字符时,首先从显存中读出其编码,然后与扫描时序(扫描线序号)一起,同时输入字符发生器,再从中读出同一根扫描线上的 7 位点阵代码。由于显示头一次只能在屏幕上显示一个像点,因此必须在点计数器的控制下,依次显示该字符的横向 7 个像点。

由于每个字符点阵横向为 7 个点,间隔 2 个点。每计数 9 个点,计数器状态回到 0,完成一次计数循环。因此,一次点计数循环,访问一次显存 VRAM 和 ROM,点计数器的分频关系为 9∶1。

(2) 字符计数器

字符计数器的作用是对一帧的字符列进行计数,以保证每一次计数循环,能够刚好将一根扫描线上的各字符的点阵代码输出。

每显示一个字符,即点计数器每计数循环一次,字符计数器就计数一次。X 锯齿波的充电过程导致一次正程扫描,而一行水平扫描线包含 80 个字符的显示区间。X 锯齿波的放电过程导致一次回扫,而回扫期间应该消隐,不显示。在水平扫描中,同一水平扫描线的左右边缘部分的线性度可能不佳,也需要消隐。假设这些需要消隐的区段折合为 L 个字符位置(L 的值与显示头技术有关),则字符计数器每计数 80+L 次,即完成一次计数循环。因此,字符计数器的分频关系为(80+L)∶1。

字符计数器的字符计数值提供显存 VRAM 的列地址(低位地址)。一次计数循环发送一次水平同步信号。

(3) 线计数器

线计数器的作用是对一行字符的扫描线计数,以保证每一次计数循环,能够刚好在屏幕上完成同一行显示字符的各扫描线的生成。

每完成一次水平扫描,即字符计数器每计数循环一次,线计数器计数一次。一行字符点 9 条水平扫描线,间隔 5 条线。线计数器每计数 14 次,完成一次计数循环。因此,线计数器的分频关系为 14∶1。线计数器的计数值提供 ROM 的低位地址。

在线计数器的 14 次计数中,前 9 次控制字符扫描线的产生,后 5 次控制消隐。但是,如果要设置光标来指示下一个显示位置,则光标在第 10~14 次计数时显示。

(4) 行计数器

行计数器的作用是对一帧的字符行计数,以确保每一次计数循环能够刚好将一帧 25 行字符全部显示。

每显示完一行字符,即线计数器每计数循环一次,行计数器计数一次。Y 锯齿波的充电过程导致一次自上而下的正程扫描,可以显示 25 行字符。Y 锯齿波的放电过程导致一次垂直回归,需要消隐。同时,屏幕上下边缘部分的线性度可能不佳,也需要消隐。假设这些需要消隐的区段折合为 R 行字符(R 的值与显示头技术有关),则行计数器每计数 25+R 次,完成一个计数循环。因此,行计数器的分频关系为(25+R)∶1。一次行计数循环,发送一次垂直同步信号。行计数器的计数值提供显示 VRAM 的行地址(高地址)。

以上各计数器与屏幕扫描之间的对应关系如图 8-8 所示。

8.2.4 图形方式与同步控制

1. 图形方式的显存

在使用图形方式显示时,无论显示的是几何图形、任意曲线图形,还是汉字或字符,都必

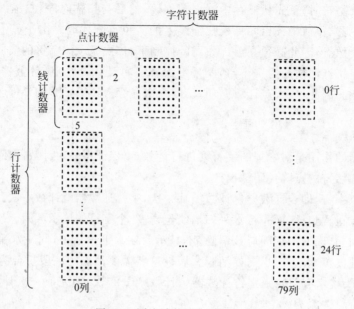

图 8-8　同步计数器与屏幕扫描

须预先将一帧的所有像点信息存放于显存之中。需要特别指出的是,在图形方式下字符的点阵是以位图的形式直接存放在显存之中,因此不但不需要字符发生器,而且还能将字符以像素为单位在屏幕的任意位置上显示。这一点与字符方式是不同的。

在图形显示方式中,由于每一个像点信息包含了对灰度级或三基色的组合编码,因此显存容量不仅取决于屏幕分辨率的高低,还与显示的颜色种类有关。如果分辨率为 $C \times L$ 列,而每个像素的颜色数用 n 位二进制代码表示,则显存容量应不少于 $C \times L \times n$ 位。

例如,在单色显示(即黑白显示)时,每个像点只用一位二进制代码来表示(即用 1 表示白色或亮,用 0 表示黑色或暗),一个字节可以表示 8 个像点。当分辨率为 640×200 像素时,至少需要一个 16KB 的显存来存放一帧的像点信息。

在彩色显示或单色多灰度级时,每个像点需要使用若干位二进制代码表示。例如,使用 32 位二进制代码表示一个像点,此时每个点能选择的颜色种类达 2^{32},若分辨率为 1280×1024 像素,则至少需要一个 5MB 的显存才能存放一帧的像点信息。

2. 图形方式的信息转换

图形显示时,因为显存中存放的是像点信息,因此转换比较简单。由缓存取出一个字节或字的像点信息直接送入移位寄存器,在点频的控制下进行移位,以串行方式输出与扫描同步的视频信号,用以控制屏幕上显示相应的图形像点,如图 8-9 所示。

3. 图形方式的同步控制

在彩色图形显示器中,经常采用彩色位平面的存储结构表示颜色信息。每个彩色位平面由单一位组成,表示屏幕上某一种可以显示的颜色。例如,分辨率为 640×480 像素,每个彩色位平面包含 640×480 位=37.5KB 的二进制代码。当需要同时显示 16 种颜色时,必须使用 4 位二进制代码来表示颜色,因此具有 4 个彩色位平面。显存的总容量=$640 \times 480 \times 4$ 位=150KB。

从屏幕显示角度,每一行由 4 个彩色位平面中的 80 个字节来表示($640 \div 8 = 80$)。屏幕

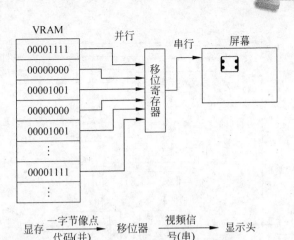

图 8-9 图形方式的信息转换

上的一个彩色像素点,要用来自每个位平面的相同位置的一个存储位表示。

根据上述对应关系,在 CRT 显示器控制器中必须设置以下计数器,包括点计数器、字节计数器和线计数器,对显示器的主频脉冲进行分频,产生各种时序信号,以控制对显存的访问、对 CRT 的水平扫描和垂直扫描,以及视频信号的产生等。

(1) 点计数器

图形以像素为单位,在显存中以字节为单位按地址存储,即将一条水平线上自左向右每 8 个点的代码作为一个字节,存放在一个地址单元中。因此点计数器的分频关系为 8:1。

点脉冲经点计数器分频之后产生字节脉冲,每发一次字节脉冲就访问一次显存,从 4 个位平面中各读出一个字节(8 个点),送往移位寄存器,再串行输出形成亮度信号与红、绿、蓝三基色信号,它们的组成决定 16 种颜色中的一种。若用于单色显示器,则将 4 位代码转换为 16 级亮度调节信号,用于控制像素的灰度。

(2) 字节计数器

字节计数器又称列计数器,分频关系为(80+L):1。计数值从 0 到 80,光栅从左向右扫描一行,正程显示 80 个字节(即 640 个点)。字节计数器所附加的 L 次计数,作为逆程回扫时间。逆程回扫时,应当消隐。

(3) 线计数器

线计数器又称行计数器,分频关系为(480+M):1。计数值为 0~480,对应于场正程扫描,显示 480 线。附加 M 次计数,对应于场逆程回扫。逆程回扫时,应当消隐。

可见,线计数器与字节计数器的计数值共同决定了屏幕当前显示位置(8 点为一组),相应的显存的地址为:行号×80+列号。按该地址同时访问 4 个位平面,取出 4 个字节的图形代码。字节计数一个循环,输出一个水平同步信号(行扫描);线计数一个循环,输出一个垂直同步信号(场扫描)。这就使对显存的访问与 CRT 的扫描严格同步,能够获得稳定的显示画面。彩色 CRT 控制逻辑框图如图 8-10 所示。

8.2.5 显示适配器

1. 显示适配器的概述

显示适配器(Video Adapter)又称为显示接口卡,简称显卡。它是主机与显示器之间连

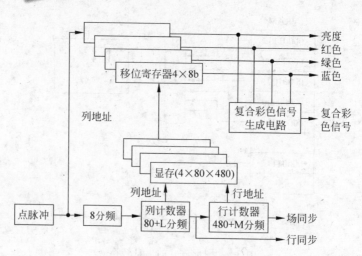

图 8-10   彩色 CRT 控制逻辑框图

接的"桥梁",用来控制计算机的图形输出,负责将 CPU 输出的数字信息转换成模拟信息,再送到显示器形成图像。

根据主机的 I/O 总线,显卡分为 ISA 显卡、PCI 显卡、AGP 显卡等类型。其中,ISA 显卡、PCI 显卡已经被淘汰,目前常见的是 AGP 显卡。

目前,显卡通常采用集成化设计,把大多数的功能逻辑都封装到一个芯片组中,由于显卡芯片组的研发厂商主要有两大公司——NVIDIA 和 ATI 公司,因此,显卡也经常以这两个公司所推出的芯片组的名称进行分类,例如 NVIDIA TNT 系列显卡、NVIDIA GeForce 系列显卡、ATI RADEON 系列显示等。图 8-11 展示了一个 NVIDIA GeForce GT220 显卡。

图 8-11   NVIDIA GeForce GT220 显卡

2. 显示适配器的逻辑组成

完整的显示适配器主要由 CRT 控制器芯片、显存、字符发生器、视频信号处理逻辑等几部分组成,如图 8-12 所示。

(1) CRT 控制器芯片

CRT 控制器芯片是显示适配器的核心,它包含了与 CPU 连接的接口控制逻辑、若干数据寄存器和多个同步计数器(不包括点计数器)。例如,早期微机使用 MC6845 的控制器芯

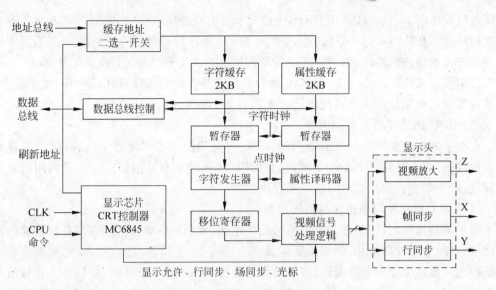

图 8-12 显示适配器的内部逻辑

片,内置了 18 个寄存器,具体见下述所列。

- 水平定时发生器 $R_0 \sim R_3$
- 垂直定时发生器 $R_4 \sim R_7$
- 光栅扫描方式寄存器 R_8
- 光栅地址发生器 R_9
- 光标逻辑 R_{10},R_{11},R_{14} 和 R_{15}
- VRAM 刷新地址 R_{12},R_{13}
- 光笔逻辑 R_{16},R_{17}

这些寄存器可由 CPU 编程设置,据此决定同步计数器的分频关系,产生 VRAM 地址与各种控制信号。以水平定时发生器为例,R_0 中存放水平总字符数,R_1 存放每行可显示的字符数,R_2 存放的信息决定以字符为单位的水平同步位置(即字符计数器计数到何时发水平同步信号),R_3 存放的信息决定以字符为单位的水平同步脉冲宽度。

(2) 显存 VRAM

显存 VRAM 分为字符缓存和属性缓存两个存储体,统一编址。当 CPU 向 VRAM 写入显示内容时,由 CPU 向适配器送出其地址,当适配卡从 VRAM 中读取显示信息时,由显示器控制器 CRTC 产生地址。

(3) 视频信号处理逻辑

送入视频信号处理逻辑的有:反映字符点阵的代码(以串行方式逐位送入)、显示属性代码、水平同步、垂直同步和光标信息。经综合处理后,来源于 CPU 的数字信号被转换为显示头能识别的模拟信号,送往显示器的显示头的信号有:视频信号、加亮信号、行同步和场同步信号。

3. 显示适配器的工作过程

(1) CRT 控制器的初始化

以微机为例,在启动显示系统之前,需要先对 CRT 控制器进行实始化,检查缓存容器。

可以通过软中断 INT 10H 调用 BIOS 中的显示器驱动程序,对芯片内部 MC6845 各寄存器设置初始值。在执行 INT 10H 之前,先向 CPU 的 AH 寄存器写入功能码 0,表示将完成设置显示方式的操作。同时,向 AL 寄存器写入显示方式代码。例如,AL=0 为 25 行×40 列的黑白字符方式;AL=1 为 25 行×40 列的彩色字符方式等。注意,CGA,EGA 以及 VGA等显示规格所规定的显示方式代码见表 8-1、表 8-2 和表 8-3。

(2) CPU 向显存写入显示内容

在水平回扫和垂直回扫等消隐期间,CPU 可使用中断方式将显示内容(包括字符编码和属性代码)送入显存(VRAM)。此时,由 CPU 提供地址和显示信息。由于利用的是消隐期间,因此不影响正程扫描时的访问缓存操作。

(3) CRT 控制器同步访存与扫描控制

在正程扫描期间,控制器芯片内部的相关电路,不断地将寄存器内容与各计数器的值进行比较,产生有关控制信号,例如读显存、地址、行同步、场同步、显示允许、光标等信号。周而复始地从显存中读出字符编码,经字符发生器转换为字符点阵代码,串行送入视频信号处理逻辑。视频信号处理逻辑输出视频信号,送显示头,经视频放大后送到阴极射线管(CRT)的控制栅极,发射电子束。与此同时,显示器控制器产生的行同步信号和场同步信号,视频信号处理逻辑产生水平同步信号和垂直同步信号,也送入显示头;再经扫描偏转电路,分别产生 X 锯齿波和 Y 锯齿波,由此控制屏幕扫描。

8.3　磁盘存储器

磁盘是计算机系统中重要的外存储器。CPU 运行所需要的程序、数据以及结果往往都要存储到磁盘中。磁盘存储系统由硬件和软件两部分组成。其中,硬件包括盘片、磁盘驱动器、磁盘控制器与接口等。软件包括磁盘驱动程序、磁盘控制程序、操作系统中的文件系统以及用户界面(例如,Windows XP 的资源管理器窗口)等。本节将从硬件角度,详细介绍有关磁盘的存储原理以及各硬件部件的工作机制。

8.3.1　磁盘存储器概述

1. 磁盘的分类

根据盘片与磁盘驱动器是否分离,磁盘可分为软盘和硬盘两大类。其中,软盘采用分离原则,把盘片与驱动器独立设计。硬盘则把盘片密封、组装于驱动器之中,不进行分离。组装计算机时,无论是软盘驱动器还是硬盘驱动器,通常都需要安装在主机箱之中。使用时,软盘插入软盘驱动器,使用之后再取出,可带走。因此,软盘又称为可移动的磁盘;相对应的,硬盘又称为固定的磁盘。注意,由于存储容量比较小,目前软盘基本上已经被淘汰了。

根据盘片的直径尺寸,磁盘又分为 5.25 英寸磁盘、3.5 英寸磁盘、2.5 英寸磁盘等。其中,软盘通常包括 5.25 英寸和 3.5 英寸两种。硬盘包括 3.5 英寸和 2.5 英寸两种。3.5 英寸的硬盘一般用于台式计算机,2.5 英寸的硬盘一般用于笔记本计算机。

根据所连接的接口,磁盘可分为 IDE 磁盘、SCSI 磁盘、SATA 磁盘以及 USB 磁盘等。

其中,IDE(Integrated Drive Electronics)接口,又称 ATA(Advanced Technology Attachment)接口,是由 Western Digital 与 COMPAQ 两家公司所共同开发的。IDE 的目

标是希望通过将硬盘控制器与盘片集成于一体,减少硬盘接口的电缆数目与长度,增强数据传输的可靠性。

SCSI(Small Computer System Interface,小型计算机系统接口)是一种广泛应用于小型机上的高速数据传输技术,它并不是专门为硬盘设计的接口。SCSI 接口具有应用范围广、多任务、带宽大、CPU 占用率低以及热插拔等优点,但价格较高。SCSI 硬盘也主要应用于中、高端服务器和高档工作站之中。

SATA(Serial ATA)硬盘,又叫串口硬盘,是目前 PC 机硬盘的主流技术。SATA 是由 Intel、Dell、IBM、希捷、迈拓等厂商于 2001 年联合制定的数据传输新技术,采用串行连接方式,具备比 IDE 更强的纠错能力。SATA 的数据传送速率更快,结构更简单,且支持热插拔。

2. 磁盘性能指标

无论是软盘还是硬盘,其性能指标包括以下几个方面。

(1) 磁盘容量

存储容量是磁盘的一项重要技术指标,一般分为非格式化容量和格式化容量。

① 非格式化容量。

$$非格式化容量＝面数×(道数/面)×内圈周长×最大位密度$$

其中,位密度是指沿磁道圆周,单位距离可记录的位数。磁盘外圈的位密度小于内圈。最大位密度就是最内圈磁道的位密度。非格式化容量表明一个磁盘所能存储的总位数,包括有效数据和格式信息。

② 格式化容量。

$$格式化容量＝面数×(道数/面)×(扇区数/道)×(字节数/扇区)$$

格式化容量是除去各种格式信息之后的可用的有效容量,大约是非格式化容量的 2/3。例如,3.5 英寸的双面高密度软盘的格式化容量为:

$$容量＝2 面×80 道/面×18 扇区/道×512B/扇区＝1.44MB$$

提高磁盘容量的最有效手段是降低磁道宽度,通过提高道密度来增加记录密度。例如,希捷公司通过提高道密度,使磁盘的记录密度达到了 $421Gb/in^2$,使 3.5 英寸的硬盘容量达到了 2.5TB。

(2) 工作速度

与内存不同,磁盘的存取时间与信息所在磁道、扇区的位置有关。因此,其工作速度可使用以下几个参数来表示。

① 平均寻道时间或平均定位时间。

启动磁盘后,首先寻道,即将磁头直接定位于目的磁道上。每次启动后,磁头首先定位于 0 磁道,并以此为基准开始寻道。如果目的磁道就是 0 道,显示磁头不需要移动,如果目的磁道是最内圈,则所需时间最长。因此,寻道时间是一个不确定的值,只能用平均寻道时间来衡量。

② 平均旋转延迟时间或平均等待时间。

成功寻道之后,还需要寻找扇区。此时磁头不动,盘片在旋转电机的驱动下旋转。如果所要寻找的扇区就在寻道完成时磁头下方,则不需要等待;如果所要寻找的扇区是最后一个扇区,则需要等待盘片旋转一周的时间才能进行读/写操作。因此,只能使用平均旋转延迟时间来衡量在寻道成功之后还需要等待多久才能进行读/写操作。

为了降低平均旋转延迟时间,最有效的手段就是提高驱动器旋转电机的转速(单位,转/分,即 r/m)。例如,IDE 硬盘的转速分为 5400r/m 和 7200r/m 两种,SATA 硬盘的转速分为 7200r/m 和 10 000r/m 两种,而 SCSI 硬盘的转速最高可达 15 000r/m。

③ 数据传输率。

寻找到扇区后,磁头开始连续地读/写,以 DMA 方式,从主存获得数据,写入磁盘;或者从磁盘中读出数据,送往主存。因此,数据传输率是衡量磁盘驱动器的读/写速度的可靠指标。

提升数据传输率是硬盘技术的主要发展目标之一。例如,IDE 接口从最初的 ATA-1 的 3.3MB/s,历经 7 代发展,包括 ATA-1、ATA-2、ATA-3、Ultra ATA/33、Ultra ATA/66、Ultra ATA/100、Ultra ATA/133。如今,Ultra ATA/133 的数据传输率已达 133MB/s。SATA 是专门为克服 IDE 的不足而诞生的新技术,目前已经制定了三个标准,其中 SATA 1.0 的数据传输率为 150MB/s,SATA 2.0 的数据传输率为 300MB/s,SATA 3.0 的数据传输率为 600MB/s。

上述 3 个指标分别反映了磁盘 3 个工作阶段的速度。用户启动磁盘后,等待多久才能开始真正进行读/写操作,取决于前两项指标。此时,允许 CPU 继续访问主存,执行自己的程序。开始连续读/写后,因为磁盘通常以 DMA 方式与主机交换数据,因此 CPU 在此时不能访问主存,但可以继续执行已经通过预取而存储在高速缓存中的指令。

8.3.2　磁盘存储原理

1. 磁盘的基体与磁层

磁盘是一种磁表面存储器。用来记录信息的介质是一层非常薄的磁性材料,它需要依附在具有一定机械强度的基体上。根据不同的需要,基体可分为软、硬基体两类。

(1) 软基体与磁层

软盘只由一张盘片组成。在工作时,由于盘片与磁头会接触,为了减少磁头磨损,软盘以软质聚酯塑料薄片为基体。软盘的磁层只有 $1\mu m$ 厚,是一种混合材料均匀地涂在基体上加工而成的。这种混合材料由具有矩磁特性的氧化铁微粒加入少量钴,再用树脂粘合剂混合而成的。

(2) 硬质基体与磁层

硬盘可以包含多张盘片,其运行方式对基体与磁层要求很高,一般采用铝合金硬质盘片作为基体。为了进一步提高盘片的光洁度和硬度,通常硬盘的基体采用工程塑料、陶瓷、玻璃等材料,如图 8-13 所示。

硬盘采用电镀工艺在盘上形成一个很薄的磁层,所采用的材料是具有矩磁特性的铁镍钴合金。电镀形成的磁层属于连续非颗粒材料,称为薄膜介质。磁层厚度约 $0.1\sim0.2\mu m$,为了增加抗磨性和抗腐蚀性,在盘体上面再镀一层保护层。

图 8-13　硬盘的盘片与磁头

在最新的硬盘中,采用了溅射工艺形成薄膜磁层,即用离子撞击阴极,使阴极处的磁性材料原子淀积为磁性薄膜。此工艺生产的硬盘优于镀膜工艺生产的硬盘。

为了增加读出信号的幅度,在选用磁性材料时,最好选剩磁感应强度 B_T 比较大的磁性材料。但 B_T 过大,磁化状态翻转时间增大,这样会影响记录信息的密度。为了提高记录密度,要求磁层尽量薄,以减少磁化所需的时间。当然,磁层薄又使磁通变化量 $\Delta\Phi$ 减少,使读出的信号幅度小。这就有了高性能的读出放大器。

此外,要求磁层内部应该无缺陷,表面组织致密、光滑、平整,磁层厚薄均匀,无污染,同时对环境温度不敏感,工作性能稳定。

2. 磁头的读/写

磁头是实现读/写操作的关键元件,通常由高导磁材料构成,在上面绕有线圈。由一个线圈兼做写入/读出,或分别设置读/写磁头。写入时,将脉冲代码以磁化电流形式加入磁头线圈,使介质产生相应的磁化状态,即电磁转换。读出时,磁层中的磁化翻转使磁头的读出线圈产生感应信号,即磁电转换。读/写过程如图 8-14 所示。

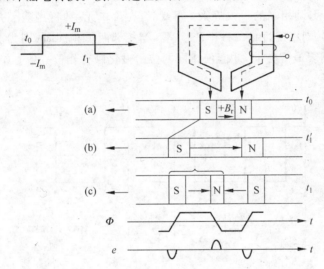

图 8-14 磁头读/写过程示意图

(1) 写入

在 $t=t_0$ 时,若磁头线圈中流过正向电流 $+I_m$,则磁头下方将出现一个与之对应的磁化区。磁通进入磁层的一侧为 S 极,离开磁层的一侧为 N 极。如果磁化电流足够大,S 极与 N 极之间被磁化到正向磁饱和,以后将留下剩磁 $+B_r$。由于磁层是矩磁材料,剩磁 B_r 的大小与饱和磁感应强度 B_m 相差不大。

从 t_0 到 t_1,由于记录磁层向左运动,而磁化电流维持 $+I_m$ 不变,相应地出现图 8-14(b)所示的磁化状态。即 S 极左移一段距离 ΔL,而 N 极仍位于磁头作用区右侧不变。

当 $t=t_1$ 时,磁化电流改变为 $-I_m$,相应地磁层中的磁化状态也出现翻转,如图 8-14(c)所示。移离磁头作用区的 S 极以及一段 $+B_r$ 区,维持原来磁化状态不变。而磁头作用区下出现新的磁化区,左侧为 N 极,右侧为 S 极,N 极与 S 极之间是负向磁饱和区 $-B_r$。

这样,在记录磁层中留下一个对应于 $t_0 \rightarrow t_1$ 的位单元,它的起始处与结束处两侧各有一个磁化状态的转变区。

（2）读出

读出时，磁头线圈不加磁化电流。当磁头经过已经磁化的记录磁层时，如果对着磁头的区域中存在磁化状态的转变区（例如由正向变为负向饱和，或由负向饱和变为正向饱和），则磁头铁芯中的磁通必定发生变化，于是产生感应电势，即为读出信号。感应电势的方向取决于记录磁层转变区的方向（$-B_r$ 变为 $+B_r$，或者 $+B_r$ 变为 $-B_r$），幅值大小与 B_r 值有关。如果记录磁层中没有变化，维护一种剩磁状态，则磁头经过时，磁通不会变化，也就没有读出信号。

3. 磁记录方式

磁记录方式就是采用哪种磁状态变换规律，来完成 0 和 1 的编码。目前，磁记录方式有多种，包括归零制（RZ）、不归零制（NRZ）、调相制、调频制、群码制等。其中，前两种及其改进方式主要用于磁带存储，后三种及其改进方式主要用于磁盘存储。下面重点介绍调相制和调频制的写入规则。

（1）调相制（相位编制 PM，相位编码 PE）

如图 8-15 所示，调相制的写入规则：写 0 时，在位单元中间位置让写入电流负跳变，由 $+I \rightarrow -I$；写 1 时，则相反，由 $-I \rightarrow +I$。可见，当相邻两位相同时（同为 1，或同为 0），两位交界处写入电流需要改变方向，才能使相同两位的磁化翻转相位一致；如相邻两位不相同，则交界处没有翻转。

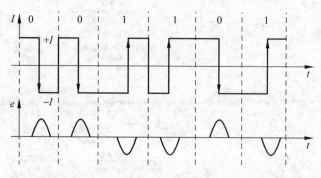

图 8-15　调相制

在这样的写入电流作用下，记录磁层中每个位单元中都有一个磁化翻转，只是 0 和 1 的翻转方向不同，即相位不同，所以称为相位编码。

（2）调频制（FM）

如图 8-16 所示，调频制的写入规则是：每个位单元起始处，写入电流都改变一次方向，留下一个转变区，作为本位的同步信号；在位单元中间记录数据信息，如果写入 0，则位单元中间不变，如果是 1，则写入电流改变一次方向。

可见，写 0 时每个位单元只变一次，写入 1 时，每个位单元变化两次，即用变化频率的不同来区分 0 和 1，所以称为调频制（FM）。因为写入 1 的频率是写 0 的两倍，故又称倍频制或双频制（DM）。

调频制广泛用于早期的磁盘机中，是磁盘记录方式的基础。

（3）改进型调频制（MFM，简写为 M^2F）

为了能够有效提高记录密度，可以采取位间相关型编码方法，对调频制进行改进。如

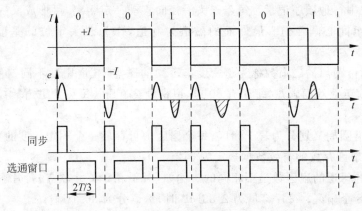

图 8-16 调频制

图 8-17 所示，首先对调频制的写入电流波形进行分析，以决定哪些转换区需要保留，哪些可以省略。写 1 时，位单元中间的转变区用来表示数据 1 的存在，应当保留，但位单元交界处的转变区就可以省去。连续两个 0 都没有位单元中间的转变区，因此它们的交界处应当有一个转变区，以产生同步信号。

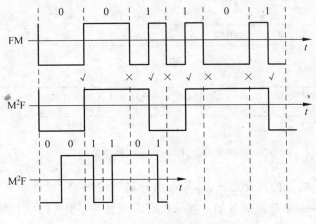

图 8-17 改进型调频制

按照上述改进思路，改进型调频制的写入规则是：写 1 时，在位单元中间改变写入电流方向；写入两个以上 0 时，在它们的交界处改变写入电流方向。

可见，记录相同的代码，M^2F 的转变区数约为 FM 的一半。在相同技术条件下，M^2F 的位单元长度可以缩短为 FM 的一半，因此，M^2F 的记录密度提高近一倍。所以，常称 FM 制为单密度方式，称 M^2F 制为双密度方式。

M^2F 制广泛应用于软盘和小容量硬盘之中。

4. 磁道记录格式

磁盘是一种磁表面存储器，记录信息分布在盘片的两个记录面上，每面分为若干磁道，每道又划分为若干扇区。

(1) 磁道

读/写时，盘片旋转而磁头固定不动。盘片旋转一周，磁头的磁化区域形成一个磁道。

在磁道内,逐位串行地顺序记录。每当磁头沿径向移动一定距离,可形成又一磁道。因此盘面上将形成一组同心圆磁道。最外面的磁道为 0 道,作为磁头定位的基准,往内磁道号增加。

沿径向,单位距离的磁道数称为道密度。不同的磁盘,其道密度不同。例如,每片容量1.44MB 的 3.5 英寸双面软盘,每面有 80 道,道密度 270Tpi(每英寸磁道数)。

（2）扇区

一个磁道沿圆周又划分为若干扇区,每个扇区内可存放一个固定长度的数据块。例如,在 PC 中,每个扇区存放的有效数据规定为 512B。

不同磁盘的每道的扇区数是不相同的。例如,对于 3.5 英寸软盘,每片容量为 1.44MB时,每道分为 18 个扇区;每片容量为 2.88MB 时,每道分为 36 个扇区。

（3）软盘的磁盘格式

以软盘为例,PC 广泛使用 IBM 34 系列磁道格式。一个磁道被软划分为若干扇区,每个扇区又分为标志区与数据区,各自包含若干项,如图 8-18 所示。记录的有效数据或程序位于数据区的 DATA 项之中,其他信息则是为了识别有效数据而设置的格式信息。

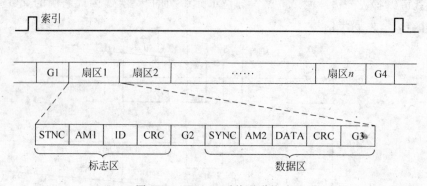

图 8-18　IBM 34 系统磁道格式

① 索引标志。软盘的盘片旋转一周,索引孔通过光电检测产生一个索引脉冲,经整形后,脉冲前沿标志着一个磁道的开始。如果没有索引脉冲,则一个闭合圆环的磁道将无法区分其头尾。

② 间隔。每个磁道包含以下 4 种间隔项。

- G1:磁道的起始标记,为 16 字节 FF(FM)或 16 字节 4E(M^2F)。在 G1 之后,将开始第一个扇区。
- G2:作为标志区与数据区之间的间隔,为 11 字节 FF (FM)或 11 字节 4E(M^2F)。
- G3:一个扇区的结束标记,为 27~117 字节 FF (FM)或 11 字节 4E(M^2F)。
- G4:一个磁道的结束标记。

③ 标志区。每个扇区的开头是一个标志,用来设置一系列格式信息项,包括以下项。

- SYNC:同步信号,6 字节 00。
- AM1:标志区地址标记,1 字节 FE,表示后面是扇区标志信息。
- ID:扇区的标志信息,4 字节,由道号 C、磁头号 H、扇区号 R、扇区长度 N 组成(IBM34 系列磁道格式允许每个扇区有效数据长度为 128B,256B,512B 和 1KB 等规格)。

- CRC：标志区循环校验码，2字节。

④ 数据区。每个扇区的真正有效部分是数据区，包括以下项。

- SYNC：同步信号，6个字节00。
- AM2：数据区地址标记，1字节F8，表示后面是有效数据。
- DATA：存放有效记录数据，在DOS操作系统中长度固定为512B。
- CRC：标志区循环校验码，2字节。

（4）格式化操作

磁盘在出厂时是不存在磁道和扇区这些格式信息的。因此，空白磁盘在使用前必须进行格式化操作。格式化操作命令由操作系统提供。通过磁盘格式化操作，一方面划分磁道和扇区格式，另一方面建立文件目录表、磁盘扇区分配表和磁盘参数表。前者又称为物理格式化，后者又称为逻辑格式化。

硬盘在使用时，允许先划分为若干逻辑驱动器，再进行格式化。例如，在安装Windows XP系统时，就可以将一个硬盘划分至少两个以上的逻辑驱动器。

磁盘在使用过程中，如果发现有故障或感染了无法杀灭的计算机病毒，也可以通过磁盘格式化操作来清除原有信息，重新建立磁道记录格式或文件目录表。

8.3.3 磁盘适配器

1. 磁盘适配器与主机的连接

在微机中，磁盘存储系统的硬件包括磁盘适配器、磁盘驱动器、磁盘、DMA控制器等。早期微机通常采用分离设计原则，将磁盘适配器设计成扩展卡，插在主板。现在微机通常采用集成设计，将磁盘适配器和磁盘驱动器合并，做成一个整体。DMA控制器一般使用Intel 8237芯片，分为两级：一级集成主板上，作为公用DMA控制逻辑，管理软盘、硬盘、DMA刷新、同步通信等DMA通道；另一级位于磁盘适配器中，其任务是管理磁盘驱动器与适配器之前的传送。分两级设计的好处在于，使适配器具有较大的缓冲能力，足以协调软盘和硬盘之间的地址冲突。以分离设计为例，磁盘存储系统与系统总线的连接方式如图8-19所示。

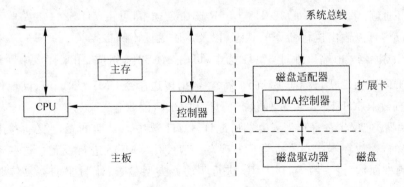

图 8-19　磁盘子系统的连接方式

2. 磁盘适配器的逻辑组成

磁盘适配器的一侧面向系统总线，另一侧面向磁盘驱动器。因此，磁盘适配器的内部逻辑可分为 3 个部分：一侧是面向系统总线的接口逻辑（称为处理机接口），另一侧是面向磁盘驱动器的接口逻辑（称为驱动器接口）；中间是智能主控器，包括一个 Intel 8237 DMA 控制器、一个单片机处理器 Z-80、一组局部存储器以及一组反映设备工作特性的控制逻辑。图 8-20 给出的是一种温彻斯特硬盘适配器的逻辑框图。

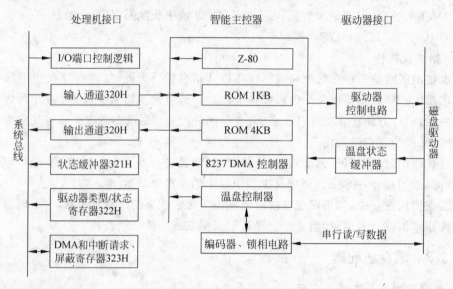

图 8-20　磁盘适配器的逻辑组成

（1）处理机接口

处理机接口实现与主机系统总线的连接，包含以下功能逻辑：

① I/O 端口控制逻辑：用于接收 CPU 发来的端口地址、读/写命令，以译码产生一组选择信号，选择 5 种端口和相关部件。

② 输入通道：由端口地址 320H 与 IOW 写命令选中，可使用 74LS373（三态 8D 锁存器）组成。通过输入通道，可以输入 CPU 命令，包括磁盘寻址信息在内的所有参数、需要写入磁盘的数据等。

③ 输出通道：由端口地址 320H 与 IOR 读命令选中，可由 74LS244（8 路驱动器）组成。通过输出通道，可以输出执行命令的状态，以及从磁盘读出的数据。

④ 状态缓冲器：由端口地址 321H 选中，可由 74LS244 组成，用来存放中断请求 IRQ_5、DMA 请求 $DREQ_3$、忙状态标志 BUSY、命令/数据传送命令 CMD/$\overline{\text{DATA}}$、读/写 IN/$\overline{\text{OUT}}$、DMA 传送有效 REQUEST，共 6 种状态信息，供 CPU 读取。

⑤ 驱动器类型/状态寄存器：由端口地址 322H 选中。早期的磁盘驱动器类型是由一组开关设置的，存放在本状态寄存器中；现在一般使用 CMOS 进行设置。这些信息包括驱动器容量、圆柱面数、磁头数等，供 CPU 进行驱动器类型检查，作为驱动器复位时的初始化参数。

⑥ DMA 和中断请求、屏蔽寄存器：包含两个请求触发器和两个屏蔽触发器，由端口地址 323H 选中。当 CMD/$\overline{\text{DATA}}$ 为 0 时，产生 DMA 请求 $DREQ_3$，请求传送数据字节；当 CMD/$\overline{\text{DATA}}$（表示请求传送命令字节）为 1，且 IN/$\overline{\text{OUT}}$ 为 1（表示 CPU 读）时，产生中断请

求 IRQ_5。

(2) 智能主控器

智能主控器是磁盘适配器的核心,控制着磁盘存储器的具体操作,主要包含以下功能逻辑:

① ROM。固化温盘控制程序,实现磁盘驱动程序与适配器的物理操作。可见,磁盘子系统的程序分为两级,一级是操作系统中的磁盘驱动程序;另一级是适配器中的温盘控制程序。

② Z-80 微处理器。执行 ROM 中的温盘控制程序。

③ RAM。又称扇区缓冲器,由 SRAM 芯片构成,可缓存两个扇区内容,使适配器有足够的缓冲深度。

④ 8237 芯片。由于软盘调用可能比硬盘频繁,因此安排软盘请求 $DREQ_2$ 比硬盘请求 $DREQ_3$ 优先级高,但硬盘速度比软盘高很多。为了避免硬盘请求被屏蔽带来的问题,设置这个 DMA 控制器,实现磁盘驱动器与适配器扇区缓冲器之间的传送。扇区缓冲器与主存之间的数据传送,则由主板上的 8237 芯片管理。位于适配器中的 8237 芯片的 4 个 DMA 通道,功能安排如下:通道 0 用于扇区地址标志检测,一旦检测到地址标志,将产生对本 8237 的请求 DRQ_0;通道 1 供主控器内部程序使用;通道 2 供专用的温盘控制器使用,当产生校验错时,提供请求信号 DRQ_2;通道 3 供数据传送用。

⑤ 温盘控制器(HDC)、编码器、锁相器、数据/时钟分离电路。温盘控制器使用专用芯片,用来控制有关读盘、写盘的信息交换。编码器可由 PROM、延迟电路、八选一驱动器等组成,需要写入的数据送入 PROM,输出对应的 M^2F 制编码。锁相器是一种振荡频率控制电路,根据本地振荡信号与驱动器读出序列信号间的相位差,自动调整振荡频率,使其始终与读出序列保持同步。读出序列中既有时钟信号,又有数据信号,分离电路从中分离数据信号。

(3) 驱动器接口

驱动器接口实现与磁盘驱动器的连接。不同规格的磁盘,其驱动器是不相同的。因为,驱动器接口必须符合特定型号的驱动器的标准。例如,早期使用的 ST506 接口标准,包含以下功能逻辑:

① 驱动器控制电路。用来产生对磁盘驱动器的控制信号,送往驱动器,包括,驱动器选择信号(选择 4 个驱动器之一)、磁头选择信号(允许选择 8 个磁头之一)、方向选择信号(寻道方向)、步进脉冲信号、读/写信号(=1 为写,=0 为读)以及减少写电流等。其中,针对减少写电流,因为磁头越往内圈移动,浮动高度降低,而位密度增加,因此为了减少内圈各位之间的干扰,应减少写电流。通常,最外圈的写电流与最内圈的写电流相比,相差 30% 左右。控制电路以 MC6801,MC6803,Intel 8048 等单片机为核心,执行固化在 EPROM 中的控制程序以产生控制信号。

② 温盘状态缓冲器。用来接收磁盘驱动器状态信息,最终传送给 Z-80 判别。状态信息包括驱动器选中(由选中的驱动器发回的应答信号)、准备就绪(表示磁头已定位于 0 磁道,可启动寻道操作)、寻道完成、索引脉冲(标志磁道的开始)、写故障等。

③ 读/写信号序列接口。驱动器与适配器之间的读/写数据传送采用串行方式,常用 RS-422 串行接口连接驱动器和适配器。

3. 智能主控器的读/写盘控制

（1）写盘

磁盘适配器的智能主控器,首先从扇区缓冲器中取得数据,进行并-串转换后,经编码器形成 M^2F 制代码,送往磁盘驱动器。当有一个扇区缓冲区为空时,适配器向主机提出 DMA 请求,请求主机送来数据。此时,适配器还有一个扇区数据可供写入数据。

（2）读盘

驱动器送来串行数据序列,分离电路使数据信号与时钟信号分离。此时,锁相器调整本地振荡频率,始终跟踪同步于读出信号。所获得的数据信号经串-并转换之后,送入扇区缓冲器。当有一个扇区缓冲区装满时,适配器向主机提出 DMA 请求,请求主机取走数据。此时,适配器还有一个扇区容量的存储空间可供存放继续读出的数据。

采取上述安排,可以保证一个扇区的数据块的连续传送,既不会在写盘过程中发生数据延迟,也不会在读盘过程中发生数据丢失。

8.3.4 磁盘驱动器

不同规格的磁盘,其驱动器是不相同的。图 8-21 给出一种磁盘驱动器的逻辑粗框图,它反映了软盘驱动器和硬盘驱动器的大致组成。磁盘驱动器通过驱动器接口与磁盘适配器连接,主要包括以下功能逻辑:写入驱动电路、读出放大电路、磁头选择逻辑、旋转电机驱动电路、步进电机驱动电路以及检测电路等。

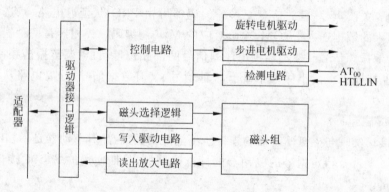

图 8-21 磁盘驱动器的逻辑组成

适配器送来的写入信息,是按照某种记录方式进行编码的记录码序列,经过电流放大产生足够幅度的写入电流波形,送入选中的磁头线圈,使记录磁层产生完全的磁化翻转,即由负向磁饱和翻转到正向磁饱和,或者由正向磁饱和翻转到负向磁饱和。

由磁头读出的感应电势是很小的(微伏级),需要经过放大电路放大,再经接口送给适配器。读出放大器尽量靠近磁头,否则弱信号在长距离传送中会受到干扰。

磁头选择靠译码器实现,根据适配器发来的磁头选择信号,译码输出某个磁头的选取信号。某一时刻,驱动器中只有一个读/写磁头工作,单道、逐位地串行读/写。

步进电机电路负责驱动磁头从内往外或从外往内地移动,实现寻道操作。旋转电机电路负责磁盘盘片绕主轴旋转,寻找扇区。

为了提供 0 磁道的检测,无论是软盘还是硬盘,都有相应的检测电路。软盘片有索引孔,因此驱动器包含了光电检测电路,盘片每转一周,将产生一个索引检测信号 AT00,经过控制电路处理,形成 0 道信号(TRKZERO),送往磁盘适配器。硬盘无索引孔,一般在主轴电机附近装一个霍尔传感器,主轴每转一周,传感器产生一个索引检测信号(HALLIN),同样经控制电路处理,形成索引脉冲(INDEX),送往磁盘适配器。

8.3.5 磁盘调用过程

从软件的角度来看,在 x86 微机系统中,磁盘调用涉及三个层次:最底层是磁盘适配器层、中间层是 BIOS(基本输入输出系统)层、最上层是操作系统层。

其中,磁盘适配器层负责实现温盘驱动程序与适配器的物理操作,它固化在适配器的 ROM 之中。BIOS 层提供通用的温盘驱动程序,它固化在主板的 ROM 之中,为操作系统提供中断调用接口 INT 13H。操作系统层负责扩展温盘驱动程序的功能,同时为用户提供有关磁盘、目录和文件的具体命令接口。

温盘驱动程序由一个主程序框架和 21 个功能子程序模块组成,可向磁盘控制器发出 22 种操作命令或诊断命令。主程序的功能包括测试驱动程序参数判别可否调用、设置命令控制块(其中给出圆柱面号、磁头号、扇区号、传送扇区个数、寻道的步进速率、功能子程序模块号)、转入某个功能子程序、在传送完毕后判断调用是否成功等。各功能子程序模块负责产生 22 种硬盘控制器操作命令,包括:测试驱动器就绪、重新校准、请求检测状态、格式化驱动器、就绪检测、格式化磁道、格式化坏磁道、读命令、写命令、寻道、预置驱动器特性参数、读 ECC 校验错的长度、从扇区缓存读出数据、向扇区缓存写入数据、RAM 诊断、驱动器诊断、控制器内部诊断、长读(每扇区 512 字节+4 个检验字节)、长写(每扇区 512 字节+4 个检验字节)等。

x86 微机系统的读/写磁盘调用过程如下:

S_1:操作系统以软中断 INT 13 调用温盘驱动程序,并在寄存器 AH 中写入所需功能子程序号(读盘,AH=02H;写盘,AH=03H)。

S_2:在温盘驱动程序的主程序段中,设置命令控制块,其中给出圆柱面号、磁头号、扇区号、传送扇区个数、寻道的步进速率。

S_3:根据 AH 值,转入相应功能子程序。

S_4:在读/写盘子程序中,首先进 DMA 初始化。

① 向 Intel 8237 芯片送出方式控制字,即设置 DMA 传送方向、传送方式(单字节方式或数据块连续传送方式)、是否选择自动预置方式、地址增/减方式。

② 初始化温盘占用的 DMA 通道,即向 8237 送出主存缓冲区首址、交换字节数。

③ 判断 DMA 传送量是否越过 64KB,如果是,作为出错处理,否则向磁盘适配器 323H 端口送入允许信息,允许 DMA 请求和中断请求。

S_5:在读/写子程序中,检测适配器状态(端口 321H),然后以主程序中设置的命令控制块为基础,形成设备控制块,发往磁盘适配器的 320 端口,产生 HDC 命令,启动寻道。

S_6:当寻道完成时,温盘驱动器向适配器发出"寻道完成"信号,适配器判别寻道是否正确。如果正确,启动读/写操作,否则让磁头回到 0 道,重新寻道。如果仍然不正确,则产生寻道故障信息。

S_7:当磁头找到起始扇区时,开始连续读/写,将读出数据送入适配器的扇区缓冲区,或将扇区缓冲区中的数据写入磁盘扇区。

S_8：当适配器准备好 DMA 传送时，适配器提出 DMA 请求。

① 读盘：每当扇区缓冲器有一个缓冲区装满时，提出 DMA 请求。

② 写盘：每当扇区缓冲器有一个缓冲区为空时，提出 DMA 请求。

S_9：DMA 控制器申请并接管系统总线，进行 DMA 传送，相应地修改主存地址与传送字节数。

S_{10}：当批量传送完毕，DMA 控制器发出结束信号 $\overline{EOP}$，终止 DMA 传送，适配器向主机发出中断请求。

S_{11}：主机的读/写子程序在接到中断请求 IRQ_5 后，从适配器取回完成状态字节，判断 DMA 传送是否成功。如果成功，向适配器送出屏蔽请求的屏蔽字，返回磁盘驱动程序的主程序；否则取出 4 个检测数据字节，进行出错处理。

上述过程只是磁盘调用的大致过程，计算机系统在运行过程中，由于用户的具体要求不同，因而实际磁盘调用的细节是有很大区别的。

8.3.6　磁盘管理与容错

大量的数据信息以磁盘文件的形式存储于磁盘中。为了增强系统可靠性，必须找到一种能有效地对磁盘进行管理，同时构建强大容错功能的技术。早期，磁盘存储系统曾经广泛使用海明码校验或循环冗余码校验来防止甚至纠正磁头的读/写错误，使磁盘具有了一定容错特性，但无法根本解决因为磁盘硬件系统出现损坏而造成的灾难性问题。

在磁盘校验的基础之上，人们又提出更全面的磁盘管理方案。1987 年美国加州大学伯克莱分校提出的廉价磁盘冗余阵列（Redundant Arrays of Inexpensive Disk，RAID）技术就是典型代表。它利用一台磁盘阵列控制器来统一管理和控制一组（几台～几十台）磁盘驱动器，这样组成了一个高度可靠的、快速的大容量磁盘系统。现在，RAID 技术已广泛用于大中型计算机系统和计算机网络中。

1. 硬件 RAID 技术

目前，RAID 技术分为硬件 RAID 技术和软件 RAID 技术。硬件 RAID 技术又分为 SCSI RAID 和 IDE RAID 两种，SCSI RAID 稳定性好、速度快，但 SCSI 硬盘和 SCSI 接口卡价格高昂，一般只在高档服务器上使用。IDE RAID 稳定性和速度略逊于 SCSI RAID，且 CPU 占用率较高，但价格低廉。硬件 RAID 阵列至少需要两块硬盘和一块 RAID 卡组成。实现时，用户可以使用以下几种 RAID 模式之一。

(1) RAID 0

又称 Striping 阵列，它将数据分割存储到两块硬盘上，磁盘读写时负载平均分配到两块硬盘，由于两块硬盘均可同时读写，所以速度显著提升。也正是由于数据被分割存储到两块硬盘，所以数据的完整性依赖于两块硬盘数据均完好无损，一旦其中一块硬盘的数据损坏或磁盘故障，那么所有的数据都将丢失。所以 RAID 0 模式下性能好但可靠性差，两块硬盘组成 RAID 0 后，容量等于小硬盘容量的两倍。RAID 0 通常用于对磁盘性能要求高但对数据安全性要求不高的场合。

(2) RAID 1

又称 Mirror 阵列，它将同样的数据写入两块硬盘，两块硬盘互为镜像，当一块硬盘中的数据受损或磁盘出现故障时,另一块硬盘可继续工作,并可在需要时重建 RAID 1 阵列。但 RAID 1 不能提升磁盘性能,两块硬盘组成 RAID 1 后,容量等于小硬盘的容量。RAID 1 适合对数据可靠性要求严格的场合,比如金融、保险、交通等重要部门以及网络服务器等。

(3) RAID 2

RAID 2 是为大型机和超级计算机开发的带海明码校验磁盘阵列。磁盘驱动器组中的第 1 个、第 2 个、第 4 个、……、第 2^n 个磁盘驱动器是专门的校验盘,用于校验和纠错。例如,7 个磁盘驱动器组建的 RAID 2,第 1,2,4 个磁盘驱动器用作纠错盘,其余的用于存放数据。RAID 2 对大数据量的读写具有极高的性能,但少量数据的读写时性能反而不好,所以 RAID 2 实际使用较少。

(4) RAID 3

RAID 3,即带有专用奇偶位(parity)的条带。每个条带片上都有相当于一"块"那么大的空间用来存储冗余信息,即奇偶位。奇偶位是编码信息,如果某个磁盘的数据有误,或者磁盘发生故障,就可以用它来恢复数据。在数据密集型环境或单一用户环境中,组建 RAID 3 对访问较长的连续记录有利,不过同 RAID 2 一样,访问较短记录时,性能会有所下降。

(5) RAID 4

RAID 4 是带奇偶校验码的独立磁盘结构。它和 RAID 3 很相似,不同的是 RAID 4 对数据的访问是按数据块进行的。RAID 3 是一次一横条,而 RAID 4 一次一竖条。所以 RAID 3 需要访问阵列中所有的硬盘驱动器,而 RAID 4 只需访问有用的硬盘驱动器。这样读数据的速度大大提高了,但在写数据方面,需将从数据硬盘驱动器和校验硬盘驱动器中恢复出的旧数据与新数据校验,然后再将更新后的数据和检验位写入硬盘驱动器,所以处理时间较 RAID 3 长。

(6) RAID 5

RAID 5 类似于 RAID 0,但它将数据的每个字节按位拆分到硬盘,在数据出错时可以按奇偶校验码重建数据,容错能力强于 RAID 0,但它需要三块硬盘来容纳额外的奇偶校验信息。

(7) RAID 6

RAID 6 是带有两种分布存储的奇偶校验码的独立磁盘结构。它使用了分配在不同的磁盘上的第二种奇偶校验来实现增强型的 RAID 5。它能承受多个驱动器同时出现故障,但是,用于计算奇偶校验值和验证数据正确性所花费的时间比较多,造成了系统的负载较重,大大降低整体磁盘性能,而且,系统需要一个极为复杂的控制器。当然,由于引入了第二种奇偶校验值,我们所以需要的是 N+2 个磁盘。

(8) RAID 7

RAID 7 内置了智能化实时操作系统和用于存储管理的软件工具,可完全独立于主机运行,不占用主机 CPU 资源。RAID 7 内置的实时操作系统,主要用来进行系统初始化和安排 RAID 7 磁盘阵列的所有数据传输,并把它们转换到相应的物理存储驱动器上。通过内置的实时操作系统来设定和控制读写速度,可使主机 I/O 传递性能达到最佳。如果一个磁盘出现故障,还可以自动执行恢复操作,并可管理备份磁盘的重建过程。

RAID 7 采用的是非同步访问方式,极大地减轻了数据写瓶颈,提高了 I/O 速度。如果 RAID 7 有 N 个磁盘,那么除去一个校验盘(用作冗余计算)外,可同时处理 N−1 个主机系统随机发出的读/写指令,从而显著地改善了 I/O 应用。

RAID 7 内置的实时操作系统还可自动对主机发送过来的读/写指令进行优化处理,以智能化方式将可能被读取的数据预先读入快速缓存中,从而大大减少了磁头的转动次数,提高了 I/O 速度。RAID 7 可帮助用户有效地管理日益庞大的数据存储系统,并使系统的运行效率提高至少一倍以上,满足了各类用户的不同需求。

(9) RAID 10

RAID10 是 RAID 0 与 RAID 1 的结合,由两个 RAID 0 阵列互为镜像组成 RAID 1 阵列,它综合了 RAID 0 的高性能和 RAID 1 的高可靠性,但需要 4 个硬盘,容量等于两个 RAID 0 阵列中较小一个阵列的容量。适合于对速度、可靠性要求都很高且不计成本的场合使用。

(10) RAID 30

RAID 30 也被称为专用奇偶位阵列条带。它具有 RAID 0 和 RAID 3 的特性,由两组 RAID 3 的磁盘(每组 3 个磁盘)组成阵列,使用专用奇偶位,而这两种磁盘再组成一个 RAID 0 的阵列,实现跨磁盘抽取数据。RAID 30 提供容错能力,并支持更大的卷尺寸。像 RAID 10 一样,RAID 30 也提供高可靠性,因为即使有两个物理磁盘驱动器失效(每个阵列中一个),数据仍然可用。

RAID 30 最小要求有 6 个驱动器,它最适合非交互的应用程序,如视频流、图形和图像处理等。这些应用程序顺序处理大型文件,而且要求高可用性和高速度。

(11) RAID 50

RAID 50 被称为分布奇偶位阵列条带。同 RAID 30 相似的,它具有 RAID 5 和 RAID 0 的共同特性。它由两组 RAID 5 磁盘组成(每组最少 3 个),每一组都使用了分布式奇偶位,而两组硬盘再组建成 RAID 0,实验跨磁盘抽取数据。RAID 50 提供可靠的数据存储和优秀的整体性能,并支持更大的卷尺寸。即使两个物理磁盘发生故障(每个阵列中一个),数据也可以顺利恢复过来。

RAID 50 最少需要 6 个驱动器,它最适合需要高可靠性存储、高读取速度、高数据传输性能的应用。这些应用包括事务处理和有许多用户存取小文件的办公应用程序。

(12) RAID 53

RAID 53 称为高效数据传送磁盘结构。结构的实施同 Level 0 数据条阵列,其中,每一段都是一个 RAID 3 阵列。它的冗余与容错能力同 RAID 3。这对需要具有高数据传输率的 RAID 3 配置的系统有益,但是它价格昂贵、效率偏低。

2. 软件 RAID 技术

软件 RAID 技术不用 RAID 卡,用软件实现。例如,Windows NT 系列(包括 Windows 2000,Windows 2003 和 Windows 2007)不依赖于 RAID 卡,就能提供类似于 RAID 0,RAID 1 和 RAID 5 的阵列支持,分别被称为带区卷、镜像卷和 RAID-5 卷。

相对硬件 RAID 来说,软件 RAID 具有更好的灵活性。创建硬件 RAID 时,如果两个硬盘的容量不同,那么得到的 RAID 总容量等于容量较小的硬盘的容量,例如利用 4GB 和 20GB 的硬盘创建硬件 RAID 1,总容量就是 4GB。但如果使用软件 RAID 1(镜像卷)虽然也只得到了 4GB 的镜像卷,但第二个磁盘上剩余的 16GB 空间可创建成简单卷作为本地驱动器使用,可最大限度地利用磁盘空间。

8.4　键盘和鼠标

8.4.1　键盘

键盘是一种最常用的输入设备,键盘的种类很多,产生信号的原理也有很大的差别。

1. 键盘的分类

根据有无可触点,键盘可分为有触点式和无触点式两大类键盘。有触点式键盘包括机械式、簧片式、薄膜式及导电橡胶式等;无触点式键盘包括电容式、压电式、压敏式、光电式及磁电变换式等。有触点式键盘结构简单、成本低,但使用寿命短;无触点式键盘灵敏度高、寿命长、稳定性好,但成本较高。

以机械接触式键盘为例,它的每一个键由一对触点、键杆、键、键帽、恢复弹簧等几部分组成,如图 8-22 所示。当键帽未按下时,一对触点处于断开状态。当键帽被按下时,键块将左边的触点压向右边,使一对触点闭合。释放按键时,恢复弹簧使键块上升,恢复断开状态。

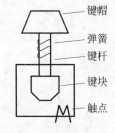

图 8-22　机械触点式键

根据键盘代码的获取和处理方式,键盘又分为硬件扫描式、软件扫描式等几种。硬件扫描式键盘的优点是不需要主机担负扫描任务,缺点是硬件逻辑比较复杂。软件扫描式键盘的优点是设计灵活,如果使用单片机执行键盘扫描任务,可达到与硬件扫描式键盘同样的效果。

2. 键盘阵列

在键盘上,各按键的安装位置可以根据需要而定,但在电气上,各按键往往连接成一个 m 行$\times n$ 列的阵列。每个键连接于某个行线与某个列线之间。通过硬件扫描或软件扫描,可识别所按下的键的行列位置,称为位置码或扫描码。例如,图 8-23 展示了一个 8 行$\times$8 列的键盘阵列,8 条行线分别连接键盘阵列的 $X_0 \sim X_7$,8 条列线分别连接键盘阵列的 $Y_0 \sim Y_7$。

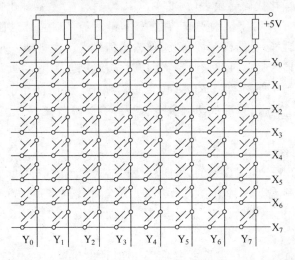

图 8-23　一个 8 行$\times$8 列的键盘阵列

3. 硬件扫描式键盘

硬件扫描式键盘由键盘阵列、振荡器、计数器、行译码器、列译码器、符合比较器、ROM、接口、去抖动电路等组成,如图 8-24 所示。其中,键盘阵列为 8 行×16 列,有 128 个键,使用 7 位编码。振荡器提供计数脉冲。计数器循环计数,输出 7 位代码。行译码接收计数器的高 3 位输出,并连接键盘阵列的 8 根行线。列译码器接收计数器的低 4 位输出。符合比较器同时接收列译码器的输出和键盘阵列的 16 根列线的输出,将二者进行符合比较,并且输出一个锁定信号,使计数器停止计数。

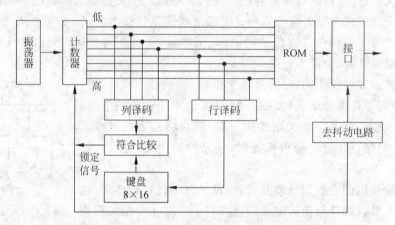

图 8-24　硬件扫描式键盘的逻辑组成

计数器锁定时的内容就是扫描码。例如,如果按下的键位于第 1 行、第 1 列,则当计数值为 0010001 时,行线 1 被行译码器输出,置为低电平。由于该键闭合,使第 1 行和第 1 列接通,则列线 1 也为低电平。低 4 位代码 0001 译码输出与列线输出相同,符合比较器输出锁定信号,使计数器停止计数。此时,计数器输出的代码就是按键的行列位置码(也称扫描码),维持为 0010001。

ROM 芯片用来固化代码转换表(例如 ASCII 码表)。计数器输出的扫描码送往 ROM,从 ROM 中读出对应的按键字符编码或功能编码,最后经接口芯片送往 CPU。由于键在闭合过程中往往存在难以避免的机械性抖动,使输出信号也产生抖动。对于接触式键,这种抖动可达数十毫秒,如果不避免抖动,有可能误认为多次按键。因此,硬件扫描键盘需要设置去抖动电路,以延迟数十毫秒再从 ROM 读取按键编码。为了防止前一次按键的编码尚未送出,后面按键产生了新键码,造成两键重叠、混乱问题,可规定仅在键码送出之后,才解除对计数器的封锁。

4. 软件扫描式键盘

现在以常用的 IBM-PC 键盘为例,说明软件扫描式键盘的逻辑组成及其工作原理。

IBM-PC 的通用键盘是一种电容式无触点式键盘,由键盘阵列、行译码器、列译码器、检测器、Intel 8048 单片机处理器以及键盘接口等组成,如图 8-25 所示。虚线左边是键盘逻辑、右边是接口逻辑。

其中,键盘接口通常集成在主板之中,主要由时钟发生器、移位寄存器和中断请求逻辑组成。其功能主要有如下 4 点。

- 以串行方式接收键盘送来的按键扫描码。

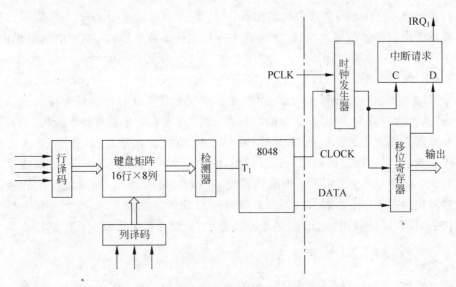

图 8-25 软件扫描式键盘的逻辑组成

- 将串行扫描码转换为并行扫描码并且暂存。
- 向 CPU 发出中断请求,通知 CPU 读取扫描码。
- 接收 CPU 发来的命令,传送给键盘,等候键盘的响应,自检时用以判断键盘的正确性。

键盘阵列为 16 行×8 列,共有 83~110 个按键。单片机处理器 Intel 8048 是键盘的中枢机构,负责执行固化的键盘扫描子程序,以行列扫描法获得按键的扫描码。这样设计的目的是为了减轻主机的负担。工作过程大致如下。

(1) 初始化

封锁 8048 送往接口的时钟信号,禁止键盘工作。清除键盘接口中的移位寄存器和中断请求触发器,以完成初始化、准备接收 8048 送往接口的扫描码。

(2) 扫描键盘

由 8048 输出计数信号,控制行、列译码器,先逐列为"1"地步进扫描。当某列为"1"时,若该列线上无键按下,则行线组输出为"0";若该列线上有键按下,则行线组输出为"1"。扫描结果被串行送入 8048 T1 端,检测到哪一列为"1"时,键盘阵列的行线组输出也为"1",即表明该列有键被按下。然后再逐行为"1"地步进扫描,由 8048 T1 端判断哪行为"1"时,列线组输出也为"1",即判断哪行有键被按下。8048 根据行、列扫描结果便能确定按键位置,并由按键的列号和行号形成对应的扫描码。例如,位于键盘第 2 行、第 3 列的键被按下,所得到的扫描码为 32H(其中,高 4 位表示列线序号——第 3 列,低 4 位表示行线序号——第 2 列)。

(3) 处理重键和传送扫描码

在 8048 内置的 RAM 中开辟一个缓冲区,能暂存 20 个扫描码。当有多个键被按下时,它们的扫描码首先存入缓冲区,然后按先进先出的原则从缓冲区取出扫描码,并送往接口。这样,就可以避免重键问题。

8048 在确定某键的位置后,向移位寄存器以串行方式送出 9 位代码,包括 1 位标志码

和 8 位扫描码。1 位标志码送入中断触发器，产生键盘中断请求 IRQ1。8 位串行扫描码在
移位寄存器中由时钟控制依次右移，组装成并行扫描码。在 CPU 未响应中断请求前，多位
寄存器不再接收新的扫描码。

（4）中断处理

当 CPU 响应键盘中断后，执行由 BIOS 提供的键盘中断子程序。该程序首先从接口取
出扫描码，送入堆栈保存。随后，立即清除键盘，使移位寄存器准备好接收新的扫描码，使中
断请求触发器再次产生新的中断请求；同时解除对 8048 输出的封锁，允许 8048 送出下一
个扫描码。然后，再对收到的扫描码进行识别，由中断程序通过查表，将扫描码转换为相应
的 ASCII 码，并送入键盘缓冲区。中断处理完毕后，返回主程序。键盘缓冲区的容量能够
容纳一秒钟快速按下所有字符编码。当系统或用户需要键盘输入时，可直接在主程序中以
软中断指令 INT 16H 调用 BIOS 的键盘 I/O 程序，从缓冲区中读取所需的字符。

8.4.2　鼠标

鼠标是现代计算机系统中不可缺少的输入设备。使用鼠标时，屏幕上有一个指示鼠标
位置的光标，移动鼠标时，光标也跟着移动。鼠标上有 2 至 3 个按键，当光标移动到屏幕上
的某个地方，同时再按下键时，光标所在位置的功能就被选中，当然，具体要完成什么功能，
要通过软件来定义和实现。实际上，使用者还可以通过单击、双击、右击、拖曳、转动滚轮等
完成不同的功能。

常用鼠标可以分为两大类：机械鼠标和光电鼠标。机械鼠标的底部有一个橡胶球，当
鼠标在桌面上移动时，橡胶球滚动，带动鼠标内部水平和垂直两个方向上的两个小轮子转
动。轮子边沿有许多扇形小孔，两侧分别安装有发光二极管和光敏二极管。当轮子转动时，
轮子上的小孔能够让光通过，遇到没有孔的地方，光被挡住。当有光通过时，光敏二极管产
生脉冲信号，并通过计数器记录脉冲个数，再把计数器的值折合成光标应该在屏幕上移动的
距离。为了区分是向左移动还是向右移动，需要两个光敏二极管来检测。

光电鼠标需要有一块专用的反光板，在反光板上刻有水平和垂直的直线条。鼠标底部
装有发光二极管和光敏二极管。发光二极管发出的光通过反光板反射到光敏二极管。鼠标
移动距离的计算方法与机械鼠标类似。

光电鼠标的缺点是它需要有一块反光板才能工作，而且，当反光板放斜时，鼠标就不能
正常工作。机械鼠标的缺点是橡胶小球容易把桌面上的脏东西带入鼠标内部，并粘附在轮
子上。因此，当机械鼠标不太好用时，要拧开鼠标底部的旋钮，取出橡胶球，清除掉粘附在轮
子及轴上的脏东西。

8.5　打印机

打印机是计算机的重要输出设备，也是现代日常办公不可缺少的设备。它将计算机处
理的结果以字符、图形、表格的形式输出到打印纸上，以便传阅和长期保存。打印技术发展
快速，品种繁多，本节将首先介绍打印机的分类情况，然后重点介绍目前主流的喷墨打印机
和激光打印机的相关知识。

8.5.1　打印机的分类

打印机的种类很多,按照印字方法划分,有击打式和非击打式两大类。

击打式打印机通常采用点阵式打印。其打印头由一组很细的打印针组成,常见的有16针和24针之分。这种打印机使用机械运动方式,根据字符的点阵结构驱动打印针头撞击色带和纸而打印出字符来。它的优点是打印字符的质量高、不需要特殊的纸张、打印机的价格比较便宜;缺点是打印速度较慢、工作噪音大、打印针头易断、有时挂纸。击打式打印机目前仍然是打印财务票据的首选。

非击打式打印机采用电、磁、光、热、喷墨等物理、化学方法印刷字符,由于印字过程中没有机械的击打动作,因此打印速度快、噪声低。但是一般不能同时复制多份,使用专用纸张,打印成本较高。

按照打印机的工作方式划分,有顺序打印机和行式打印机。顺序打印机逐字、逐行、逐页打印,在打印一行字符时,无论被打印的字符是相同或不同,均按顺序沿字行方向依次逐字打印,因此,这种打印机的工作速度比较低。行式打印机一次可以打印一行,它逐行、逐页打印,通常有多个打印锤或多套点阵控制机构,因此,行式打印机的打印速度快。

按照打印纸的宽度划分,有窄行打印机和宽行打印机等。窄行打印机每行能够打印的字符数比较少,如20个,80个字符等,宽行打印机每行能够打印比较多的字符,如120,132,160个字符等。

不同种类的打印机,其性能和价格的差别很大,要根据不同的需要进行选择。目前的主流是喷墨打印机和激光打印机。

8.5.2　喷墨打印机

喷墨打印机一般使用专用液体墨水,根据喷墨方式又可分为热感应式与液体压电式。

1. 热感应式喷墨打印机

热感应式喷墨技术通过加热喷嘴,使墨水产生气泡,喷到打印纸上,形成图案或字符,因此又称气泡技术(Bubble Jet)。该技术由佳能(Canon)和惠普(HP)等厂商研发。喷墨的详细过程如下:首先,打印头利用一个薄膜电阻器,将喷出区中小于0.5%的墨水加热,形成一个气泡;然后,在强电场的作用下,气泡以极快的速度(小于10微秒)扩展开来,迫使墨滴从喷嘴喷出;气泡经过数微秒,便消逝回到电阻器上,当气泡消逝,喷嘴的墨水便缩回;接着,表面张力会产生吸力,拉引新的墨水去补充到墨水喷出区中。

热感应式喷墨技术的优点是:制作打印喷头的工艺比较成熟、成本也很低廉;打印喷头通常都与墨盒集成为一体,更换墨盒时即同时更新打印头,因此不存在喷头堵塞的问题。

热感应式喷墨技术的缺点是:首先,在使用过程中会加热墨水,而高温下墨水很容易发生化学变化,性质不稳定,所以打出的色彩真实性就会受到一定程度的影响;其次,由于墨水是通过气泡喷出的,墨水微粒的方向性与体积大小很不好掌握,打印线条边缘容易参差不齐,一定程度地影响了打印质量;最后,由于打印喷头中的电极始终受电解和腐蚀的影响,对使用寿命会有影响,不得不将喷头与墨盒集成为一体,但同时增加了墨盒的成本。为了降低使用成本,有经验的用户常常在墨水快用完时,通过注射方法为墨盒加注专用的墨水。

2. 压电式喷墨打印机

压电式喷墨技术由爱普生(Epson)研发,它将许多小的压电陶瓷放置到印头的喷嘴附近,利用在电压作用下会发生形变的原理,适时地施加电压,压电陶瓷随之产生伸缩,从而使喷嘴中的墨汁喷出,在打印纸上形成图案或字符。

喷墨打印机的打印喷头包含了 48 个或 48 个以上的独立喷嘴,能喷出各种不同颜色的墨水。例如,Epson Stylus photo 1270 打印机具有 48 个喷嘴,分别能喷出 5 种不同的颜色,包括蓝绿色、红紫色、黄色、浅蓝绿色和淡红紫色。不同颜色的墨滴落于同一点上,组合形成不同颜色。当打印头快速扫过打印纸时,这些喷嘴就会喷出无数的小墨滴,从而组成图像中的像素。一般来说,喷嘴越多,打印速度越快。

压电式喷墨技术的优点是:一方面它利用晶体加压时放电的特性,无需加热,可在常温下将墨水稳定地喷出,墨水不会因受热而发生化学变化,因此大大降低了对墨水的要求。另一方面,由于它对墨滴控制能力强,容易实现 1440dpi 的高精度打印质量。

压电式喷技术的缺点是:一方面,打印喷头成本比较高,为了降低成本,不得不将打印喷头和墨盒进行分离设计,这样更换墨水时不必更换打印头;另一方面,在使用过程中,特别是在长期不使用的情况下,打印喷头容易堵塞。因此,有经验的用户在使用 Epson 打印机时,最好的维护方法就每周保证使用打印机一次。

8.5.3　激光打印机

激光打印机(Laser Printer)的工作原理与复印机很相似,主要的区别是复印机的输入来自于对原稿的扫描结果,而激光打印机的输入来自于计算机要打印的文字或图表。激光打印机的核心部分是硒鼓(Selenium Drum),硒鼓的形状为圆柱体,其长度与打印机能够打印的最宽纸的宽度相同,新型激光打印机使用有机化学材料来代替硒。激光打印机的工作机制如图 8-26 所示。

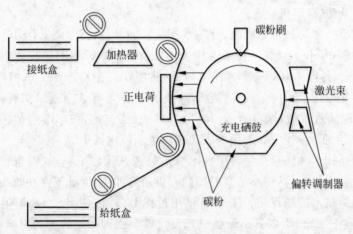

图 8-26　激光打印机的工作机制

射向硒鼓的激光束经过偏转调制器时产生折射,在硒鼓上形成需要打印的文字和图像,其工作原理与前面介绍的 CRT 相同,有文字和图像的部分带有正电荷,没有文字和图像的部分不带电荷。当硒鼓经过碳粉盒时,带有正电荷的部分吸附上碳粉,这时,硒鼓就变成了文字和图像的正底片。硒鼓继续旋转,与打印纸接触,打印纸背面加有很高的正电压,正电荷把硒鼓上的碳粉吸引到打印纸上。最后,对打印纸加热,使碳粉固定在纸上。残留在硒鼓上的碳粉由碳粉刷清除干净。

激光打印机是逐页打印的,因此打印速度高,低速激光打印机每分钟打印 10～20 页,中速的每分钟打印 30～60 页,高速激光打印机每分钟能够打印 300 页以上。另外,激光打印机能够打印高质量的文字和图表,工作时基本无噪音,可以使用普通纸打印。

8.6　光盘存储器

光盘存储器作为一种外存储器,从 20 世纪 60 年代开始研究,直到 20 世纪 80 年代中期才真正进入实用化阶段,目前已经成为计算机系统中的一种重要存储器。

8.6.1　光盘的分类

根据读/写性质,光盘通常分为只读型、一次写型、可重写型 3 大类。

1. 只读型光盘

只读型光盘只能读,不能写,主要优点是存储容量大,可靠性高,制作简单,价格便宜,可以更换,携带也比较方便,非常适用于需要把大批量数据分发给用户的场合,如发布软件、出版各种音像作品等。主要缺点是只能读,不能改写。

只读型光盘的典型产品有如下 5 种。

(1) LD:即 Laser Disc,俗称大影碟,记录模拟视频和音频信息,直径 30 厘米,可以录制 60 分钟全带宽的 PAL 制电视,图像清晰度远高于 VHF 录像带,目前已逐渐淘汰。

(2) CD:即 Compact Disc,数字化音频光盘,又称 CD 唱片,直径 12 厘米,可以存储 75 分钟数字立体声的信息。

(3) VCD:即 Video Compact Disic,俗称小影碟,直径 12 厘米,用来记录数字化视频和音频信息,可存储 75 分钟按 MPEG-1 标准压缩编码的动态图像信息,图像及音质均不如 LD,但优点是价格低廉。

(4) CD-ROM:即 Compact Disc-Read Only Memory,只读的 CD 光盘,用来记录数据信息、数字化的视频信息或音频信息,直径通常为 12 厘米,容量为 650MB。

(5) DVD-ROM:即 Digital Video Disc- Read Only Memory,只读的 DVD 光盘,其外形、尺寸规格、读/写原理、存储功能等方面与 CD-ROM 相似,但容量比 CD-ROM 要大许多,例如:一张普通的单面单层的 DVD 容量为 4.7GB。

2. 一次写型光盘

一次写型光盘只允许用户写入一次,用户可以把各种软件、用户文件、音像资料等写入光盘中,一旦光盘写满之后就不能再改写,但可以多次读出。一次写型光盘与可编程只读存储器 PROM 相似,所不同的是:后者用作内存,前者是用作外存。

一次写型光盘必须在特殊的称为刻录机的驱动器上刻录,但经刻录的光盘可以在一般的驱动器上读出。刻录机比普通的光盘驱动器要贵些,一般刻录机有三种工作速度,包括刻录速度、改写速度和读盘速度。例如,对于标识为 12/10/32 的刻录机,表示写光盘的速度为 12 倍速,改写光盘的速度为 10 倍速,读光盘的速度为 32 倍速。

一次写型光盘的典型产品有：

（1）CD-R，即 Compact Disc-Recordable，可刻录的 CD 盘，其外形、尺寸、容量等方面与CD-ROM 相似，但允许使用 CD-R 刻录机向空白的 CD-R 盘片中写入数据，数据一旦写入即可当 CD-ROM 来使用。

（2）DVD-R，即 Digital Video Disc-Recordable，可刻录的 DVD 盘，其存储容量与 DVD-ROM 相同，使用方法与 CD-R 相似，但必须使用 DVD-R 刻录机来写入数据。

3. 可重写型光盘

可重写型光盘，与可擦除可编程只读存储器 E^2PROM 十分相似，不仅可以多次读，而且允许多次改写已经存储在光盘中的信息。当然，改写必须在 CD-RW 驱动器上进行，而且改写的速度远远低于读出的速度。

可重写型光盘的典型产品有如下 2 种。

（1）CD-RW，即 Compact Disc-Rewritable，其外形、尺寸、容量等方面与 CD-R 相同，但允许使用刻录机反复读写。

（2）DVD-RW，即 Digital Video Disc-Rewritable，其外形、尺寸、容量等方面与 DVD-R 相同，但允许使用刻录机反复读写。

8.6.2 光盘的读/写原理

不同种类的光盘，其存储原理是有区别的，大致可分为形变型、相变型和磁光型三种。

1. 形变型光盘

这种光盘的基片材料一般采用聚甲基-丙烯酸甲酯（简称 PMMA）。它是一种耐热的有机玻璃，厚约 1mm。记录介质为碲合金薄膜，厚约 $0.035\mu m$。盘片结构通常为三层结构，即基片、记录层和反射层。首先在基片上涂上一层记录介质，然后镀上一层高反光物质（通常用铝合金薄膜）作为反射层，反射层上涂一层二氧化硅保护膜。

写入时，强激光照射的微小区域加热达到可熔点温度，保护膜与记录层薄膜蒸发，留下一个凹坑。这个凹坑就代表"1"。读出时，使用弱激光沿光道扫描。当照射到凹坑时，由于该处的记录层已蒸发，光束直接射到反射层，反射光强，经光检测器转换为读出信号"1"。当照射到无凹坑处时，由于记录层存在，反射光弱，表示读出信号"0"。读出时激光只有写入时的 1/10，不会使记录层发生新的形变。

这种形变通常是不可逆的，用于只读型光盘或一次写型光盘中。

2. 相变型光盘

这种光盘通常采用带沟槽结构，即在基片上预先刻制若干沟槽，在上面涂上一层记录介质薄膜，然后再涂上一层树脂保护层。记录介质是一种渗入 5% 的锗的碲氧化物。沟槽宽度就是光道宽度，一般为 $0.5\sim1\mu m$。沟槽深与所用的激光波长成正比，大约 $0.7\mu m$。

写入时，强激光照射记录层薄膜，被照射的微小区域突然加热，碲氧化物粒子直径变大。由于照射时间极短，变化的粒子直径来不及收缩而保持不变。粒子直径的变化将改变记录介质的结晶状态，使光折射率增加约 20%。因此，激光照射过的代表"1"的区域与未照射过的代表"0"的区域，在光的反射率上存在明显的差别。读出时，使用弱激光来扫描光道，利用反射率的差异即可检测出"1"或"0"。

相变型光盘可用于可重写型光盘。在擦除信息时，用激光照射记录介质，加热后让碲氧化物慢慢冷却,使碎粒子的直径从大变小,恢复到原来结晶状态,反射率差异随之消失,所记录的信息也就被抹去。

3. 磁光型光盘

这种光盘以稀土类的磁性合金材料为记录介质。盘片也是三层结构,在基片上先镀上一层厚约 $0.1\mu m$ 的记录介质薄膜,并涂上一层氧化硅保护膜,然后镀上一层反射膜,再涂上一层氧化硅保护膜。

写入前,记录介质在外加磁场作用下呈垂直磁化状态,称为自旋,按垂直于薄膜的方向排列。写入时,强激光照射的微小区域温度升高,自旋排列因热振动而被打乱,磁化强度下降,在反向磁场作用下该区域的磁化方向进行翻转,从而记录数字"1"。读出时,使用弱激光照射记录介质,通过检测反射光的旋转角度即可读出"1"或"0"。即当反射光照射到向下磁化区时,适当安置检偏器的角度,反射光的偏振方向在反向旋转一定角度后,正好通过检偏器,经光电转换为读出"1";当照射到向上磁化区时,反射光的偏振方向因正向旋转一定角度而无法通过检偏器,从而读出"0"。

磁光型光盘可用于可重写型光盘。在擦除信息时,一边用激光照射记录介质,一边外加磁场,使记录介质回到写入之前的状态,从而抹去已写入的信息。可见,磁光型光盘在写入和擦除都用热磁效应,利用激光局部加热,改变加热区的磁特性,从而可用外加磁场改变磁化状态。

以上三种光盘,对形变光盘来说,由于的光头结构简单,无论盘片,还是光盘驱动器,成本低廉,因此应用普遍,成为发布影视制器、音像制品、软件或数据的首选。对于磁光型光盘来说,虽然技术非常成熟,光盘寿命长,可达 16 年,可反复擦写的次数超过 10^6 次,但由于光头结构复杂,无论盘片,还是光盘驱动器,成本都比较高,无法与相变型光盘竞争,因此目前主流的可重写光盘都采用相变型。

习题

1. 名词解释。
刷新频率　分辨率　光栅　磁盘格式化　平均寻道时间　平均旋转延迟时间　VGA　RAID　CD-ROM　CD-RW　DVD　场频　帧频　IDE　SATA　SCSI

2. 指出以下部件的功能:
显存　字符发生器　显示适配器　磁盘适配器　磁盘驱动器

3. 简述 I/O 设备的一般功能,并指出 I/O 设备通常分为哪几种。

4. 请列举显示器的各种显示规格。

5. 简述在字符显示方式下一帧字符从 CPU 送入显存开始直到出现在屏幕上的数据转换过程。

6. 为什么在磁盘存储系统中 DMA 控制器要分为两级? 分别有什么作用?

7. 简述在磁盘适配器中的智能主控器的读/写盘控制原理。

8. 指出以下常见 I/O 设备的主要性能指标和分类:
显示器、硬盘、键盘、打印机、光盘。

参 考 文 献

[1] 罗克露.计算机组成原理.北京：电子工业出版社,2004.
[2] 张钧良.计算机组成原理.北京：清华大学出版社,2003.
[3] 王闵.计算机组成原理.北京：电子工业出版社,2001.
[4] 张基温.计算机组成原理教程.北京：清华大学出版社,2000.
[5] 毛爱华.计算机组成原理.北京：冶金工业出版社,2004.
[6] 白中英.计算机组成原理.北京：科学出版社,2002.
[7] 陈华光.计算机组成原理.北京：机械工业出版社,2004.
[8] 王诚.计算机组成原理与设计.北京：清华大学出版社,2002.
[9] 孟传良.计算机组成原理.重庆：重庆大学出版社,2002.

21 世纪高等学校数字媒体专业规划教材

ISBN	书　　　　名	定价(元)
9787302224877	数字动画编导制作	29.50
9787302222651	数字图像处理技术	35.00
9787302218562	动态网页设计与制作	35.00
9787302222644	J2ME 手机游戏开发技术与实践	36.00
9787302217343	Flash 多媒体课件制作教程	29.50
9787302208037	Photoshop CS4 中文版上机必做练习	99.00
9787302210399	数字音视频资源的设计与制作	25.00
9787302201076	Flash 动画设计与制作	29.50
9787302174530	网页设计与制作	29.50
9787302185406	网页设计与制作实践教程	35.00
9787302180319	非线性编辑原理与技术	25.00
9787302168119	数字媒体技术导论	32.00
9787302155188	多媒体技术与应用	25.00

以上教材样书可以免费赠送给授课教师，如果需要，请发电子邮件与我们联系。

教学资源支持

敬爱的教师：

感谢您一直以来对清华版计算机教材的支持和爱护。为了配合本课程的教学需要，本教材配有配套的电子教案(素材)，有需求的教师可以与我们联系，我们将向使用本教材进行教学的教师免费赠送电子教案(素材)，希望有助于教学活动的开展。

相关信息请拨打电话 010-62776969 或发送电子邮件至 weijj@tup.tsinghua.edu.cn 咨询，也可以到清华大学出版社主页(http://www.tup.com.cn 或 http://www.tup.tsinghua.edu.cn)上查询和下载。

如果您在使用本教材的过程中遇到了什么问题，或者有相关教材出版计划，也请您发邮件或来信告诉我们，以便我们更好地为您服务。

地址：北京市海淀区双清路学研大厦 A 座 708　　　计算机与信息分社魏江江　收

邮编：100084　　　　　　　　　　　　　　电子邮件：weijj@tup.tsinghua.edu.cn

电话：010-62770175-4604　　　　　　　　邮购电话：010-62786544

《网页设计与制作》目录

ISBN 978-7-302-17453-0　　蔡立燕　梁　芳　主编

图书简介：

Dreamweaver 8、Fireworks 8 和 Flash 8 是 Macromedia 公司为网页制作人员研制的新一代网页设计软件，被称为网页制作"三剑客"。它们在专业网页制作、网页图形处理、矢量动画以及 Web 编程等领域中占有十分重要的地位。

本书共 11 章，从基础网络知识出发，从网站规划开始，重点介绍了使用"网页三剑客"制作网页的方法。内容包括了网页设计基础、HTML 语言基础、使用 Dreamweaver 8 管理站点和制作网页、使用 Fireworks 8 处理网页图像、使用 Flash 8 制作动画、动态交互式网页的制作，以及网站制作的综合应用。

本书遵循循序渐进的原则，通过实例结合基础知识讲解的方法介绍了网页设计与制作的基础知识和基本操作技能，在每章的后面都提供了配套的习题。

为了方便教学和读者上机操作练习，作者还编写了《网页设计与制作实践教程》一书，作为与本书配套的实验教材。另外，还有与本书配套的电子课件，供教师教学参考。

本书适合应用型本科院校、高职高专院校作为教材使用，也可作为自学网页制作技术的教材使用。

目　　录：